"十四五"职业教育国家规划教材

U0346818

计算机网络技术

（第三版）

JISUANJI WANGLUO JISHU

主　编　宋贤钧　张文川　王小宁

新形态
教材

中国教育出版传媒集团

高等教育出版社·北京

内容提要

本书是"十四五"职业教育国家规划教材,遵循教育部最新发布的《高等职业学校专业教学标准》中对本课程的要求,参照最新颁发的国家标准和职业技能等级考核标准修订而成。

本书共 8 个模块,27 个任务,主要内容包括:认识计算机网络、了解计算机网络的体系结构、规划计算机网络、组建计算机网络、配置交换机和路由器、安装配置常用网络服务、管理计算机网络等。

本书是新形态一体化教材,配套有 PPT 教学课件、图片、视频、互动练习等教学资源,其中部分资源以二维码形式在书中呈现,借助先进技术,丰富内容呈现形式、助力提高教学质量和教学效率。

本书可作为高等职业院校电子信息类相关专业的专业基础课程教材使用,也可供计算机网络管理员参考使用。

图书在版编目(CIP)数据

计算机网络技术 / 宋贤钧,张文川,王小宁主编
. —3 版. —北京:高等教育出版社,2022.9(2023.7 重印)
ISBN 978 - 7 - 04 - 059329 - 7

Ⅰ. ①计… Ⅱ. ①宋… ②张… ③王… Ⅲ. ①计算机
网络-高等职业教育-教材 Ⅳ. ①TP393

中国版本图书馆 CIP 数据核字(2022)第 160079 号

策划编辑	张尕琳	责任编辑 张尕琳 万宝春	封面设计 张文豪	责任印制 高忠富	

出版发行	高等教育出版社	网　址	http://www.hep.edu.cn	
社　址	北京市西城区德外大街 4 号		http://www.hep.com.cn	
邮政编码	100120	网上订购	http://www.hepmall.com.cn	
印　刷	上海当纳利印刷有限公司		http://www.hepmall.com	
开　本	787mm×1092mm　1/16		http://www.hepmall.cn	
印　张	19.75	版　次	2014 年 8 月第 1 版	
字　数	443 千字		2022 年 9 月第 3 版	
购书热线	010-58581118	印　次	2023 年 7 月第 2 次印刷	
咨询电话	400-810-0598	定　价	46.00 元	

本书如有缺页、倒页、脱页等质量问题,请到所购图书销售部门联系调换

配套学习资源及教学服务指南

 二维码链接资源

本书配套图片、视频、互动练习等学习资源，在书中以二维码链接形式呈现。手机扫描书中的二维码进行查看，随时随地获取学习内容，享受学习新体验。

打开书中附有二维码的页面　　　扫描二维码　　　查看相应资源

 在线自测

本书提供在线交互自测，在书中以二维码链接形式呈现。手机扫描书中对应的二维码即可进行自测，根据提示选填答案，完成自测确认提交后即可获得参考答案。自测可以重复进行。

打开书中附有二维码的页面　　　扫描二维码 开始答题　　　提交后查看自测结果

 教师教学资源下载

本书配有课程相关的教学资源，例如，教学课件、习题及参考答案、仿真案例等。选用教材的教师，可扫描下方二维码，关注微信公众号"高职智能制造教学研究"，点击"教学服务"中的"资源下载"，或电脑端访问网址（101.35.126.6），注册认证后下载相关资源。

★如您有任何问题，可加入工科类教学研究中心QQ群：243777153。

本书二维码资源列表

前　言

　　本书是"十四五"职业教育国家规划教材,遵循教育部最新发布的《高等职业学校专业教学标准》中对本课程的要求,参照最新颁发的国家标准和职业技能等级考核标准修订而成。

　　本书修订全面贯彻落实党的二十大精神,坚持以立德树人为根本,以全面提高人才自主培养质量为核心,围绕"培养学生家国情怀""展现中国互联网技术领域取得的巨大成就""提高学生网络安全防范和法治意识"三大育人目标,遴选并融入与本课程相关度高、结合紧密的思政资源。

　　随着 Internet 技术的飞速发展和信息基础设施的不断完善,计算机网络技术极大地改变了人们的生活方式、工作方式和思维方式。如今计算机网络已经成为信息存储、传播和共享的有力工具,成为人与人之间信息交流的重要平台。网上购物、远程教育、远程医疗、电子商务、信息检索等都离不开计算机网络,计算机网络的应用普及程度已成为衡量一个国家现代化水平和综合国力的重要标志。计算机网络技术已不仅是计算机专业人员必须掌握的技术,也是广大非计算机专业人员应该了解和掌握的技术。

　　"计算机网络技术"是电子信息类相关专业的专业基础课。本书针对高职院校学生的特点,编写时遵循"宽、新、浅、用"的原则,理论知识以"够用为度",强调以"应用为主",及时引入新概念、新技术,在讲解知识的同时,每个模块还设有"职业素养宝典"栏目,以培养学生良好的人文素养、职业道德和创新意识,以及精益求精的工匠精神和可持续发展的能力。此外,本书从全面提高人才培养质量这个核心点出发,与课程内容相结合,围绕培养学生家国情怀、展现中国互联网技术领域取得的巨大成就、提高学生网络安全防范和法治意识三条主线,选取了与本课程相关度高、结合紧密的思政资源,融入其中。

　　本书的编写团队以专任教师为主,同时联合知名企业专家及企业技术能手,书中将企业的典型工作任务转换为与教学类型和层次相匹配的教学活动,体现"做中学、学中做"的教学思想,充分调动学生学习的积极性。为提高就业竞争力,本书学习结束后可以结合"1＋X"证书制度试点工作,参加职业资格认证考试,真正实现课证融通、书证融通,为学生走向职场奠定坚实的基础。

　　本书主要内容包括计算机网络的定义与基本组成、功能与基本应用、拓扑结构、体系结构与协议、数据通信基础、网络设备与互联;网络操作系统的选择、安装与配置,组建计算机网络,计算机网络管理,计算机网络维护;Windows Server 的安装、活动目录的安装与管理;DHCP、Web 服务的安装与配置、E-mail 服务的安装与配置。书中共有认识计算机网络、了解计算机网络的体系结构、规划计算机网络、组建计算机网络、配置交换机和路由器、安装配置常用网络服务、管理计算机网络、维护计算机网络等 8 个模块、27 个任务,涵盖了教育部最新专业教学标准要求的主要内容。

本书条理清晰、难度适中,理论结合实际,讲解深入浅出、通俗易懂,并附有大量的图形、表格、实例和习题。除此之外,在本书中还提供有丰富的数字化学习资源,学生通过手机等终端识别二维码后可以观看资源、在线答题等,实现碎片化、数字化、移动化学习。建议在教学中以课堂教学为主,加强实践环节的训练,通过任务实施和知识点讲述以及习题练习,加深学生对计算机网络理论、方法和实现技术的理解。本书以真实工作场景、典型工作任务等为主线,支持项目化、案例式、模块化等教学方法,支持分类、分层教学,可作为高等职业院校电子信息类相关专业的教材,同时也可作为广大网络爱好者的参考书。本课程建议学时数为 60~70,教师可根据教学目标、学生基础和实际教学课时等情况进行适当增减。

本书由宋贤钧、张文川、王小宁担任主编,闫驰、李长生、赵治斌、杨政安、杨健、毛敬玉、李想、贺琬婷担任副主编。虽然参与或协助本书编写的教师和企业技术人员都具有多年的教学和工作经验,成稿前多次进行研讨,但仍有可能存在一些不足之处,欢迎广大教师和学生在使用中批评指正。

编　者

目　录

相关知识点目录

模块	任务	相　关　知　识	拓　展　提　高
模块 7	任务 7.1	1. ipconfig 命令　　　　/ 230 2. ping 命令　　　　　/ 231 3. arp 命令　　　　　　/ 232 4. route 命令　　　　　/ 233	其他网络命令　　　/ 235
	任务 7.2	1. 网络管理的概念　　　/ 245 2. 网络管理的目标　　　/ 245 3. 网络管理的内容　　　/ 245 4. 网络管理的基本功能　/ 245 5. 网络管理软件　　　　/ 247	常见的网络管理协议　/ 249
	任务 7.3	1. 磁盘文件系统格式　　/ 253 2. 磁盘格式化　　　　　/ 255	磁盘分区管理、NTFS 卷的磁盘配额跟踪以及控制磁盘空间的使用　　　　　/ 258
	任务 7.4	1. 备份　　　　　　　　/ 274 2. 灾难恢复　　　　　　/ 276	数据恢复的相关知识　/ 277
模块 8	任务 8.1	1. 网络故障的概念　　　/ 283 2. 网络故障的原因　　　/ 283 3. 网络故障的排除　　　/ 284 4. 网络故障分析方法　　/ 285	交换机与路由器的故障诊断　　　　　　　/ 286
	任务 8.2	1. 网络安全简介　　　　/ 292 2. 计算机病毒　　　　　/ 294 3. 防火墙　　　　　　　/ 295	我国互联网网络安全状况及未来网络安全热点　/ 296

模块 1 认识计算机网络

随着信息技术的不断发展,计算机网络已经深入到人们工作、生活的每个角落,随处存在的计算机网络可以给人们的生活、工作带来很多便利。

对于一名计算机网络的初学者,通过对本模块的学习,可以迅速了解计算机网络的概念、发展、功能和构成等基础知识。

▶▶▶ 项目目标

【知识目标】

(1) 了解计算机网络的发展和应用;

(2) 掌握计算机网络的概念;

(3) 掌握计算机网络的功能和应用;

(4) 掌握计算机网络的常见类型;

(5) 掌握计算机网络的构成。

【技能目标】

(1) 能够对计算机网络进行分类;

(2) 能够识别计算机网络的构成部件。

▶▶▶ 职业素养宝典

退休的老木匠

有位老木匠即将退休,他的老板要他建一座房子再走。老木匠虽答应,但心已不在工作上,用的是差料,出的是粗活。当房子建好后,老板告诉老木匠这座房子赠送给他作为退休的礼物。没想到建的竟是自己的房子,老木匠既羞愧又后悔。

启示:人生每一件事都是为自己而做,要做就做到最好。

任务 1.1 了解计算机网络的概念和功能

1.1.1 任务介绍

在学校网络实验室学习、办公室工作、网吧上网时,都在使用计算机网络上的各种应用和网络服务,那么,到底什么是计算机网络呢? 通过观察学校网络实验室局域网的构成,了解计算机网络的定义、功能及硬件配置。

1.1.2 实施步骤

1. 观察网络实验室局域网的规模及连接情况

网络实验室是典型的小型局域网,如图 1-1 所示。该局域网利用通信介质(双绞线等)将所有计算机连接到网络设备(交换机/集线器)上,以便所有客户机(学生机)共享服务器(教师机)上的资源,使用服务器上提供的各种网络服务(Web、FTP 等)。

💬 计算机网络实验室联网的目的是什么?

📷 图片

网络实验室

图 1-1 网络实验室

(1) 观察网络实验室局域网的布局情况

将网络实验室看作一个局域网,观察该局域网内教师机和学生机的布局情况,观察放在机柜中的交换机、路由器等网络设备及它们是如何与教师机和学生机相连接的,试着画出网络实验室这个局域网的拓扑图。

💬 交换机、路由器有什么作用? 还有类似的设备吗?

(2) 观察网络实验室网络连接情况

网络实验室局域网中的所有计算机通过双绞线和交换机相连,双绞线的一端接在计算机的网卡上,如图 1-2(a)所示,另一端接在交换机的端口上,如图 1-2(b)所示。

(a)

(b)

图 1-2 网络连接

2. 观察计算机的网络配置

打开计算机,右键单击 Windows 10 桌面上的"网络"图标,在弹出的快捷菜单中选择"属性",在打开的窗口中单击"更改适配器设置",在"以太网"图标上单击鼠标右键,在弹出的快捷菜单中选择"属性",打开"以太网 属性"对话框,如图 1-3 所示。在项目列表中选择"Internet 协议版本 4(TCP/IPv4)",单击下方的"属性"按钮,打开"Internet 协议版本 4(TCP/IPv4)属性"对话框,如图 1-4 所示,观察 IP 地址、子网掩码、默认网关、DNS 服务器地址等配置信息。

☞ 为什么要设置 IP 地址?

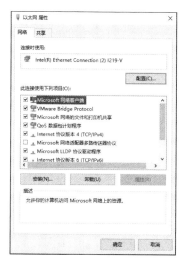

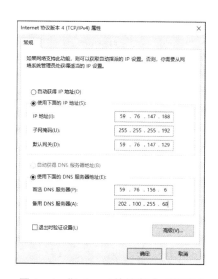

☞ DNS 服务器的作用是什么?

图 1-3 "以太网 属性"对话框　　图 1-4 "Internet 协议版本 4(TCP/IPv4)属性"对话框

● 文本

DNS作用

3. 设置简单文件共享

① 在某台学生机(如计算机名为 J2ee 35)上,打开"计算机",进入 D 盘,新建文件夹"学习资料",如图 1-5 所示,将部分学习资料复制到该文件夹中。

● 互动练习

DNS自测

图 1-5 新建"学习资料"文件夹

② 在"学习资料"文件夹上单击鼠标右键,在弹出的快捷菜单中选择"属性",在"共享"选项卡单击"共享"按钮,在弹出的"网络问访"对话框中添加Everyone,如图1-6所示,单击"共享"按钮。

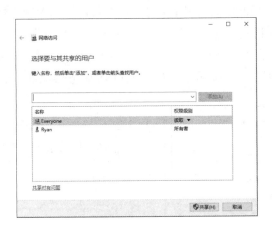

☞选择不同的用户,共享的权限有什么区别?

图1-6 "文件共享"对话框

③ 在另一台计算机上,搜索该计算机的 IP 地址,就看到在该计算机上共享的所有资料,如图1-7所示,将"学习资料"文件夹复制到自己的计算机上。

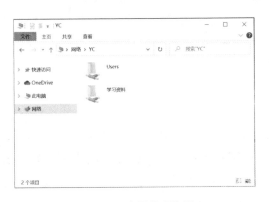

☞还能共享哪些资源?硬件设备也能共享吗?

图1-7 查看共享资源

4. 体验广域网上的各种服务

① 打开浏览器,在地址栏中输入 http://www.sohu.com,浏览网页上的内容,了解通过网络可以获取哪些资源。

② 打开自己的邮箱,给朋友发送一份电子邮件,思考数据在网络中是如何传输的。

1.1.3 相关知识

1. 计算机网络的发展

计算机网络于 20 世纪 60 年代起源于美国,原本用于军事通信领域,后来逐渐进入民用,经过几十年不断发展和完善,现已广泛应用于各个领域,并正以飞快的速度向前迈进。

视频

中国互联网
发展史

现在,计算机网络已成为社会的一个基本组成部分。网络被应用于工商业的各个方面,包括电子银行、电子商务、现代化的企业管理、信息服务等。从学校远程教育到政府日常办公再到现在的电子社区,很多方面都离不开网络技术。可以不夸张地说,网络在当今世界无处不在。

计算机网络的发展经过了"雏形""形成""成熟""发展"四个阶段。

(1)第一阶段:计算机网络的"雏形"阶段——面向终端的计算机网络

☞终端和计算机有什么区别?

20世纪60年代中期之前的第一代计算机网络是以单个计算机为中心的远程联机系统,典型应用是由一台计算机和全国范围内2 000多个终端组成的飞机订票系统。终端是一台计算机的外部设备,包括显示器和键盘,无中央处理器(CPU)和内存,然后将多个终端通过通信线路连接到一台中心计算机上,所有的信息处理都由中心计算机完成,终端自身没有自主处理能力。因此,这类系统还不能算作真正的计算机网络,但它已形成计算机网络的"雏形"。第一代计算机网络结构如图1-8所示。

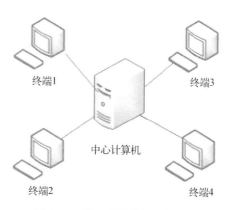

图1-8　第一代计算机网络结构

目前金融系统等领域广泛使用的多用户终端就属于计算机终端网络,只不过其软、硬件设备和通信设施都已更新换代。

(2)第二阶段:计算机网络的"形成"阶段——计算机与计算机的直接通信

20世纪60年代中后期,出现了由多台计算机通过通信线路互联构成的"计算机—计算机"通信系统,真正实现了计算机和计算机之间的直接通信,典型代表是美国国防部高级研究计划局开发的ARPANET,最初由4台大型计算机相连接。

☞ ARPANET联网的目的是什么?

第二代计算机网络由通信子网和资源子网构成,如图1-9所示。网络中每一台计算机都有自主处理能力,彼此之间不存在主从关系,用户通过终端不仅可以共享本主机上的各类资源,还可以共享通信子网上其他主机上的资源。第二代计算机网络在概念、结构和网络设计方面都为后继的计算机网络打下了良好的基础,它也是今天Internet的雏形。

☞ Internet能提供哪些服务?

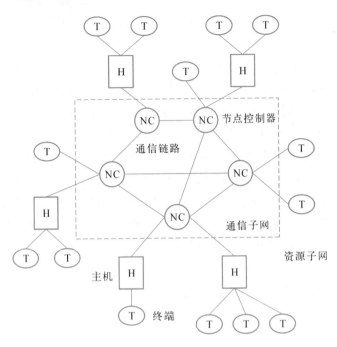

图1-9 第二代计算机网络结构

> **提示**
>
> 资源子网是由各计算机系统、终端、终端控制器和软件组成的,主要负责数据的处理、存储、管理、输入输出等;通信子网是由通信设备和通信线路、通信软件组成的,主要负责为用户访问网络资源提供通信服务。

☞ 为什么要将网络体系结构进行标准化?

(3)第三阶段:计算机网络的"成熟"阶段——网络体系结构的标准统一

20世纪70年代末至90年代的第三代计算机网络是具有统一的网络体系结构并遵循国际标准的开放式和标准化的网络。ARPANET兴起后,计算机网络发展迅猛,各大计算机公司相继推出自己的网络体系结构及实现这些结构的软硬件产品。由于没有统一的标准,不同厂商的产品之间互联很困难,人们迫切需要一种开放性的、标准化的实用网络环境,这样应运而生了两种国际通用的最重要的体系结构,即 TCP/IP 体系结构和国际标准化组织(ISO)的 OSI 体系结构。

☞ TCP/IP 体系结构规定了哪些网络标准?

> **提示**
>
> ISO 全称为 International Organization for Standardization,中文翻译为国际标准化组织,OSI 全称为 Open System Interconnect,中文翻译为开放系统互联。

（4）第四阶段：计算机网络的"发展"阶段——高速互联网络

这一时期，计算机网络技术进入新的发展阶段，由于局域网技术发展成熟，出现光纤及高速网络技术、多媒体网络、智能网络等，整个网络就像一个对用户透明的大的计算机系统，发展为以 Internet 为代表的互联网。这一阶段是计算机网络高速发展的时期，计算机网络向着互联、高速、智能及全球化的方向发展。

☞未来的计算机网络是什么样的？

 提示

美国国防部高级研究计划署（ARPA）在 1980 年左右开始致力于互联网技术的研究，其成果简称为 Internet，即因特网。

2. 计算机网络的定义

根据网络技术的发展阶段和人们对网络认识的不同角度，可以对计算机网络给出不同的定义。最简单的定义是，计算机网络是由一些相互连接的、以共享资源为目的的、具有独立功能的计算机构成的集合。

从逻辑功能上看，计算机网络是以传输信息为目的，用通信线路将多个计算机连接起来的计算机系统的集合，一个计算机网络包括传输介质和通信设备。

从用户角度看，计算机网络是指存在一个能为用户自动管理资源的网络操作系统，由它调用完成用户所需要的资源，而整个网络像一个大的计算机系统一样，对用户是透明的。

从资源共享的角度来讲，计算机网络就是一组具有独立功能的计算机和其他设备，以允许相互通信和共享资源的方式互联在一起的系统。

综上，计算机网络的定义是：计算机网络是利用通信线路将地理位置分散的、具有独立功能的许多计算机系统连接起来，按照某种协议进行数据通信，并通过一个能为用户自动管理资源的网络操作系统，以实现资源共享的信息系统。

3. 计算机网络的功能

计算机网络是计算机技术和通信技术结合的产物，它不仅使计算机的作用范围突破了地理位置的限制，而且也增加了计算机本身的功能，使得它在各个领域发挥了重要作用。目前，计算机网络已经深入到人们日常工作、生活的各个领域，随处都可以享受到计算机网络给人们工作、生活带来的便利。计算机网络的主要功能如下。

（1）数据通信

数据通信指的是实现计算机与终端、计算机与计算机之间的数据传输，是计算机网络最基本的功能，如传真、电子邮件（E-mail）、电子数据交换（EDI）、电子公告牌（BBS）、远程登录和网页浏览等数据通信服务。

☞数据在网络中是如何传输的？

（2）资源共享

资源共享是计算机网络的主要功能，它包括硬件资源、软件资源和数据资源共享。

共享硬件资源：可在全网范围内提供对处理资源、存储资源、输入/输出资源等硬件资源的共享服务，特别是一些高级和昂贵设备的共享，如巨型计算机、大容量存储器、绘图仪、高清晰度打印机等，使用户节省投资，提高设备的利用率。

共享软件资源：共享各种软件，如远程访问各种类型的数据库、程序和文件，避免软件研制上的重复劳动以及数据资源的重复存储，便于集中管理。

共享数据资源：数据资源的共享是对全网范围内的数据共享，特别是 Internet 的发展和应用，对一些变化快的数据，数据共享的优点显得非常突出。

（3）提高计算机的可靠性和可用性

这主要体现在计算机连成网络后，各计算机可以通过网络互为后备，一旦某台计算机出现故障，它的任务就可由其他的计算机代为完成，这样可以避免在单机情况下，一台计算机发生故障引起整个系统瘫痪的现象，从而提高系统的可靠性。而当网络中的某台计算机负担过重时，网络又可以将新的任务交给较空闲的计算机完成，均衡负载，从而提高了每台计算机的可用性。

（4）进行分布式处理

☞分布式处理有哪些不足？

随着计算机网络技术的发展，使得分布式计算成为可能。例如处理一个大型作业时，通过算法将这个大型作业通过计算机网络分散到多个不同的计算机系统分别处理，提高处理速度和工作效率，充分发挥设备的利用率。

4. 计算机网络的性能

计算机网络的性能指计算机网络的性能指标和非性能特征，性能指标是从不同的方面来度量计算机网络的性能，常用的性能指标如下。

（1）速率

☞ k、M、G、T 之间是如何换算的？

速率指的是连接在计算机网络上的主机在数字信道上传送数据的速率，也称为数据率（data rate）或比特率（bit rate），单位是 b/s（比特每秒）或 bit/s、bps 等。当数据率较高时可以用 kb/s、Mb/s、Gb/s 和 Tb/s。日常生活中常用额定速率或标称速率来表示，简写为 100 M 以太网，省略单位中的 b/s。

（2）带宽

在计算机网络中，带宽用来表示网络的通信线路所能传送数据的能力，因此网络带宽表示在单位时间内从网络中的某一点到另一点所能通过的"最高数据率"。带宽的单位是 b/s（比特每秒），更大的单位有 k（千）、M（兆）、G（吉）和 T（太）等。

（3）吞吐量

☞吞吐量能不能超过额定速率？

吞吐量表示在单位时间内通过某个网络（或信道、接口）的数据量。吞吐量经常用于对现实世界中的网络进行测量，以便知道实际上到底有多少数据能够通过网络，它受网络带宽和额定速率的限制。吞吐量的单位是 b/s（比特每秒）。

（4）时延

时延指数据从网络的一端传送到另一端所需的时间，也称为迟延或延迟。计算机网络中的时延由发送时延、传播时延、处理时延和排队时延组成。

发送时延是主机或路由器发送数据帧所需要的时间，也就是从发送数据帧的第一个比特开始到最后一个比特发送完毕所需的时间，也叫传输时延。发送时延的计算公式如下：

$$发送时延 = \frac{数据帧长度(b)}{发送速率(b/s)}$$

传播时延是电磁波在信道中传播一定的距离所要花费的时间，传播时延的计算公式如下：

$$传播时延 = \frac{信道长度(m)}{电磁波在信道上的传播速率(m/s)}$$

处理时延指主机或路由器收到分组后处理分组（如分析首部、差错检验等）所需要的时间。

排队时延指分组在进行网络传输时，要经过许多路由器，在进入路由器后要先在输入队列中排队等待处理，在路由器确定转发后还要在输出队列中排队等待转发，在这些队列中排队等待所需要的时间即为排队时延。

数据在网络中经历的总时间，即总时延等于上述四种时延之和，即

$$总时延 = 发送时延 + 传播时延 + 处理时延 + 排队时延$$

一般来说，时延小的网络要优于时延大的网络。

（5）时延带宽积

时延带宽积指的是传播时延和带宽的乘积。对于一条正在传输数据的链路，只有代表链路的管道都充满比特时，链路才能得到充分利用，此时，也就是时延带宽积较大。

（6）往返时间（RTT，round-trip time）

在计算机网络中，往返时间表示从发送端发送数据开始，到发送端收到来自接收端的确认（接收端收到数据后立即发送确认），总共经历的时间。

（7）利用率

利用率有信道利用率和网络利用率两种。信道利用率指出某信道有百分之几的时间是被利用的（有数据通过）。网络利用率则是全网的信道利用率的加权平均值。

 提 示

信道利用率并非越高越好，信道或网络利用率过高会产生非常大的时延。

＊对于相同的网络，发送时延是固定不变的吗？

＊为什么要分析分组的首部？

＊时延带宽积表征了网络的什么性能？

＊如何提高信道和网络利用率？

计算机网络的一些非性能特征也很重要,这些非性能特征与性能指标有很大的关系,主要的非性能特征如下。

(1)费用

在组建或评价计算机网络时,首先要考虑网络的价格,因为网络的性能与其价格密切相关,一般来说,网络的速率越高,其价格越高。

(2)质量

网络的质量取决于网络中所有构件的质量,以及这些构件是怎样组成网络的。网络的质量包括很多方面,如网络的可靠性、网络管理的建议性以及网络的一些性能。

☞网络的质量和网络的性能是一回事吗?

(3)标准化

标准化指的是网络的硬件和软件是否按照国际标准或专用网络标准设计。标准化的网络更易于升级换代和维修,也更容易得到技术上的支持。

(4)可靠性

网络的可靠性指网络信息系统能够在规定条件下和规定的时间内完成规定的功能和性能。可靠性与网络的质量和性能都有密切关系。速率更高的网络的可靠性不一定会更差,但速率高的网络要可靠地运行,则往往更加困难,同时所需的费用也会更高。

(5)可扩展性和可升级性

计算机网络系统是一个不断发展的系统,所以必须具备良好的可扩展性和可升级性,能够随着网络发展和用户需求的提升,方便地扩展网络覆盖范围、扩大网络容量和提高网络各层次节点的功能,提供技术升级和设备更新。

☞还有其他的非性能特征吗?

1.1.4　任务总结与知识回顾

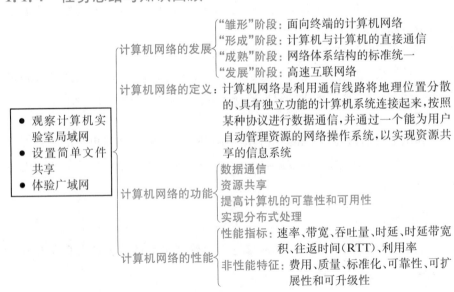

- 观察计算机实验室局域网
- 设置简单文件共享
- 体验广域网

计算机网络的发展
- "雏形"阶段:面向终端的计算机网络
- "形成"阶段:计算机与计算机的直接通信
- "成熟"阶段:网络体系结构的标准统一
- "发展"阶段:高速互联网络

计算机网络的定义:计算机网络是利用通信线路将地理位置分散的、具有独立功能的计算机系统连接起来,按照某种协议进行数据通信,并通过一个能为用户自动管理资源的网络操作系统,以实现资源共享的信息系统

计算机网络的功能
数据通信
资源共享
提高计算机的可靠性和可用性
实现分布式处理

计算机网络的性能
性能指标:速率、带宽、吞吐量、时延、时延带宽积、往返时间(RTT)、利用率
非性能特征:费用、质量、标准化、可靠性、可扩展性和可升级性

1.1.5　考核建议

考核评价表见表 1-1。

表 1-1　考核评价表

指标名称	指　标　内　容	考核方式	分值
工作任务的理解	是否了解工作任务、要实现的目标及要实现的功能	提问	10
工作任务功能实现	1. 能清楚描述网络实验室局域网中计算机和网络设备的分布情况 2. 能熟练查看网络的配置情况 3. 能实现简单文件共享 4. 成功打开 Internet 上的一个网站，能成功发送 E-mail	抽查学生操作演示	30
理论知识的掌握	1. 计算机网络的发展阶段以及每个阶段的特点 2. 计算机网络的定义 3. 计算机网络的功能 4. 计算机网络的性能指标	提问	30
文档资料	认真完成并及时上交实训报告	检查	20
其　他	保持良好的课堂纪律 保持机房卫生	班干部协助检查	10
总　　分			100

1.1.6　拓展提高

计算机网络在我国的发展

我国在 1980 年首先由中国铁路总公司（原铁道部）开始进行计算机联网实验，其目的是建立一个为铁路指挥和调度服务的运输管理系统。该系统当时覆盖了 12 个铁路局和 56 个分局。目前国内铁路客票发售和预订系统仍依托于该运输管理系统运行。

20 世纪 80 年代后期，公安、银行、军队以及其他一些部门也相继建立了各自的专用计算机广域网。

1989 年 11 月我国第一个公用分组交换网 CNPAC 建成运行。CNPAC 分组交换网由 3 个分组节点交换机、8 个集中器和 1 个网络管理中心组成。

1993 年 9 月我国建成了新的中国公用分组交换网，并改称为 ChinaPAC，由国家主干网和各省、区、市的省内网组成。网络管理中心设在北京。在北京、上海设有国际出入口。主干网的覆盖范围从原来的 10 个城市扩大到 2 300 个市、县以及乡镇，端口容量达 13 万个。用户的通信速率为 1.2～64 kbit/s，中继线的通信速率为 64 kbit/s～2.048 Mbit/s。

1994 年 4 月 20 日我国用 64 kbit/s 专线正式接入 Internet，从此，我国被国际上正式承认为接入 Internet 的国家。同年 5 月，中国科学院高能物理研究所设立了我国的第一个万维网服务器。

1996年1月,ChinaNET全国骨干网建成并正式开通,全国范围的公用计算机互联网络开始提供服务。9月6日,中国金桥信息网宣布开始提供Internet服务。11月,中国教育和科研计算机网CERNET开通2M国际信道。12月,中国公众多媒体通信网(169网)开始全面启动,广东视聆通、四川天府热线、上海热线作为首批站点正式开通。

1997年5月30日,国务院信息化工作领导小组办公室发布《中国互联网络域名注册暂行管理办法》,授权中国科学院组建和管理中国互联网络信息中心(CNNIC),授权中国教育和科研计算机网网络中心与CNNIC签约并管理二级域名edu.cn。6月3日,受国务院信息化工作领导小组办公室的委托,中国科学院在中国科学院计算机网络信息中心组建了中国互联网络信息中心(CNNIC),行使国家互联网络信息中心的职责。同日,宣布成立中国互联网络信息中心工作委员会。11月,中国互联网络信息中心发布了第一次《中国Internet发展状况统计报告》。报告中指出:截止到10月31日,我国共有上网计算机29.9万台,上网用户62万人,CN下注册的域名4 066个,WWW站点1 500个,国际出口带宽18.64 Mbit/s。随着Web2.0、Web3.0乃至Web5.0、Web6.0概念的出现,互联网出现了博客、微博、SNS社交网络网站、WIKI、问答、微信、各种APP、物联网以及"互联网+"各种网络应用服务。互联网上的网络信息的接收者,同时也是网络信息的创造者,互联网不再以地域和疆界进行划分,而是以兴趣、语言、主题、职业、专业进行聚集和管理,并会仿照人类社会,在数字空间里建立各种各样的"虚拟社会"。

2017年1月22日,中国互联网络信息中心(CNNIC)在京发布第39次《中国互联网络发展状况统计报告》数据显示,截至2016年12月,中国网民规模达7.31亿,相当于欧洲人口总量,互联网普及率达到53.2%,超过全球平均水平3.1个百分点;手机网民规模达6.95亿,手机网上支付用户规模达到4.69亿,中国互联网行业整体向规范化、价值化发展,同时,移动互联网推动消费模式共享化、设备智能化和场景多元化。另外,中国".CN"域名总数达到2 061万,占中国域名总数比例为48.7%;而".中国"域名总数达到47.4万。到2016年底,我国的国际出口带宽已超过6 Tbit/s(1 Tbit/s=1 024 Gbit/s)。我国互联网已进入了一个高速发展的时期。

截至2020年底,我国网民规模达9.89亿,手机网民规模达9.86亿,国际出口带宽为11 511 397 Mbit/s(不含港澳台地区),域名总数增至4 198万个,网站数量为468万个,IPv4地址数量约为3.89亿个,IPv6地址数量为57 634块/32。

任务1.2 熟悉计算机网络的组成及类型

1.2.1 任务介绍

人们日常生活中使用的计算机网络由哪些硬件和软件构成呢?计算机网络有哪些类型?通过观察网络实验室和校园网络中心网络,了解局域网的基本构成,分析网络实验室和校园网络中心属于哪种网络。

1.2.2　实施步骤

1. 观察网络实验室网络的软、硬件构成

网络实验室局域网的主要硬件构成为：台式计算机(如图 1-10 所示)、网络适配器(网卡)(如图 1-11 所示)、交换机(如图 1-12 所示)、路由器(如图 1-13 所示)、双绞线等。

☞为什么在网络连接中使用网络适配器？

图 1-10　台式计算机　　　　图 1-11　网络适配器(网卡)

图 1-12　交换机　　　　　图 1-13　路由器

☞家庭局域网、办公局域网的硬件构成和机房局域网的硬件构成相同吗？

软件构成为：在教师机(服务器)上安装了网络操作系统 Windows Server 2019，学生机(客户机)上安装了 Windows 10 操作系统，同时，在服务器上安装了相关的网络管理软件和教学软件。

① 观察并记录网络实验室网络中台式计算机的数量和布局方式；

② 观察并记录网络实验室网络中网络适配器(网卡)的参数及数量；

③ 观察并记录网络实验室网络中交换机、路由器的型号和数量；

④ 观察并记录网络实验室网络中使用的传输介质的类型；

⑤ 观察教师机(服务器)上安装的网络管理软件和教学软件；

⑥ 观察网络实验室计算机上安装的网络协议的类型。

2. 观察校园网络中心的软、硬件构成

校园网络中心的硬件设备大致和网络实验室网络设备的类型相同，只是设备的参数、性能、数量上有所不同而已。

① 观察并记录校园网络中心的服务器数量和类型；

② 观察并记录校园网络中心的交换机和路由器的品牌、型号，向管理员询问各种设备的性能；

③ 观察校园网络中心服务器上安装的校园网管理软件；

☞教师机上安装的网络管理软件和教学软件有什么作用？

☞校园网络中心安装的网络管理软件和机房中安装的网络管理软件有什么区别？

④ 观察校园网络中心服务器上安装的网络协议类型。

3. 分析网络实验室网络和校园网的网络类型

网络实验室网络覆盖面积大约 200 m²,计算机和网络设备的数量少、距离短,是典型的局域网(LAN);网络中所有的计算机通过传输介质连接在交换机上(中心节点),属于星状结构网络;在教师机上安装了网络操作系统,并配置了Web 服务器和 FTP 服务器,大量的教学资源存储在教师机上,学生机可以通过网络访问教师机上的资源和网络服务,因此,该网络也属于基于服务器的网络。

校园网的覆盖范围为整个校园,包括教学楼、行政楼、学生宿舍楼等,虽然覆盖范围较大,但仍属于局域网的范围;校园网络中心安装配置了若干类型的服务器(Web 服务器、FTP 服务器、DNS 服务器、邮件服务器、流媒体服务器等),全校教师、学生通过校园网络使用服务器上的资源和提供的网络服务,因此,校园网也属于基于服务器的网络。

1.2.3 相关知识

1. 计算机网络的构成

(1) 通信子网和资源子网

计算机网络是建立在相互通信基础上的计算机资源共享系统,因此,联网计算机之间首先需要通过通信媒体、通信设备连接并在通信软件控制下进行数据通信,然后再辅以网络软件,达到共享其他计算机上的硬件资源、软件资源及数据资源的目的。构成计算机网络的部件从功能上看,实现了两种功能:网络通信和资源共享。将计算机网络中实现网络通信功能的设备及软件的集合称为网络的通信子网,将网络中实现共享功能的设备及软件的集合称为资源子网,如图 1-14 所示。

📖网络中的计算机属于通信子网还是资源子网? 交换机呢?

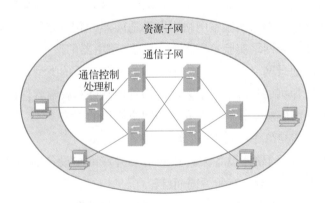

图 1-14 通信子网和资源子网

(2) 硬件、软件和协议

① 网络硬件 网络硬件包括服务器、工作站、传输介质和网络设备等。

● 网络服务器(server)是一台被工作站访问的高性能计算机,用来运行网络操作系统和应用程序、响应工作站请求并为网络提供通信控制、管理网络和共享资源等。

● 工作站(workstation)也称客户机,是由服务器进行管理和提供服务的、接入网络的计算机,其性能一般低于服务器。

● 网络传输介质是网络通信时的信号载体,包括有线传输介质和无线传输介质,其中有线传输介质包括双绞线、同轴电缆和光纤,无线传输介质有微波、无线电和红外线等。

② 网络软件　网络软件是指在计算机网络中用于支持数据通信、网络运行、控制和管理网络工作的计算机软件。根据软件的功能,计算机网络软件可分为网络系统软件和网络应用软件两大类型。网络系统软件是控制和管理网络运行、提供网络通信、分配和管理共享资源的网络软件,它包括网络操作系统、网络协议软件、通信控制软件和管理软件等。

③ 网络协议　网络协议是计算机网络中网络设备之间进行相互通信的语言和规范,是计算机之间或网络之间互相通信的规则和标准的集合,是网络中不可缺少的重要组成部分。不同的网络通常采用不同的协议,常用的协议有TCP/IP、IPX/SPX、NetBEUI、X.25 等。

2. 计算机网络的类型

用于计算机网络分类的标准很多,可根据不同的划分标准来分类。

● 按网络规模和距离可分为局域网、城域网、广域网。

● 按网络拓扑结构可分为总线型、星状、环状、网状和混合型等网络。

● 按网络建网属性可分为公用网络、私用网络和专用网络。

● 按网络信息交换方式可分为电路交换网络、报文交换网络和分组交换网络。

● 按网络中计算机地位可分为对等网络和基于服务器的网络。

● 按网络传输技术可分为广播式网络和点对点式网络。

● 按通信传输介质可分为双绞线网络、同轴电缆网络、光纤网络和无线网络。

最常用的计算机网络分类如下。

(1) 按网络规模和距离分类

按网络的规模和距离,计算机网络可以分为局域网、城域网和广域网。

● 局域网(LAN, local area network):一般限定在 10 km 的范围内,通常采用有线的方式连接起来。

● 城域网(MAN, metropolitan area network):规模局限在一座城市的范围内,10~100 km 的区域。

● 广域网(WAN, wild area network):网络跨越国界、洲界,甚至全球范围。

无线传输介质与有线传输介质相比有什么优势?

计算机网络中常见的网络软件有哪些?

还有其他的分类方式吗?

办公网络属于哪种类型的网络?

局域网和广域网是网络的热点。局域网是组成其他两种类型网络的基础，城域网一般都加入了广域网，广域网的典型代表是 Internet。

（2）按网络中计算机地位分类

按网络中计算机的地位，计算机网络可以分为对等网络和基于服务器的网络。

● 对等网络：对等网络不要求有服务器，每台客户机都可以与其他每台客户机对话，共享彼此的信息资源和硬件资源，组网的计算机类型相同。这种网络方式灵活方便，但是较难实现集中管理与监控，安全性也低，较适合于部门内部协同工作的小型网络。

● 基于服务器的网络：服务器是指专门提供服务的高性能计算机或专用设备，客户机是用户计算机。这是客户机向服务器发出请求并获得服务的一种网络形式，多台客户机可以共享服务器提供的各种资源。

（3）按通信传输介质分类

● 双绞线网络：网络中采用的传输介质为双绞线，是目前最常见的联网方式。它价格便宜，安装方便，但易受干扰，传输率较低，传输距离不能超过 100 m。

● 同轴电缆网络：网络中计算机和网络设备是通过同轴电缆连接的，是常见的一种联网方式。它比较经济，安装较为便利，传输率和抗干扰能力一般，传输距离较短，细同轴电缆的传输距离不能超过 185 m，粗同轴电缆的传输距离不能超过 500 m。

● 光纤网络：光纤网络也是有线网的一种，采用光导纤维作传输介质。光纤传输距离长，传输率高，可达每秒数千兆比特，抗干扰性强，不会受到电子监听设备的监听，是高安全性网络的理想选择。

● 无线网络：用电磁波作为载体来传输数据，无线网联网费用较高，但由于联网方式灵活方便，是一种很有前途的联网方式。

（4）按网络传输技术分类

● 广播式网络：网络中只有一个单一的通信信道，由这个网络中所有主机所共享，即多个计算机连接到一条通信线路上的不同分支点上，任意一个节点所发出的报文分组（数据信息）被其他所有节点接收，如图 1-15 所示。发送的分组中有一个地址域，指明了该分组的目标接受者和源地址。一台计算机收到了一个分组以后，先检查地址域，如果该分组正是发送给它的，那么它就处理该分组；如果该分组是发送给其他计算机的，那么就忽略该分组。在广播式网络中，发送的报文分组中目的地址可以有 3 类：单播地址、多播地址和广播地址。局域网、无线网和总线型网络基本上都是广播式网络。

● 点对点式网络：由一对对计算机之间的多条连接所构成。报文分组为了能从源地址到达目的地，需要通过一台或多台中间机器，如图 1-16 所示。通常是多条路径，并且可能长度不一样。因此在点对点式网络中路由算法十分重要。

🔲 机房网络属于对等网络吗？

🔲 一般的网吧属于哪种网络？

🔲 有线电视网络使用的是同轴电缆吗？

🔲 手机通信网络属于无线网络吗？

🔲 日常生活中有哪些广播式网络？

● 图片

传输介质

● 互动练习

认识计算机网络自测

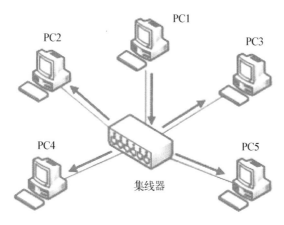

图 1 - 15　广播式网络

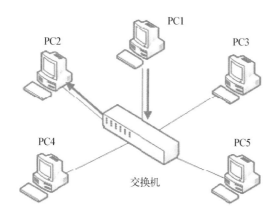

图 1 - 16　点对点式网络

☞日常生活中
有哪些点对点
式的网络?

　　简单地说,点对点式网络就是通过中间设备直接把数据信息发到需要接
收的计算机,其他计算机收不到这个消息。

1.2.4　任务总结与知识回顾

```
                                    ┌ 通信子网和资源子网
                    计算机网络的构成 ┤
┌────────────┐                      └ 硬件、软件和协议
│ ● 观察网络实验室网 │
│   络的软、硬件构成 │                          ┌ 局域网
│ ● 观察校园网络中心 │          按网络规模和距离 ┤ 城域网
│   的软、硬件构成  │                          └ 广域网
│ ● 分析以上两种网络 │
│   的类型      │          按网络中计算机地位 ┌ 对等网络
└────────────┘                          └ 基于服务器的网络
                                          ┌ 双绞线网络
                    计算机网络的类型 ┤    按通信传输介质 ┤ 同轴电缆网络
                                          │ 光纤网络
                                          └ 无线网络
                                          ┌ 广播式网络
                              按网络传输技术 ┤
                                          └ 点对点式网络
```

1.2.5 考核建议

考核评价表见表1-2。

表1-2　考核评价表

指标名称	指 标 内 容	考核方式	分值
工作任务的理解	是否了解工作任务、要实现的目标及要实现的功能	提问	10
工作任务功能实现	1. 能详细描述网络实验室网络中的软、硬件构成情况 2. 能详细描述校园网络中心的软、硬件构成情况 3. 能根据网络的特征分析网络的类型	抽查学生讲解	30
理论知识的掌握	1. 计算机网络的构成 　● 通信子网和资源子网 　● 计算机网络的软、硬件 2. 按照网络的规模和距离对计算机网络进行分类 3. 按照网络中计算机的地位对计算机网络进行分类 4. 按照网络中使用的通信传输介质对计算机网络进行分类 5. 按照网络传输技术对计算机网络进行分类	提问	30
文档资料	认真完成并及时上交实训报告	检查	20
其 他	保持良好的课堂纪律 保持机房卫生	班干部协助检查	10
总　　分			100

视频

中国从网络大国到网络强国

1.2.6 拓展提高

Internet 概述

Internet(因特网)最早起源于美国,现已发展成为世界上最大的国际性计算机互联网。它是公用信息的载体,具有快捷性、普及性的特点,是现今使用普遍、应用广泛的信息网络。

网络把许多计算机连接在一起,而 Internet 则把许多网络连接在一起。

1. Internet 发展的三个阶段

第一阶段是从单个网络 ARPANET 向互联网发展的过程。1969 年,美国国防部创建的第一个分组交换网 ARPANET 最初只是单个的分组交换网。所有要连接在 ARPANET 上的主机都直接与就近的节点交换机相连。到了 20 世纪 70 年代中期,人们已认识到不可能仅使用一个单独的网络来满足所有的通信问题,于是开始研究多种网络互联的技术,这就导致后来互联网的出现。这样的互联网即成为现在 Internet 的雏形。1983 年,TCP/IP 协议成为 ARPANET 的标准协议,使得所有使用 TCP/IP 协议的计算机都能利用互联网互相通信,因而人们就把 1983 年作为 Internet 的诞生时间。

第二阶段的特点是建成了三级结构的 Internet。从 1985 年起,美国国家科学基金会(NSF)就围绕六个大型计算机中心建设计算机网络,即国家科学基金网(NSFNET)。它是一个三级计算机网络,分为主干网、地区网和校园网(或企业网)。这种三级计算机网络覆盖了全美国主要的大学和研究所,并且成为 Internet 中的主要组成部分。

第三阶段的特点是逐渐形成了多层次 ISP 结构的 Internet。1993 年,由美国政府资助的 NSFNET 被若干个商用的 Internet 主干网替代,而政府机构不再负责 Internet 的运营,这就出现了 ISP(Internet 服务提供商)。ISP 是一个进行商业活动的公司,拥有从 Internet 管理机构申请到的多个 IP 地址、通信线路以及路由器等联网设备。任何机构和个人只要交纳费用,就可以从 ISP 获得所需要的 IP 地址,并接入 Internet。根据提供服务的覆盖面积大小以及所拥有的 IP 地址数目的不同,ISP 也分为不同的层次。

Internet 已经成为世界上规模最大、发展速度最快的计算机网络。其发展的主要动力是 20 世纪 90 年代出现的 WWW(万维网),这大大方便了广大非网络专业人员对网络的使用。万维网的站点数目也急剧增长,在 Internet 上的数据量每月增加约 10%。

2. Internet 的标准化工作

Internet 的标准化工作对 Internet 的发展起到了非常重要的作用。

1992 年,美国成立了一个国际性组织叫作 Internet 协会(ISOC,internet society),以便对 Internet 进行全面管理以及在世界范围内促进其发展和应用。ISOC 下面有一个技术组织叫作 Internet 体系结构委员会(IAB,internet architecture board),负责 Internet 有关协议的开发。下设两个工程部:Internet 工程部(IETF,internet engineering task force)和 Internet 研究部(IRTF,internet research task force)。IETF 集中研究某一特定的短期和长期的工程问题,主要针对协议的开发和标准化,IRTF 主要进行理论方面的研究,并研究一些需要长期考虑的问题。

3. Internet 的组成

Internet 的拓扑结构虽然非常复杂,但从其工作方式上看,可以划分为以下的两大块。

(1) 边缘部分

由所有连接在 Internet 上的主机组成。这部分是用户直接使用的,用来进行通信(传送数据、音频或视频)和资源共享。这些主机可以是一台普通的个人计算机,也可以是一台非常昂贵的大型计算机,它们利用核心部分提供的服务,使众多主机之间能够互相通信并交换或共享信息。

(2) 核心部分

由大量网络和连接这些网络的路由器组成,这部分是为边缘部分提供服务的。核心部分向网络边缘中的大量主机提供连通性,使边缘部分中的任何一个主机都能够与其他主机通信。

4. 下一代互联网计划

在互联网技术高速发展的今天,各国和地区都将互联网的发展列入了重要发展战略。

欧盟从 2016 年 11 月至 2017 年 1 月就下一代互联网计划（NGI，next generation internet）举行了开放研讨会，并于 2017 年 3 月 6 日发布了研讨会成果报告。

美国 NSF 于 2010 年启动了未来互联网体系结构（FIA）计划。FIA 的目标是设计和验证下一代互联网的综合的、新型的体系结构，研究范围包括：网络设计、性能评价、大规模原型实现、端用户应用试验等。FIA 资助了 4 个项目，这些项目分别致力于未来网络体系结构研究和设计的不同方向，同时也对集成架构方面有所考虑，为建立综合的、可信的未来网络体系结构提供技术支撑。

我国从 1996 年起就开始跟踪和探索下一代互联网的发展。1998 年，CERNET（中国教育和科研计算机网）采用隧道技术组建了我国第一个连接国内八大城市的 IPv6 实验床，获得中国第一批 IPv6 地址；1999 年，CERNET 与国际上的下一代互联网实现连接；2001 年，以 CERNET 为主承担建设了中国第一个下一代互联网北京地区实验网；2001 年 3 月，首次实现了与国际下一代互联网络 Internet2 的互联。不难看出，中国在短短几年的时间里，拉近了与美国、欧洲等西方发达国家和地区在互联网研究与建设方面的距离。中国在短期内启动了多项下一代互联网（NGI，next-generation internet）的实验，其中影响最大的是中国下一代互联网示范工程（CNGI）。

中国下一代互联网示范工程（CNGI）是实施中国下一代互联网发展战略的起步工程，由国家发展和改革委员会、科技部、原信息产业部、国务院信息化工作办公室、教育部、中国科学院、中国工程院、国家自然科学基金委员会等 8 部委联合发起并经国务院批准。该示范工程的主要目的是搭建下一代互联网的实验平台，IPv6 是其中要采用的一项重要技术。该示范工程将高技术产业化项目与科学工程结合，形成了继美国之后最为完整成熟的下一代互联网产业体系，彻底改变了我国在第一代互联网时期受制于人的被动局面，其核心网建设促进了国产设备的加速成熟，核心网上的国产设备及产品占 50% 以上，部分甚至达到 80%，运行情况良好，为国产设备的改进、成熟提供了环境。

目前学术界对于下一代互联网还没有统一定义，但对其主要特征已达成如下共识：

① 更大的地址空间：采用 IPv6 协议，使下一代互联网具有非常巨大地址空间，网络规模将更大，接入网络的终端种类和数量更多，网络应用更广泛。

② 更快：100 MB/s 以上的端到端高性能通信。

③ 更安全：可进行网络对象识别、身份认证和访问授权，具有数据加密和完整性验证，实现一个可信任的网络。

④ 更及时：提供组播服务，进行服务质量控制，可开发大规模实时交互应用。

⑤ 更方便：无处不在的移动和无线通信应用。

⑥ 更可管理：有序的管理、有效的运营、及时的维护。

⑦ 更有效：有盈利模式，可创造重大社会效益和经济效益。

习题

一、选择题

1. 计算机网络的首要目的是(　　)。
   A. 资源共享　　　　　　　　　　B. 数据通信
   C. 提高工作效率　　　　　　　　D. 协同工作

2. Internet 起源于(　　)。
   A. BITNET　　　　B. NSFNET　　　　C. ARPANET　　　D. CSNET

3. ARPANET 是(　　)建立起来的。
   A. 20 世纪 60 年代中期　　　　　B. 1983 年
   C. TCP/IP 协议得到推广以后　　　D. 1969 年

4. 一座大楼内的一个计算机网络系统,属于(　　)。
   A. PAN　　　　　　B. LAN　　　　　C. MAN　　　　　D. WAN

5. 第二代计算机网络的主要特点是(　　)。
   A. 计算机—计算机网络　　　　　　B. 以单机为中心的联机系统
   C. 国际网络体系结构标准化　　　　D. 各计算机制造厂商网络结构标准化

6. Internet 是最大最典型的(　　)。
   A. 公网　　　　　　B. 局域网　　　　C. 城域网　　　　D. 广域网

7. 如果网络的服务区域在一个局部范围(一般几十千米之内),则称为(　　)。
   A. 公网　　　　　　B. 局域网　　　　C. 城域网　　　　D. 广域网

二、简答题

1. 什么是计算机网络? 计算机网络经历了哪些发展过程?
2. 常见的计算机网络的分类方法有哪些?
3. 简述计算机网络的组成。
4. 计算机网络可以从哪些方面进行分类?
5. 简述局域网和广域网的区别。

三、操作题

1. 观察教师办公室网络的构成,分析办公室网络的功能。
2. 感受 Internet 给人们提供的各种网络服务。

模块 2　了解计算机网络的体系结构

现在,人们不是针对新提供的每项网络服务开发独立的专用系统,而是将网络视为一个整体进行开发,这意味着对现有网络的分析和功能提升可以同时进行。

网络学习的核心是学习描述网络功能的公认模型,这些模型提供的框架可以帮助人们了解当前网络,并促进新技术开发以支持未来的通信需求。

▶▶▶ 项目目标

【知识目标】

(1) 了解数据通信的基础知识;

(2) 掌握 OSI 参考模型和 TCP/IP 体系结构;

(3) 掌握网络协议的概念和各种协议的用途。

【技能目标】

(1) 能够熟练配置 TCP/IP 网络参数;

(2) 能够熟练使用命令查看网络配置信息。

▶▶▶ 职业素养宝典

老人与鞋

一个老人在高速行驶的火车上,不小心从窗口掉了一只刚买的新鞋,周围的人倍感惋惜,不料老人立即把第二只鞋也从窗口扔了下去。这个举动让周围的人大吃一惊。老人解释说:"这一只无论多么昂贵,对我而言已经没有用了,如果有谁能够捡到这双鞋,说不定他还能穿呢!"。

启示:智者善于放弃,善于从损失中看到价值。

了解数据通信的基础知识

2.1.1 任务介绍

数据在各种通信系统中是如何通信的？通过参观并记录广播系统、内部电话系统和校园网络系统,了解该系统的主要技术指标以及采用的传输方式和技术。

2.1.2 实施步骤

1. 参观广播系统

根据实际条件,参观所在学校或附近企业的广播系统,通常的企业广播系统如图 2-1 所示。

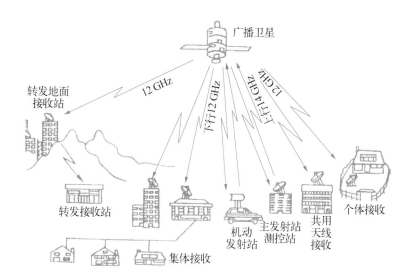

图 2-1 广播系统

① 观察并记录该广播系统的基本组成;
② 询问并记录该广播系统的主要技术指标;
③ 了解并记录该广播系统所采用的传输方式和传输技术。

2. 参观内部电话系统

根据实际条件,参观所在学校或附近企业的内部电话系统,通常的企业内部电话系统构成如图 2-2 所示。

① 观察并记录该内部电话系统的基本组成;
② 询问并记录该内部电话系统的主要技术指标;
③ 了解并记录该内部电话系统采用的传输方式和传输技术。

☞在广播系统中数据是如何传输的?

☞在电话系统中数据是如何传输的?

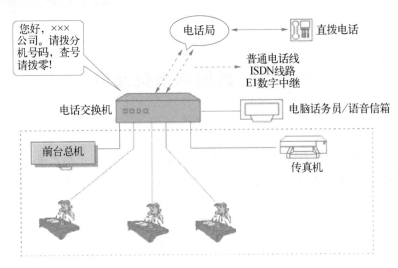

图 2-2　企业内部电话系统

3. 参观校园网络系统

参观所在学校校园网络系统(校园局域网),如图 2-3 所示。

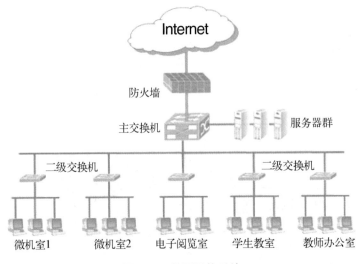

☞在计算机网络系统中数据是如何传输的?

图 2-3　校园网络系统

① 观察并记录该网络系统的基本组成;

② 询问并记录该网络系统采用的传输方式和传输技术。

2.1.3　相关知识

1. 数据通信的基本概念

(1) 数据与信号

数据可分为模拟数据与数字数据两种。在通信系统中,表示模拟数据的信号称作模拟信号，表示数字数据的信号称作数字信号。模拟信号在时间上和幅度取值上都是连续的，其电平随时间连续变化，如语音信号等。数字信号在时间上是离散的，幅值是经过量化的，它一般是二进制代码 0、1 组成的数字序列，如计算机中传送的各种信号。

传统的电话通信信道是传输音频的模拟信道，无法直接传输计算机中的数字信号。为了利用现有的模拟线路传输数字信号，必须将数字信号转化为模拟信号，这一过程称作调制（modulation）。在另一端，接收到的模拟信号要还原成数字信号，这个过程称作解调（demodulation）。通常由于数据的传输是双向的，因此，每端都需要调制和解调，这种设备称作**调制解调器**（modem）。一套完整的数据通信系统，如图 2-4 所示。

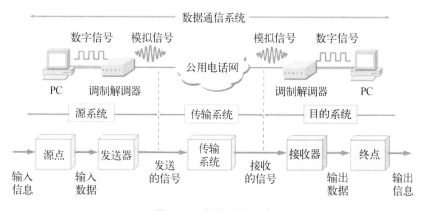

图 2-4 数据通信系统

（2）信道

信息是抽象的，信息的传输靠的是信号，而信号的传输必须通过具体的媒介，这个媒介就是所谓的信道。例如，人和人之间讲话，传递的声波靠的是两人之间的空气来传输，因而两人之间的空气部分就是信道。无线电话之间通信的信道就是电磁波传播所通过的空间，有线电话之间通信的信道就是电缆。信道除了可以分为有线信道和无线信道之外，还可以分为物理信道和逻辑信道。

物理信道是指用来传输信号或数据的物理通路，网络中两个节点之间的物理通路称为**通信链路**，物理信道由传输介质及有关设备组成。逻辑信道也是一种通路，但在信号收、发点之间并不存在一条物理上的传输介质，而是在物理信道基础上，由节点内部或节点之间建立的连接来实现的。通常把逻辑信道称为"连接"。

信道和电路不同，信道一般都是用来表示向某个方向传送数据的媒介，一个信道可以看成是电路的逻辑部件，而一条电路至少包含一条发送信道或一条接收信道。

✎ 模拟信号和数字信号有什么区别？

● 互动练习

数据通信自测 ●

（3）数据通信模型

数据通信系统的基本模型如图 2-5 所示，远端的数据终端设备（DTE，data terminal equipment）通过数据电路和计算机系统相连。数据电路由通信信道和数据通信设备（DCE，data communication equipment）组成。如果通信信道是模拟信道，DCE 的作用就是把 DTE 送来的数据信号变换为模拟信号再送往信道，信号到达目的节点后，把信道送来的模拟信号变换成数据信号再送到 DTE；如果通信信道是数字信道，DCE 的作用就是实现信号码型与电平的转换、信道特性的均衡、收发时钟的形成与供给以及线路的接续控制等。

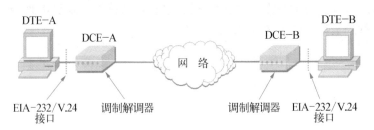

图 2-5　数据通信模型

数据通信和传统的电话通信的重要区别：电话通信必须有人直接参加，摘机拨号，接通线路，双方都确认后才开始通话。在数据通信中要求对传输过程按一定的规程进行控制，以便双方能协调可靠地工作，包括通信线路的连接、收发双方的同步、工作方式的选择、传输差错的检测与校正和数据流的控制等。

（4）数据通信方式

根据所允许的传输方向，数据通信方式可分成以下 3 种。

单工通信：数据只能沿一个固定方向传输，即传输是单向的。

半双工通信：允许数据沿两个方向传输，但在任一时刻信息只能在一个方向传输。

全双工通信：允许信息同时沿两个方向传输，这是计算机通信常用的方式，可大大提高传输速率。

2. 数据传输

（1）数据传输的方式

● 并行传输与串行传输

并行传输指的是数据以成组的方式，在多条并行信道上同时进行传输。常用的就是将构成一个字符代码的几位二进制码，分别在几个并行信道上进行传输。例如，采用 8 位二进制代码的字符，可以用 8 个信道并行传输，一次传送一个字符。

串行传输指的是数据流以串行的方式在一条信道上传输。例如，表示一个字符的 8 个二进制代码位，由高位到低位顺序排列传输，再接下一个字符的

全双工通信是如何实现的？

并行传输有什么优势和不足？

互动练习

数据传输自测1

8 位二进制码,这样串接起来形成串行数据流的传输。串行传输只需要一条传输信道,易于实现。

- 异步传输与同步传输

异步传输一般以字符为单位,不论所采用的字符代码长度为多少位,在发送每一个字符代码时,前面均加上一个"起"信号,其长度规定为 1 个码元,字符代码后面均加上一个"止"信号,其长度为 1 或 2 个码元,加上起、止信号的作用就是为了能区分串行传输的"字符",也就是实现了串行传输收、发双方码组或字符的同步。

☞异步传输有什么优点?

同步传输是以同步的时钟节拍来发送数据信号的,因此在一个串行的数据流中,各信号码元之间的相对位置都是固定的(即同步的)。接收端为了从收到的数据流中正确地区分出一个信号码元,必须建立准确的时钟信号。数据源发送一般以组(帧)为单位,一组数据包含多个字符、收发之间的码组或帧同步,是通过传输特定的传输控制字符或同步序列来完成的,传输效率较高。

☞和异步传输相比,同步传输有什么优点和不足?

(2) 数据传输的形式

- 基带传输

在信道上直接传输基带信号,称为基带传输,它是指在通信电缆上原封不动地传输由计算机或终端产生的 0 或 1 数字脉冲信号。频带越宽,传输线路的电容电感等对传输出信号波形的衰减的影响越大,传输距离一般不超过 2 km,超过时则需加中继器加大信号,以便延长传输距离。基带信号绝大部分是数字信号,计算机网络内往往采用基带传输。

- 频带传输

将基带信号转换为频率表示的模拟信号来传输,称为频带传输。例如,使用电话线进行远距离数据通信,需要将数字信号调制成音频信号再发送和传输,接收端再将音频信号解调成数字信号。

- 宽带传输

将信道分成多个子信道,分别传送音频、视频和数字信号,称为宽带传输。它是一种传输介质频带较宽的信息传输方式,通常在 $300\sim400$ MHz。系统设计时将此频带分割成几个子频带,采用"多路复用"技术。

宽带传输与基带传输相比有以下优点:能在一个信道中传输声音、图像和数据信息,使系统具有多种用途;一条宽带信道能划分为多条逻辑基带信道,实现多路复用,因此信道的容量大大增加;宽带传输的距离比基带远,因为基带传输直接传送数字信号,传输的速率越高,能够传输的距离越短。

●互动练习

数据传输自测2

3. 数据编码

计算机数据在不同的信道中传输要采用不同的编码方式,也就是说,在模拟信道中传输时,要把计算机中的数字信号转换成模拟信道能够识别的模拟信号;在数字信道传输时,要把计算机的数字信号转换成网络媒体能够识别的、利于网络传输的数字信号。

(1) 模拟数据编码

将计算机中的数字数据在网络中用模拟信号表示,要进行调制,也就是进行波形变换,或者更严格地讲,是进行频谱变换,将数字信号的频谱变换成适合于在模拟信道中传输的频谱。最基本的调制方法有以下3种。

● 调幅(AM,amplitude modulation)

调幅即载波的振幅随着基带数字信号而变化,例如数字信号1用有载波输出表示,数字信号0用无载波输出表示,如图2-6所示。这种调幅的方法又叫幅移键控(ASK,amplitude shift keying),其特点是信号容易实现,技术简单,但抗干扰能力差。

● 调频(FM,frequency modulation)

📖调频相对于调幅有什么优势?

调频即载波的频率随着基带数字信号而变化,例如数字信号1用频率f1表示,数字信号0用频率f2表示,如图2-6所示。这种调频方法又叫频移键控(FSK,frequency shift keying),其特点是信号容易实现,技术简单,抗干扰能力较强。

● 调相(PM,phase modulation)

📖什么是相位?

调相即载波的初始相位随着基带数字信号而变化,例如数字信号1对应于相位180°,数字信号0对应与相位0°,如图2-6所示。这种调相的方法又叫相移键控(PSK,phase shift keying),其特点是抗干扰能力较强,但信号实现的技术比较复杂。

互动练习

数据编码自测1

信号在介质中的表示方式

0 1 0 1 1 0 1 1

调幅

调频

调相

时钟

比特时间

图2-6 调制后的数组编码

(2) 数字数据编码

在数字信道中传输计算机数据时,要对计算机中的数字信号重新编码进行基带传输。在基带传输中,数字信号的编码方式主要有以下几种。

● 不归零编码 NRZ(non-return-to-zero)

不归零编码用低电平表示二进制 0,用高电平表示二进制 1,如图 2−7 所示。

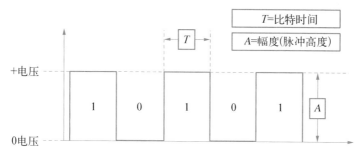

☞不归零编码
有什么优点和
不足?

图 2−7 不归零编码

NRZ 码的缺点是无法判断每一位的开始与结束,收发双方不能保持同步。为保证收发双方同步,必须在发送 NRZ 码的同时,用另一个信道同时传送同步信号。

● 曼彻斯特编码(manchester encoding)

曼彻斯特编码是用电平的跳变来表示的,如图 2−8 所示。在曼彻斯特编码中,每一个比特的中间均有一个跳变,这个跳变既作为始终信号,又作为数据信号。电平从高到低跳变表示二进制 0,从低到高的跳变表示二进制 1。

☞曼彻斯特编
码有什么优点?

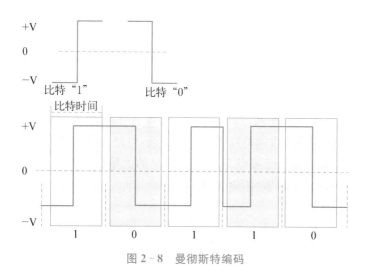

互动练习

数据编码自测2

图 2−8 曼彻斯特编码

● 差分曼彻斯特编码(differential manchester encoding)

差分曼彻斯特编码是对曼彻斯特编码的改进,每比特中间的跳变仅作同步之用,每比特的值根据其开始边界是否发生跳变来决定。每比特的开始无跳变表示二进制 1,有跳变表示二进制 0。

提示

曼彻斯特编码和差分曼彻斯特编码是数据通信中最常用的数字信号编码方式,优点是无须另发同步信号,缺点是编码效率低,如果传送 10 Mb/s 的数据,那么需要 20 MHz 的脉冲。

4. 数据交换技术

(1) 电路交换

在数据通信网发展初期,人们根据电话交换原理,发展了电路交换方式。当用户要发信息时,由源交换机根据信息要到达的目的地址,把线路接到那个目的交换机。这个过程称为线路接续,是由所谓的联络信号经存储转发方式完成的,即根据用户号码或地址(被叫),经局间中继线传送给被叫交换局并转被叫用户。线路接通后,就形成了一条端对端(用户终端和被叫用户终端之间)的信息通路,在这条通路上双方即可进行通信。通信完毕,由通信双方的某一方,向自己所属的交换机发出拆除线路的要求,交换机收到此信号后就将此线拆除,供别的用户使用。

电路交换的最大缺点是什么?

主机 A 要向主机 D 传送数据,首先要通过通信子网 B 和 C 在 A 和 D 之间建立连接。主机 A 向节点 B 发送呼叫信号,其中含有要建立连接的主机 D 的目的地址;节点 B 根据目的地址和路径选择算法,选择下一个节点 C,并向节点 C 发送呼叫信号;节点 C 根据目的地址和路径选择算法,选择目的主机 D,并向主机 D 发送呼叫信号;主机 D 如果接受呼叫请求,则通过已建立的连接 A-B-C-D,向主机 A 发送呼叫回应包。

由于电路交换的接续路径是采用物理连接的,在传输电路接续后,控制电路就与信息传输无关,所以电路交换方式的主要优点是,数据传输可靠、迅速、不丢失,且保持原来的序列。缺点是在有些环境下,电路空闲时的信道容量被浪费,而且数据传输阶段的持续时间不长的话,电路建立和拆除所用的时间将得不偿失。因此它适合于系统间要求高质量的大量数据传输的情况,其计费方法一般按照预定的带宽、距离和时间来计算。

(2) 报文交换

20 世纪 60 年代到 70 年代,为了获得较好的信道利用率,出现了存储—转发的想法,这种交换方式就是报文交换。目前这种技术仍普遍应用在某些领域,如电子信箱等。

在报文交换中,数据传输的单位是报文,即站点一次性要发送的数据块,长度不限且可变。传送的方式采用存储—转发方式,即一个站点想要发送一个报文,它把一个目的地址附加在报文上,网络节点根据报文上的目的地址信息,把报文发送到下一个节点,一直逐个节点地转送到目的节点。每个节点在收下整个报文之后,检查无错误后,暂存这个报文,然后利用路由信息找出下一个节点的地址,才把整个报文传送给下一个节点,因此,端与端之间无须先通过呼叫建立连接。

☞报文交换和电路交换相比有什么明显的优势?

报文交换的基本原理是用户之间进行数据传输,主叫用户不需要先建立呼叫,而先进入本地交换机存储器,等到连接该交换机的中继线空闲时,再根据确定的路由转发到目的交换机。由于每份报文的头部都含有被寻址用户的完整地址,所以每条路由不是固定分配给某一个用户,而是由多个用户进行统计复用。

报文交换与邮件的工作过程类似,信(报文)邮出去时,写好目的地址,就交给邮局(通信子网)了,至于信如何分发,走哪条路,信源节点都不管,完全交给邮局处理。

这种方法比起电路交换来有许多优点:

- 线路效率较高;
- 不需要同时使用发送器和接收器来传输数据;
- 即使通信量变得很大,仍然可以接收报文,但传送延迟会增加;
- 报文交换系统可以把一个报文发送到多个目的地。

 提 示

报文交换中,若报文很长,需要较大容量的存储器,若将报文放到外存储器中时,会造成响应时间过长,增加了网络延迟时间。

(3) 分组交换

分组交换也称包交换,它是将用户传送的数据划分成一定的长度,每个部分叫作一个分组。分组交换与报文交换都是采取存储—转发的交换方式。二者的主要区别是:报文交换时报文的长度不限且可变,而分组交换的报文长度不变。分组交换首先把来自用户的数据暂存于存储装置中,并划分为多个一定长度的分组,每个分组前边都加上固定格式的分组标题,用于指明该分组的发送端地址、接收端地址及分组序号等信息。

☞分组交换中,分组的大小如何确定?

以报文分组作为存储转发的单位,分组在各交换节点之间传送比较灵活,交换节点不必等待整个报文的其他分组到齐,一个分组、一个分组地转发。这样可以大大缩小节点所用的存储容量,也缩短了网络时延。另外,较短的报文分组与长的报文相比可大大减少差错的产生,提高了传输的可靠性。

在分组交换方式中,由于能够以分组方式进行数据的暂存交换,经交换机处理后,可以很容易地实现不同速率、不同规程的终端间通信。

（4）信元交换

普通的电路交换和分组交换都很难胜任宽带高速交换的交换任务。对于电路交换,当数据的传输速率及其变化非常大时,交换的控制就变得十分复杂;对于分组交换,当数据传输速率很高时,协议根据单元在各层的处理就成为很大的开销,无法满足实时性要求很强的业务需求。但电路交换的实时性很好,分组交换的灵活性很好。于是,一种结合这两种交换方式优点的交换技术——信元交换产生了。

互动练习
数据交换技术
自测

信元交换又叫异步传输模式（ATM,asynchronous transfer mode）,是一种面向连接的快速分组交换技术,它是通过建立虚电路来进行数据传输的。ATM 采用固定长度的信元作为数据传送的基本单位,信元长度为 53 字节,其中信元头为 5 字节,数据为 48 字节。长度固定的信元可以使 ATM 交换机的功能尽量简化,只用硬件电路就可以对信元头中的虚电路标识进行识别,因此大大缩短了每一个信元的处理时间。另外,ATM 采用了统计时分复用的方式来进行数据传输,根据各种业务的统计特性,在保证服务质量要求（QoS,quality of service）的前提下,在各个业务之间动态地分配网络带宽。

☞相对于前几
种数据交换技
术,信元交换
有哪些优势?

2.1.4　任务总结与知识回顾

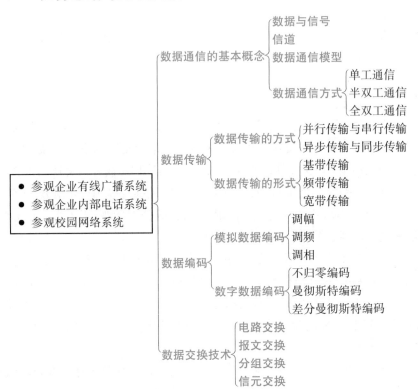

2.1.5 考核建议

考核评价表见表 2-1。

表 2-1 考核评价表

指标名称	指 标 内 容	考核方式	分值
工作任务的理解	是否了解工作任务、要实现的目标及要实现的功能	提问	10
工作任务功能实现	1. 能够详细描述有线广播系统的组成 2. 能够简要说明有线广播系统采用的传输方式和传输技术 3. 能够详细描述内部电话系统的组成 4. 能够简要说明内部电话系统采用的传输方式和传输技术 5. 能够详细描述计算机网络系统采用的传输方式和传输技术	抽查学生操作演示	20
理论知识的掌握	1. 数据通信的基本概念,包括数据信号、信道、数据通信模型和数据通信方式 2. 数据传输,包括数据传输的方式和数据传输的形式 3. 数据编码,包括模拟数据的编码方式和数字数据的编码方式 4. 数据交换技术,包括电路交换、报文交换、分组交换和信元交换	提问	40
文档资料	认真完成并及时上交实训报告	检查	20
其 他	保持良好的课堂纪律 保持机房卫生	班干部协助检查	10
总 分			100

2.1.6 拓展提高

移动通信技术

1. 1G 时代:"大哥大"的年代

1986 年,第一代移动通信系统(1G)在美国芝加哥诞生。其采用模拟信号传输,即将电磁波进行频率调制后,将语音信号转换到载波电磁波上,载有信息的电磁波发布到空间后,由接收设备接收,并从载波电磁波上还原语音信息,完成一次通话。但各个国家的 1G 通信标准并不一致,使得第一代移动通信设备并不能"全球漫游",这大大阻碍了 1G 通信的发展。同时,由于 1G 通信采用模拟信号传输,所以其容量非常有限,一般只能传输语音信号,且存在语音品质低、信号不稳定、涵盖范围不够全面、安全性差和易受干扰等问题。1G 通信设备如图 2-9 所示。

图 2-9 1G 时代的移动通信设备

2. 2G 时代:移动通信快速发展

GSM 是全球移动通信系统(global system for mobile communications)的简称。即通常

(a) 诺基亚2110　　(b) 波导S1820

图 2‑10　2G 时代的移动通信设备

所说的"2G"网络。和 1G 通信不同的是,2G 通信采用的是数字调制技术。因此,第二代移动通信系统的容量也在增加,随着系统容量的增加,2G 通信时代的手机可以上网了,虽然数据传输的速度很慢(每秒 9.6～14.4 kbit),但文字信息的传输由此开始了,这成为当今移动互联网发展的基础。2G 通信设备如图 2‑10 所示。

3. 3G 时代:移动多媒体时代的到来

2G 通信时代,手机只能打电话和发送简单的文字信息,虽然这已经大大提升了效率,但是日益增长的图片和视频传输的需要,使人们对于数据传输速度的要求日趋高涨,2G 通信时代的网速显然不能支撑满足这一需求。于是高速数据传输的蜂窝移动通信技术——3G 通信应运而生。3G 通信设备如图 2‑11所示。

(a) iPhone 3G　　　　　　　　　　(b) 华为U326

图 2‑11　3G 时代的移动通信设备

CDMA(code division multiple access)又称码分多址,是第三代移动通信网络,即 3G 网络的主要技术。相对于 GSM 网络,CDMA 网络有准确的时钟,具有抗通信干扰、信息传输迅速、覆盖率高、连通率高、辐射小、覆盖面积大等优势,这些都是 GSM 网络所不具备的。而CDMA2000、W‑CDMA 和 TD‑SCDMA 是国际电信联盟确定的三个无线接口标准。

W‑CDMA 标准主要起源于欧洲和日本的早期第三代无线研究活动,该系统在现有的GSM 网络上使用,对于系统提供商而言可以较轻易的过渡,该标准的主要支持者有欧洲、日本、韩国,美国的 AT&T 移动业务分公司也宣布选取 W‑CDMA 为自己的第三代业务平台。

CDMA2000 标准主要是由美国高通北美公司为主导提出的,它的建设成本相对比较低廉,主要支持者包括日本、韩国和北美等。

TD‑SCDMA 标准是由中国移动第一次提出并在此无线传输技术(RTT)的基础上与国际合作完成的标准,是 CDMA TDD 标准的一员,这标志着中国在移动通信领域已经进入世界领先之列。

4. 4G 时代：移动互联网时代的来临

随着数据通信与多媒体业务需求的发展，能够适应移动数据、移动计算及移动多媒体运作等需求的第四代移动通信（4G 移动通信）开始兴起，因其拥有的超高数据传输速度，被中国物联网校企联盟誉为机器之间当之无愧的"高速对话"。2013 年 12 月，工信部在其官网上宣布向中国移动、中国电信、中国联通颁发"LTE/第四代数字蜂窝移动通信业务（TD－LTE）"经营许可，也就是 4G 牌照。至此，移动互联网进入了一个新的时代。

第四代移动通信系统的关键技术包括信道传输；抗干扰性强的高速接入技术，调制和信息传输技术；高性能、小型化和低成本的自适应阵列智能天线；大容量、低成本的无线接口和光接口；系统管理资源；软件无线电，网络结构协议等。第四代移动通信系统主要是以正交频分复用（OFDM）为技术核心。它的优点有很多，主要包括以下几点：

- 通信速度快
- 网络频谱宽
- 智能性能高
- 兼容性好
- 通信质量高
- 费用便宜

4G 移动通信技术也存在标准多、技术难、容量受限、市场难以消化以及设施更新慢等不足，但这些不足不会影响它的优势以及给用户带来的各种便利。

5. 5G 时代：万物互联的开始

随着移动通信系统带宽和能力的增加，移动网络的速率也飞速提升，从 2G 时代的每秒 10 kbit，发展到 4G 时代的每秒 1 Gbit，足足增长了 10 万倍。历代移动通信的发展，都以典型的技术特征为代表，同时诞生出新的业务和应用场景。而 5G 通信将不同于传统的几代移动通信，5G 通信不再由某项业务能力或者某个典型技术特征所定义，它不仅是更高速率、更大带宽、更强能力的技术，而且是一个多业务多技术融合的网络，更是面向业务应用和用户体验的智能网络，最终打造以用户为中心的信息生态系统。

具体来说，5G 移动通信网络的特点有五个方面：

（1）关注用户体验。5G 通信最突出的特点就是对用户体验高度重视，能够将网络的广域覆盖功能全面实现。倘若 4G 通信和 3G 通信对比，主要是速度提升，则 5G 通信和 4G 通信进行比较，其突出之处就是范围更广阔，能够无处不在的使连接功能得以实现。也就是不管使用者人在哪里，使用的是何种设备，都能快速与网络相连。

（2）低功耗。5G 通信会使低功耗得以实现。4G 通信虽然在速度上与 3G 通信相比有了明显的改进，然而其使得手机电池的要求也发生了很大的变化。

（3）对于通信管线设计中的现网数据，可从勘察终端中活的，同时还需要注意在勘察终端中适当增加一定的设计数据，并讲系统与 GIS 地图进行有效结合，发挥管线视图的功能。勘察数据表可通过系统成图，然后再通过网络数据表导出。管理人员通过对项目进行检查，即得到与 GIS 相连的网络视图，准确了解项目勘察进度以及质量。

(4) 确定生产管理系统储存管线概预算定额、管线施工所需材料的价格以及数据库,并选择适宜的计算方式对工程量进行计算,综合考虑各方面影响因素制定完善的预算表格和设计模板。另外,还应该注意综合考虑通信管线设计指标进行调整,最后利用计算机信息技术形成设计方案的说明文件。

(5) 加强管线设计管理以及网络数据管理,在此过程中,可采用全生命周期管理方式。对通信管线项目建设以及施工质量检测验收进行监督管理,另外,还需要与运营商管理系统以及资源管理系统进行连接,进而实现信息数据胡同。通过应用上述管理方式,能够为用户设计提供可靠依据。

所以,5G 通信已经远远超出个人生活的影响,成为了国家基础设施的一个重要的组成部分。各个国家全面推进 5G 通信技术,也是基于这个原因。

6. 6G 时代:万物互联的时代

从 1G 通信到 5G 通信的设计遵循着网络侧和用户侧的松耦合准则。通过技术驱动,用户和网络的基本需求(如用户数据速率、时延、网络谱效、能效等)得到了一定的满足。但是受制于技术驱动能力,1G 通信到 5G 通信的设计并未涉及更深层次的通信需求。

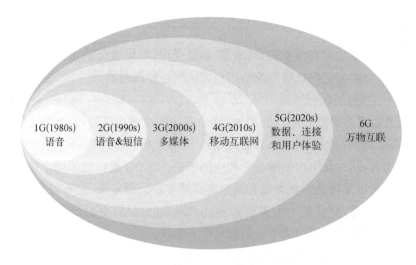

图 2‑12　从 1G 到 6G 的发展及展望

在未来第六代移动通信系统(6G)中,网络与用户将被看作一个统一整体。用户的智能需求将被进一步挖掘和实现,并以此为基准进行技术规划与演进布局。5G 通信的目标是满足大连接、高带宽和低时延场景下的通信需求。在 5G 通信演进后期,陆地、海洋和天空中存在巨大数量的互联自动化设备,数以亿计的传感器将遍布自然环境和生物体内。基于人工智能(AI)的各类系统部署于云平台、雾平台等边缘设备,并创造数量庞大的新应用。6G 通信的早期阶段将是 5G 通信进步扩展和深入,以 AI、边缘计算和物联网为基础,实现智能应用与网络的深度融合,实现虚拟现实、虚拟用户、智能网络等功能。进一步,在人工智能理论、新兴材料和集成天线相关技术的驱动下,6G 通信的长期演进将产生新突破,甚至构建新世界。

认识计算机网络体系结构

2.2.1 任务介绍

　　计算机网络体系结构是指计算机网络系统的整体设计,它为网络硬件、软件、协议、存取控制和拓扑提供标准。本任务以信件的传输过程比拟数据在计算机网络中的传输过程,让学生了解计算机网络的体系结构。

2.2.2 实施步骤

　　甲在 A 省的某高校上学,现要给 B 省某高校的朋友乙发送一份信件,信件的传输过程如图 2-13 所示。

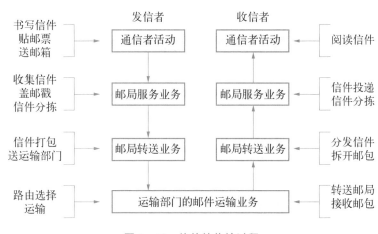

图 2-13　信件的传输过程

　　① 发信者书写完信件后写上发信者的地址(**源地址**)和收信者的地址(**目的地址**),贴上邮票,然后将信件投入到本地的邮箱中。

　　② 本地邮局的业务员从邮箱中取出信件,盖上邮戳,根据信件上的地址进行分拣。

　　③ 本地邮局的转送业务员将信件打包(**数据封装**),运送到运输部门。

　　④ 运输部门根据信件的目的地址选择合适的运输线路(**选择路由**)后,利用某种交通工具(**传输介质**)将信件运输到目的地的邮局。

　　⑤ 目的地邮局接收信件。

　　⑥ 目的地邮局的转送业务员拆开邮包后(**数据拆封**),将信件分发给服务业务员。

　　⑦ 服务业务员对信件根据收信者地址(**目的地址**)进行分拣,然后投递到

□□ 数据在发送时,除了源地址和目的地址,还需要提供什么信息?

□□ 路由选择的依据是什么?

各个邮箱。

⑧ 收信者从邮箱中收取信件。

2.2.3　相关知识

计算机网络的实现要解决很多复杂的技术问题,比如要支持多种通信介质,支持多厂商、异构互联,支持高级人机接口,满足人们对多媒体日益增长的需求。就像结构化程序设计中对复杂问题的模块化分层处理一样,计算机网络所采用的方法就是把复杂的大系统分层处理,每层完成特定功能,各层协调起来实现整个网络系统的功能。

各层之间如何衔接?

计算机网络体系结构就是介绍计算机网络中普遍采用的层次化网络研究方法。

1. 网络体系结构的基本概念

(1) 网络协议

计算机网络中各个节点要做到正确无误的和其他节点交换数据和控制信息,每个节点都必须遵守一些事先约定好的规则和标准,这些规则和标准明确地规定了通信双方的速率、所交换数据的格式和时序以及出错控制等标准。这些为网络数据交换而制定的规则、约定与标准称为网络协议(protocol)。更进一步讲,网络协议主要由以下三个要素组成。

语法,即数据与控制信息的结构或格式;

语义,即需要发出何种控制信息,完成何种动作以及做出何种响应;

时序,即事件实现顺序的详细说明。

由此可见,网络协议是计算机网络不可缺少的组成部分。

提　示

这三个要素可以这样描述:语义表示要做什么,语法表示要怎么做,时序表示做的顺序。

(2) 分层

在计算机网络中,为了减少协议设计的复杂性,大多数网络都按层(layer)的方式来组织,如图 2-14 所示。

每一层都建立在它的下层之上,上一层可以调用下一层,而与再下一层不发生关系。不同的网络,协议分层的数量、各层的名字、内容和功能都不尽相同。然而,所有的网络中,总是把用户应用程序作为最高层,把物理通信线路作为最低层,将其间的协议分为若干层,规定每层处理的任务,也规定每层的接口标准。每一层的目的都是向它的上一层提供一定的服务,而把如何实现这一服务的细节对上一层加以屏蔽。

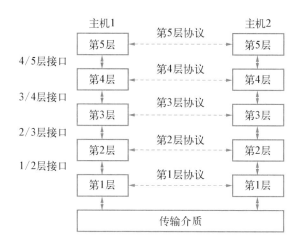

图 2-14　5 层协议示意图

（3）接口

接口是同一节点内相邻层之间交换信息的连接点，如图 2-14 所示。同一节点的相邻层之间存在着明确规定的接口，接口定义了下层向上层提供的操作和服务。接口包括两部分：一是硬件装置，功能是实现节点之间的信息传送；二是软件装置，功能是规定双方进行通信的约定协议。

在设计一个网络时，很重要的一个任务是决定网络包括多少层，并明确规定每一层要完成的功能及向上一层提供哪种服务。在定义相邻层接口时，要尽量减少通过接口的信息数量，并确保接口定义的清晰、明确。一个清晰的接口可以屏蔽下层功能的具体实现方法，这样做的优点是只要接口不变、底层功能不变，底层功能的具体实现方法与技术的变化不会影响整个系统的工作。

（4）网络体系结构

对于复杂的网络协议来说，最好的组织方式是层次结构模型。层和协议的集合称为网络体系结构（network architecture）。体系结构的描述必须包含足够的信息，它对计算机网络应该实现的功能进行精确的定义，实现者可以用它来为每一层编写程序和设计硬件，并使之符合有关协议。

计算机网络采用层次结构，具有以下优点：

- 便于方案设计和维护；
- 各层相互独立，技术升级和扩展灵活性好；
- 促进系统化和标准化。

提 示

分层时应注意使每一层的功能非常明确。若层数太少，就会使每一层的协议太复杂。但层数太多又会在描述和综合各层功能的系统工程任务时，遇到较多的困难。

如何确定层数？

接口只是为了在相邻层间传递信息吗？

采用层次结构，还有哪些优点？

2. ISO/OSI 参考模型

（1）ISO/OSI 参考模型的提出

1974 年，美国 IBM 公司发布了系统网络体系结构（SNA, system network architecture）。不久后，其他一些公司也相继推出自己的网络体系结构。这些网络体系同样采用了分层技术，但具体到每一层的功能以及使用的技术术语都各不相同，为了协调这些协议和标准，提高网络行业的标准化水平，以适应不同网络互联的需要，CCITT（国际电报电话咨询委员会）和 ISO（国际标准化组织）在 1984 年制定了 OSI（open system intercontinental，开放系统互联）参考模型。

所谓开放式体系结构，是指配置不同型号的计算机、不同的操作系统、不同的拓扑结构通信协议的网络，相互连接成为一个统一的网络，以达到资源共享、数据通信及分布式处理的目的。

OSI 参考模型如图 2-15 所示，将网络通信的软、硬件架构分为 7 层，分别是物理层、数据链路层、网络层、传输层、会话层、表示层和应用层。越底层的架构与硬件的相关性越高，而越高层的架构与软件的相关性越高，一般把最底层的物理层称为第 1 层，最高层的应用层称为第 7 层。

☞ OSI 参考模型能否达到预期的目的？

☞ 为什么协议只能在对等层之间建立？

图 2-15　ISO/OSI 参考模型

（2）OSI 参考模型

● 物理层

☞ 在不同的传输介质中，比特的表示方式是一样的吗？

物理层涉及通信在信道上传输的原始比特流。设计上必须保证一方发出二进制"1"时，另一方收到的也是"1"而非"0"。典型的问题是用多少伏的电压分别表示"0"和"1"的标准；另外，一个比特持续多少微秒，传输是采用单工方式,还是半双工,或是全双工方式;最初的连接如何建立,完成通信后连接如何终止;网络接插件有多少针以及各针的用途,这些问题都需要考虑。这里的设计主要是处理机械的、电气的和过程的接口,以及物理层下的物理传输介质等问题。

物理层是 OSI 的第一层,它虽然处于最底层,却是整个开放系统的基础,可以简单记忆为"信号和介质"。物理层的媒体包括双绞线、同轴电缆、光纤、无线信道等,设备有网卡、中继器、集线器等。

- 数据链路层

数据链路层的主要任务是加强物理层传输原始比特流的功能,使之对网络层显现为一条无差错线路。发送方把输入数据分装在数据帧里(典型的帧为几百字节或几千字节),按顺序传送各帧,并处理接收方回送的确认帧。因为物理层仅仅接收和传送比特流,并不关心它的意义和结构,所以只能依赖数据链路层来产生和识别帧边界。可以通过在帧的前面和后面附加特殊的二进制编码来达到这一目的。如果这些二进制编码偶然在数据中出现,则必须采取特殊措施以避免混淆。

☞如何理解数据帧?

数据链路层可以简单记忆为"帧和介质访问控制",这一层的设备有交换机、网桥等。

- 网络层

网络层控制着通信子网的运行,一个关键问题是确定分组从源节点到目的节点如何选择路由。路由既可采用静态路由的方式实现,也可采用动态路由的方式实现。

☞静态路由和动态路由有什么区别?

如果在通信子网中同时出现过多的分组,它们将相互阻塞通路,形成瓶颈。这类阻塞控制属于网络层的功能范围。另外,网络层还要解决异构网络互联中不同网络对分组大小不同,甚至使用不同协议的兼容性问题。在广播网络中,由于路由问题变得格外简单,因此网络层很弱,甚至不存在。

网络层可以简单记忆为"路径选择、路由及逻辑寻址",这一层的设备有路由器、三层交换机等。

● 传输层

传输层的基本功能是从会话层接收数据,并且在必要时把它分成较小的单元,传递给网络层,并确保到达对方的信息准确无误。通常,会话层每请求建立一个传输连接,传输层就为其创建一个独立的网络连接。如果传输连接需要较高的信息吞吐量,传输层也可以为之创建多个网络连接,让数据在这些网络连接上分流,以提高吞吐量。另一方面,如果创建或维持一个网络连接不合算,传输层可以将几个传输连接复用到一个网络连接上,此时,要求传输层的多路复用对会话层是透明的。

所有的数据传输都需要建立网络连接吗?

传输层是计算机通信体系中关键的一层,它的主要功能是为用户提供可靠的端到端服务,处理数据包的错误、数据包的次序,以及像流量控制这样一些传输中的关键问题,并向高层屏蔽下层数据通信的细节等。

提示

传输层是 OSI 中最重要、最关键的一层,是唯一负责总体的数据传输和数据控制的一层。可以简单记忆为"流量控制和可靠性"。

● 会话层

会话层允许不同机器上的用户建立会话关系,负责维护两个节点之间的传输连接。会话层允许信息同时双向传输,或任意时刻只能单向传输。

什么是令牌?

有些协议中要求双方不能同时进行同样的操作,这一点很重要,为了管理这些活动,会话层提供了令牌。令牌可以在会话双方之间交换,只有持有令牌的一方可以执行某种关键操作。会话层还提供了会话同步的功能,为了支持文件的断点续传,会话层提供了一种方法,即在数据流中插入检查点。当网络出现故障或崩溃后,只需要重传最后一个检查点以后的数据。

提示

会话层可以简单记忆为"对话和交谈"。

● 表示层

表示层关心的是所传输的信息的语法和语义问题,表示层以下的各层只关心可靠地传输比特流。表示层的主要工作是将应用程序所要传送的文字或图形数据转换成计算机能识别的类型(如 ASCII 码或 EBCDIC 码),由应用程序"呈现"给计算机,或是由计算机所传来的信号转换成使用者可以辨认的类型"呈现"给使用者。

表示层如何处理用户在网络中传输的图像、声音、视频等数据?

在必要时,表示层需要把各种不同的数据格式转换成一种通用的数据格式。

●互动练习

ISO/OSI参考
模型自测

表示层可以简单记忆为"一种通用的数据格式"。

● 应用层

应用层是直接面向用户的层,包含大量人们普遍需要的协议。

应用层是用户或应用程序使用网络的接口,应用层提供的网络虚拟终端服务屏蔽了互不兼容终端的差异,其工作原理是,网络应用程序只面向该虚拟终端,而对每一种终端类型,都要写一段软件来把网络虚拟终端映射到实际的终端。应用层的文件传输功能还要考虑不同系统对文件命名的不同原则、文本行格式的不同表示方法等不同系统的不兼容问题。除此之外,像电子邮件、远程登录等都属于应用层的服务。

☞应用层还可以提供哪些网络服务?

如果想用尽量少的词来记住应用层的话,可以想一下"浏览器"。

3. TCP/IP 参考模型

TCP/IP 参考模型最初的定义出现在 1974 年,由于在 Internet 上运行得极为成功并且出现的时间要早于 OSI 参考模型,因此,虽然 TCP/IP 参考模型不是 ISO 标准,但它们是目前最流行的商业化的协议,并被公认为当前的工业标准或"事实上的标准"。TCP 和 IP 是 TCP/IP 模型中两个最重要的协议,它们与低层的数据链路层和物理层无关,这也是 TCP/IP 的重要特点。

TCP/IP 参考模型比 OSI 参考模型的 7 层要少,只有 4 层,如图 2-16 所示。

☞ 为 什 么 TCP/IP 参 考 模型能成为"事实上的标准"?

图 2-16 OSI 与 TCP/IP 参考模型层次的对应关系

● 主机—网络层(网络接口层)

主机—网络层与 OSI 参考模型中的物理层和数据链路层相对应,它的功能是监视数据在主机和网络之间的交换。事实上,TCP/IP 参考模型本身并未

☞主机—网络层是 OSI 模型中数据链路层和物理层的功能叠加吗?

定义该层的协议,而由参与互联的各网络使用自己的物理层和数据链路层协议,然后与 TCP/IP 的网络接口层进行连接。

- 互联网层

互联网层对应于 OSI 参考模型的网络层,它的功能是使主机可以把分组发往任何网络并使分组独立地传向目标(可能经过不同的网络)。这些分组到达的顺序和发送的顺序可能不同,因此如果需要按顺序发送及接收,高层必须对分组排序。

☞这些协议有什么作用?

该层有四个主要协议:网际协议(IP)、地址解析协议(ARP)、Internet 组管理协议(IGMP)和 Internet 控制报文协议(ICMP)。IP 协议是互联网层最重要的协议,它提供的是一个不可靠、无连接的数据报传递服务。

- 传输层

传输层对应于 OSI 参考模型的传输层,它的功能是使源端和目的端主机上的对等实体可以进行会话。该层定义了两个主要的协议:传输控制协议(TCP)和用户数据报协议(UDP)。

TCP 协议提供的是一种可靠的、面向连接的数据传输服务,而 UDP 协议提供的则是不可靠的、无连接的数据传输服务。

- 应用层

在 TCP/IP 参考模型中,没有 OSI 模型中的会话层和表示层,传输层的上面是应用层,它的功能是为用户提供所需要的各种服务,例如 FTP、Telnet、DNS、SMTP 等。

2.2.4　任务总结与知识回顾

利用信件的传输过程比拟数据在计算机网络中的传输过程

网络体系结构的基本概念
- 网络协议:为网络数据交换而制定的规则、约定和标准
- 分层:为了减少协议设计的复杂性,将网络按层的方式来组织
- 接口:同一节点内相邻层之间交换信息的连接点
- 网络体系结构:层和协议的集合

ISO/OSI 参考模型
- 应用层:为用户提供网络服务
- 表示层:数据格式的转换
- 会话层:会话管理与数据同步
- 传输层:端到端的可靠传输
- 网络层:路由选择和连接
- 数据链路层:相邻节点间无差错地传送帧
- 物理层:在物理媒体上透明传送比特流

TCP/IP 参考模型
- 应用层:提供用户接口
- 传输层:提供端对端的通信
- 互联网层:负责数据转发和路由
- 主机—网络层:负责建立电路连接

2.2.5　考核建议

考核评价表见表 2-2。

表 2 - 2 考核评价表

指标名称	指 标 内 容	考核方式	分值
工作任务的理解	是否了解工作任务、要实现的目标及要实现的功能	提问	10
工作任务功能实现	利用信件的传输过程比拟解释数据在计算机网络中的传输过程,了解网络体系结构	抽查学生操作演示	10
理论知识的掌握	1. 网络体系结构的概念,包括网络协议、分层、接口和网络体系结构 2. OSI 参考模型每一层的功能,包括应用层、表示层、会话层、传输层、网络层、数据链路层和物理层 3. TCP/IP 参考模型每一层的功能,包括应用层、传输层、互联网层和主机—网络层	提问	50
文档资料	认真完成并及时上交实训报告	检查	20
其 他	保持良好的课堂纪律 保持机房卫生	班干部协助检查	10
总 分			100

2.2.6 拓展提高

OSI 参考模型的数据传输

两个网络设备间的通信就是通过数据在每一设备的协议栈中上上下下传输来完成的。例如,设备 A 要和设备 B 进行通信,任务从设备 A 的应用层开始,逐层格式化某类信息,直至数据到达物理层,然后通过网络传输到设备 B。设备 B 于协议栈的物理层获取信息,向上层发送信息以解释信息,直到到达应用层,如图 2 - 17 所示。

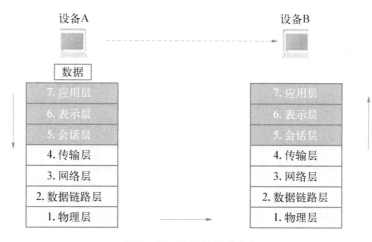

图 2 - 17 数据的运动方向

数据在网络中传输时,用户感觉数据是水平传输的,其实,数据在网络中传输是按照 OSI 参考模型的层次结构运动的,也就是说数据的实际传输方向是垂直的。

数据的传输过程可以分解为数据封装和数据拆封两个阶段。

1. 数据封装

设备 A 的数据在传输过程中,随着数据沿 OSI 层次模型向下传递,每层的各种协议都要向其添加信息,此过程通常称为封装,如图 2-18 所示。

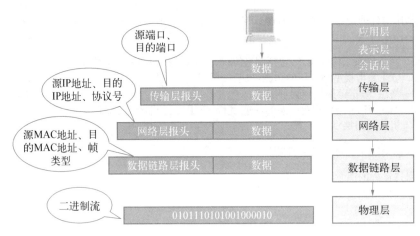

图 2-18　数据封装

(1)应用层

当设备 A 的数据传送到应用层时,应用层为数据加上应用层报头(也可以是空的),组成应用层的协议数据单元,再把数据传送到表示层。

(2)表示层

表示层接收到应用层数据单元后,不知道也不应该知道应用层给它的数据哪一部分是应用层报头,哪一部分是用户真正的数据。它可以采取多种方式对此加以变换,也可以在前面加上表示层报头组成表示层协议数据单元,再传送到会话层。表示层按照协议要求对数据进行格式变换和加密处理。

(3)会话层

会话层接收到表示层数据单元后,加上会话层报头组成会话层协议数据单元,再传送到传输层。会话层报头用来协调通信主机进程之间的通信。

(4)传输层

传输层接收到会话层数据单元后,加上传输层报头(如源端口、目的端口等)组成传输层协议数据单元,再传送到网络层。传输层协议数据单元称为数据段。

(5)网络层

网络层接收到传输层数据单元后,由于网络层协议数据单元的长度有限制,需要将长报文分成多个较短的报文段,加上网络层报头(如源 IP 地址、目的 IP 地址、协议号等)组成网络层协议数据单元,再传送到数据链路层。网络层协议数据单元称为数据包。

(6)数据链路层

数据链路层接收到网络层分组后,按照数据链路层协议规定的帧格式加上数据链路层报头(如源 MAC 地址、目的 MAC 地址、帧类型等),再传送到物理层。数据链路层协议数据单元称为数据帧。

(7)物理层

物理层接收到数据链路层数据帧之后,将组成帧的比特序列(也称为比特流),通过传输介质传送给下一个主机的物理层。物理层的协议数据单元是比特序列。

2. 数据拆封

数据发送到目的端模型中时,设备 B 接收数据的过程刚好与之相反,从最低的物理层依次拆封发送数据时加入的信息,直到应用层,并最终被目的端的用户所使用,如图 2-19 所示。

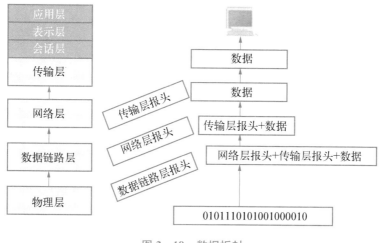

图 2-19 数据拆封

任务 2.3 配置与查看网络参数

2.3.1 任务介绍

网络中的计算机需要配置相应的网络参数后才能相互通信。本任务通过配置常用网络参数,让学生掌握 TCP/IP 的功能,学会使用命令查看计算机网络配置信息。

2.3.2 实施步骤

1. TCP/IP 配置

① 右键单击桌面上的"网络"图标,在弹出的快捷菜单中选择"属性",单击"更改适配器设置",在打开的"网络连接"窗口中,单击"以太网"图标,打开"以太网 状态"对话框,单击"属性"按钮打开"以太网 属性"对话框。在该对话框的项目列表中选择"Internet 协议版本 4(TCP/IPv4)",如图 2-20 所示,单击"属性"按钮,打开"Internet 协议版本 4(TCP/IPv4)"对话框,如图 2-21 所示。

 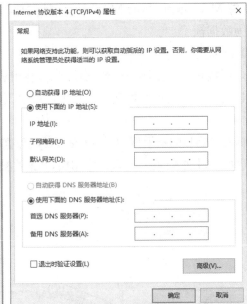

图 2‑20 选择"Internet 协议版本 4 (TCP/IPv4)"　　图 2‑21 "Internet 协议版本 4(TCP/IPv4) 属性"对话框

② 选择"使用下面的 IP 地址",根据网络管理员分配的 IP 地址信息,在下方的文本框中输入 IP 地址、子网掩码和默认网关地址。选择"使用下面的 DNS 服务器地址",在下方的文本框中输入首选 DNS 服务器地址和备用 DNS 服务器地址。

2. 使用 ipconfig 命令查看网络配置信息

① 打开"开始"→"Windows 系统"→"命令提示符"窗口。

② 在命令行界面中输入 ipconfig 命令,按回车键,将显示本机的 IP 地址、子网掩码和默认网关等网络配置信息,如图 2‑22 所示。

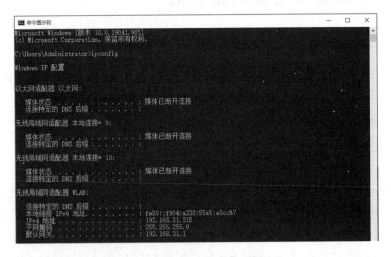

图 2‑22 ipconfig 命令的运行结果

③ 在命令行界面中输入 ipconfig/all 命令,按回车键,将显示 DNS 和 WINS 服务器所使用的各种附加信息以及网卡的 MAC 地址。如果是自动获取 IP 地址,则显示 DHCP 服务器的 IP 地址和租用地址失效的日期,如图 2 - 23 所示。

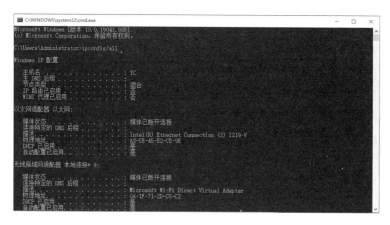

图 2 - 23 ipconfig/all 命令的运行结果

3. 访问网络站点

① 打开 Internet Explorer(简称 IE)浏览器,在地址栏中输入 http://www.sohu.com,观察该网站提供的网络服务,记录 Web 服务器使用的协议(HTTP)。

② 在浏览器的地址栏中输入 ftp://192.168.1.10(已建立的 FTP 服务器地址),观察该服务器提供的网络服务,记录 FTP 服务器使用的协议(FTP)。

☞电子邮件服务中使用了哪些协议?

2.3.3 相关知识

1. TCP/IP 协议栈

TCP/IP 是一个协议系列或协议栈,共包含了 100 多个协议,使得不同的网络环境中的计算机可以互相通信。TCP/IP 模型各层的主要协议如图 2 - 24 所示。

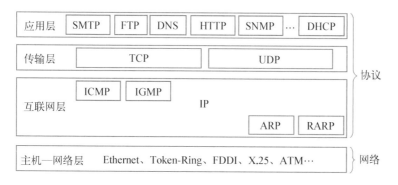

图 2 - 24 TCP/IP 协议栈

2. 应用层协议

应用层协议直接面向用户,包括了众多应用协议和应用支撑协议。

* FTP(文件传输协议),实现互联网中的数据从一台计算机传输到另外一台计算机上。
* SMTP(简单邮件传输协议),在文件传输的基础上增加专门的协议实现互联网中电子邮件的发送。
* DNS(域名系统),实现主机名到 IP 地址的映射功能。
* HTTP(超文本传输协议),用于在 WWW(万维网)上获取主页等服务。
* SNMP(简单网络管理协议),管理互联网上众多厂家生产的软、硬件平台。
* DHCP(动态主机配置协议),给内部网络或网络服务供应商自动分配 IP 地址。

3. 传输层协议

传输层协议包括 TCP(transmission control protocol,传输控制协议)和 UDP(user datagram protocol,用户数据报协议)。

(1) 端口号

为了描述通信进程,TCP/IP 协议提出了端口(port)的概念,每个端口都拥有一个整数描述符,称为端口号。端口号为 16 位二进制数(0~65 535),用来区别不同的端口。

端口号可以划分为 3 个范围:已知端口、注册端口和动态端口。

用户访问网站时使用哪个端口号?

已知端口是从 0 到 1023 之间的端口,由 IANA(互联网数字分配机构)分配,并且在大多数系统中只能由系统(或根)进程或有特权的用户所执行的程序使用。表 2-3 中列出了 UDP 和 TCP 的已知端口。

表 2-3   UDP 和 TCP 的已知端口

UDP			TCP		
端口	协议	说　明	端口	协议	说　明
7	Echo	将收到的数据报回送到发送端	7	Echo	将收到的数据报回送到发送端
53	DNS	域名服务	20	FTP (Data)	文件传输协议(数据连接)
69	TFTP	简单文件传输协议	21	FTP (Control)	文件传输协议(连接控制)
161	SNMP	简单网络管理协议	23	Telnet	远程登录
162	SNMP	简单网络管理协议(陷阱)	25	SMTP	简单邮件传输协议
			53	DNS	域名服务
			80	HTTP	超文本传输协议

注册端口是从 1024 到 49151 之间的端口,由 IANA 列出,并且在大多数系统上可以由普通用户进程或普通用户所执行的程序使用。

动态端口是从 49152 到 65535 之间的端口,既不用指派也不用注册。它们可以由任何进程来使用,是临时的端口。

(2) UDP

UDP 是一种无连接的传输层协议,提供面向事务的简单不可靠信息传送服务。UDP 报文由 UDP 报头和高层用户数据两部分构成,如图 2-25 所示。

图 2-25　UDP 报文格式

UDP 报头包含 4 个字段:源端口号、目的端口号、总长度和校验和。源端口号用于标识源主机上运行的进程所使用的端口号,目的端口号用于标识目的主机上运行的进程使用的端口号,总长度规定了 UDP 报头和数据的长度,校验和字段用来防止 UDP 报文在传输中出错。

☞ UDP 协议适用于哪种网络环境?

(3) TCP

TCP 是一种面向连接的、可靠的、基于字节流的传输层协议,它为应用提供了比 UDP 更多的功能,特别是差错控制、流量控制、拥塞控制及可靠性等功能。TCP 对下层服务没有多少要求,它假定下层只能提供不可靠的数据报服务,可以在多种硬件构成的网络上运行。TCP 的下层是 IP 协议,TCP 将大小不定的数据传输给网络层,由 IP 协议对数据进行分段和重组。

☞ TCP 协议适用于哪种网络环境?

TCP 报文包括 TCP 报头和高层用户数据两部分,其格式如图 2-26 所示。

源端口号(16 位)		目的端口号(16 位)	
顺序号(32 位)			
应答号(32 位)			
报头长度	保留	标识	窗口(16 位)
校验和(16 位)		紧急指针(16 位)	
可选项			
数据			

TCP 报头

图 2-26　TCP 报文格式

各字段的含义如下。
- 源端口号和目的端口号:分别表示发送方和接收方的端口号。
- 顺序号和应答号:顺序号标识数据部分第一个字节的序列号,而应答号表示该数据报的接收者希望对方发送的下一个字节的序号。

- 报头长度：TCP 报文头的长度。
- 保留：为今后使用，目前置 0。
- 标识：用来在 TCP 双方间转发控制信息，包含 URG（紧急指针字段有效）、ACK（响应）、PSH（有数据传输）、RST（连接重置）、SYN（建立连接）和 FIN（关闭连接）位。
- 窗口：表示的是从被确认的字节开始，发送方最多可以连续发送的字节的个数。
- 校验和：是 TCP 协议提供的一种检错机制。
- 紧急指针：指出报文中的紧急数据的最后一个字节的序号。
- 可选项：TCP 只规定了一种选项，即最大报文长度。

4. 互联网层协议

TCP/IP 中的互联网层对应 OSI 模型中的网络层。这一层的协议包括 IP（Internet 协议）、ICMP（Internet 控制报文协议）、IGMP（Internet 组管理协议）、ARP（地址解析协议）和 RARP（反地址解析协议）。IP 是这一层最核心的协议。

（1）IP

☞ IP 是如何实现网络设备互联通信的？

IP 是网络层的核心，负责完成网络中数据报的路径选择，并根据这些数据报到达不同目的端。它是一种不可靠的协议，提供尽力而为的服务，就像邮局尽最大努力传递邮件，但并不永远成功。

IP 也是一种无连接的协议，它是为分组交换网而设计的，这就表示每一个分组使用不同的路由传送到终点。如果一个源端向同一个目的端发送多个数据报，那么这些数据报有可能不按顺序到达。有一些数据报也可能丢失，而有些在传输过程中可能会受到损伤。这时，IP 要依靠更高层的协议来解决这些问题。

在 IP 层的分组叫作数据报或数据包（packet），格式如图 2 - 27 所示。数据报由两部分组成：首部和数据。首部可以有 20～60 字节，包含有关路由选择和交互的重要信息，习惯上在 TCP/IP 中都是以 4 字节段来表示首部。

版本(4)	头长度(4)	TOS(8)	总长度(16)	
标识(16)			标识(3)	段偏移(13)
TTL(8)		协议(8)	校验和(16)	
源 IP 地址(32)				
目的 IP 地址(32)				
选项				
数据				

图 2 - 27　IP 报文格式

提 示

　　随着互联网的发展,目前流行的 IPv4(IP version 4)已经接近它的功能上限,因此 IPv6(IP version 6)浮出水面,用以取代 IPv4。

　　(2) ARP 和 RARP

　　在网络层,主机和路由器通过 IP 地址来标识自己的身份,而在实际物理链路传输时,主机和路由器用 MAC 地址来标识。一个主机和另一个主机进行通信,则必须要知道对方的 MAC 地址。所谓地址解析,就是将 IP 地址转换成 MAC 地址的过程。ARP(地址解析协议)的功能就是为了保证通信的顺利进行,将目标设备的 IP 地址,转换(查询)为对应的 MAC 地址。

    ◦为什么要将 IP 地址转换为 MAC 地址?

　　RARP(反地址解析协议)可以将 MAC 地址转换(查询)为对应的 IP 地址。一般情况下,网络管理员在局域网网关服务器里创建一个 MAC 地址和相应的 IP 地址的 ARP 表,RARP 通过请求该网关服务器从 ARP 表中获取 IP 地址。

    ◦什么情况下需要将 MAC 地址转换为 IP 地址?

 提 示

　　MAC(medium/media access control)地址,用来表示互联网上每一个站点的标识符,采用十六进制数表示,共 6 个字节(48 位)。MAC 地址实际上就是适配器地址或适配器标识符。

　　(3) ICMP

　　ICMP(Internet 控制报文协议)是一种面向连接的协议,用于在 IP 主机、路由器之间传递如网络通不通、主机是否可达、路由是否可用等控制消息。这些控制消息虽然并不传输用户数据,但是对于用户数据的传递起着重要的作用。

　　在网络中经常会用到 ICMP,比如用于检查网络通不通的 ping 命令(Linux 和 Windows 中均有),这个"ping"的过程实际上就是 ICMP 工作的过程。还有其他的网络命令如跟踪路由的 Tracert 命令也是基于 ICMP 的。

　　(4) IGMP

　　IGMP(Internet 组管理协议)是互联网协议家族中的一个多播协议,用于 IP 主机向任一个直接相邻的路由器报告组成员情况。它规定了处于不同网段的主机如何进行多播通信,其前提条件是路由器本身要支持多播。

    ◦什么是多播?

◦互动练习

网络协议自测 ▸

2.3.4 任务总结与知识回顾

```
                                  ┌ TCP/IP 协议栈
                                  │           ┌ FTP(文件传输协议)
                                  │           │ SMTP(简单邮件传输协议)
                                  │           │ DNS(域名系统)
                                  │ 应用层协议 ┤ HTTP(超文本传输协议)
┌───────────────────┐            │           │ SNMP(简单网络管理协议)
│ ● 配置 TCP/IP      │            │           │ DHCP(动态主机配置协议)
│ ● 使用 ipconfig 命令│──────────┤           └ ……
│   查看网络配置信息  │            │ 传输层   ┌ TCP(传输控制协议):面向连接的、可靠的传输层协议
│ ● 访问网络站点      │            │ 协议     └ UDP(用户数据报协议):无连接的、不可靠的传输协议
└───────────────────┘            │           ┌ IP(Internet 协议):负责完成网络中数据报的路径选择
                                  │           │ ICMP(Internet 控制报文协议)
                                  │ 互联网   ┤ IGMP(Internet 组管理协议)
                                  └ 层协议   │ ARP(地址解析协议)
                                              └ RARP(反地址解析协议)
```

2.3.5 考核建议

考核评价表见表 2-4。

表 2-4 考核评价表

指标名称	指 标 内 容	考核方式	分值
工作任务的理解	是否了解工作任务、要实现的目标及要实现的功能	提问	10
工作任务功能实现	1. 熟练配置 TCP/IP 2. 使用 ipconfig 命令查看网络配置信息 3. 通过访问网络站点,了解该网络服务使用的网络协议	抽查学生操作演示	20
理论知识的掌握	1. 了解 TCP/IP 协议栈 2. 应用层协议,如 FTP、SMTP、DNS、HTTP、SNMP、DHCP 等 3. 传输层协议,重点掌握 TCP 和 UDP 的功能及报文格式 4. 互联网层协议,重点掌握 IP、ARP、RARP、ICMP 及 IGMP 的功能	提问	40
文档资料	认真完成并及时上交实训报告	检查	20
其 他	保持良好的课堂纪律 保持机房卫生	班干部协助检查	10
总 分			100

2.3.6 拓展提高

TCP 可靠性数据传输的实现原理

TCP 是一种面向连接的,为不同主机进程间提供可靠数据传输的协议。假定 TCP 下

层协议（如 IP）是非可靠的，它自身必须提供相关机制来保证数据的可靠性传输。在目前的网络栈协议族中，在需要提供可靠性数据传输的应用中，TCP 是首选的，有时也是唯一的选择。

所谓提供数据可靠性传输，不仅仅指将数据成功地由本地主机传送到远端主机，还包括以下内容：

- 能够处理数据在传输过程中被破坏的问题；
- 能够处理接收重复数据的问题；
- 能够发现并解决数据丢失的问题；
- 能够处理接收端数据乱序到达的问题。

为了保证数据的可靠性传输，TCP 采用数据重传和数据确认应答机制，即"三握手"的方法。

1. TCP 连接的建立和释放

TCP 在数据传送之前，需要先建立连接。为了保证连接的可靠性，TCP 使用了"三握手"的方法，即在建立连接和释放连接过程中，通信双方需要交换三个报文，如图 2-28 所示。

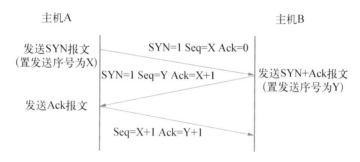

图 2-28 利用"三握手"建立连接过程

图中 Seq 代表 TCP 段首部中的"序号（sequence number）"，是 TCP 段所发送的数据部分第一个字节的序号。Ack 代表 TCP 段首部中的"确认号"，是期望收到对方下次发送的数据的第一个字节的序号，也就是期望收到的下一个 TCP 段的首部中的序号，等于已经成功收到的 TCP 段的最后一个字节序号加 1。

"三握手"的具体过程如下。

① 主机 A 主动与主机 B 联系，TCP 首部控制位中的 SYN 设置为 1，发送带有 SYN 的 TCP 段，并把初始序号告诉对方。

② 主机 B 收到带有 SYN 的报文，记录主机 A 的初始序号，选择自己的初始序号，设置控制位中的 SYN 和 Ack。因为 SYN 占用一个序号，所以确认序号设置为主机 A 的初始序号加 1，对主机 A 的 SYN 进行确认。

③ 主机 B 的报文到达主机 A，主机 A 设置 Ack 控制位，并把确认号设为主机 B 的初始序号加 1，以确认主机 B 的 SYN 报文段，这个报文只是确认信息，告诉主机 B 已经成功建立

了连接。

至此"三握手"建立连接完成。在 TCP 连接中,每台主机会创建一个 TCP 数据结构,存储与连接有关的数据。

2. 重传应答机制与序列号结合

(1) 处理数据在传输过程中被破坏的问题

解决数据在传输过程中被破坏的问题是通过数据重传机制来实现的。通过对所接收数据包的校验,确认该数据包中的数据是否存在错误。如果有错误,则采取简单丢弃或者发送一个应答数据包要求重新对这些数据进行请求。发送端在等待一段时间后,则会重新发送这些数据。

(2) 处理接收重复数据问题

解决接收重复数据的问题是通过检查序列号来实现的。每一个传输的数据均被赋予一个唯一的序列号,如果到达的两份数据具有重叠的序列号(如由发送端数据包重传造成),则表示出现数据重复问题,此时丢弃其中一份,保留另一份即可。多个数据包中数据重叠的情况解决方式类似。

(3) 解决数据丢失问题

此处所说的数据包丢失是指在一段时间内,应该到达的数据包没有到达,而不是永远不能到达。所以数据包丢失与数据包乱序到达有时在判断上和软件处理上很难区分,可以根据在合理的时间内,由这个可能丢失的数据包所造成的序列号"空洞"是否能够被填补上,即接收端接收的不连续数据(根据序列号判断)能否在一个时间段内被补齐来区分。如接收端只接收到序列号从 1 到 50 的数据包,之后又接收到序列号从 100 到 1 500 的数据包,而且在一段合理的时间内,序列号从 51 到 99 的数据包一直未到达,则表示包含序列号从 51 到 99 的数据包在传输过程中很可能丢失(或者有极不正常的延迟)。

当判断出数据包丢失时,接收端将通过不断发送对这些丢失的数据的请求数据包来迫使发送端重新发送这些数据。通常发送端自身会自发地重传这些未得到对方确认的数据,但由于重传机制采用指数退避算法,每次重传的间隔时间均会加倍,所以发送方主动重传机制恢复的时间较长,而接收端通过不断发送对这些丢失数据的请求,发送端在接收到三个这样的请求数据包后,会立刻触发对这些数据的重新发送,这称为快速恢复或者快速重传机制。

本质上,对于数据丢失问题的解决是通过数据重传机制完成的。在此过程中,序列号和数据确认应答起着关键的作用。

(4) 能够处理接收端数据乱序到达问题

如果通信双方存在多条传输路径,则有可能出现数据乱序问题,即序列号较大的数据先于序列号较小的数据到达,而发送端确实是按序列号由小到大的顺序发送的。数据乱序的本质是数据都成功到达了,但到达的顺序不尽如人意。对这个问题的解决相对比较简单,只需对这些数据进行重新排序即可。

本质上,对数据乱序问题的解决是通过排列数据序列号完成的。

习题

一、选择题

1. 数据在传输过程中的压缩和解压缩、加密和解密等工作由（　　）提供服务。

   A. 应用层　　　　　B. 表示层　　　　　C. 传输层　　　　　D. 数据链路层

2. 下列协议属于 TCP/IP 的互联网层的是（　　）。

   A. ICMP　　　　　B. PPP　　　　　C. HDLC　　　　　D. RIP

3. 数据封装的正确过程是（　　）。

   A. 数据段→数据包→数据帧→数据流→数据

   B. 数据流→数据段→数据包→数据帧→数据

   C. 数据→数据包→数据段→数据帧→数据流

   D. 数据→数据段→数据包→数据帧→数据流

4. 能保证数据端到端可靠传输能力的是相应 OSI 的（　　）。

   A. 网络层　　　　　B. 传输层　　　　　C. 会话层　　　　　D. 表示层

5. TFTP 服务端口号是（　　）。

   A. 23　　　　　B. 48　　　　　C. 53　　　　　D. 69

6. OSI 参考模型是由（　　）提出的。

   A. IEEE　　　　　B. ANSI　　　　　C. EIA/TIA　　　　　D. ISO

7. （　　）不是 TCP 报文格式中的字段。

   A. 子网掩码　　　　　B. 序列号　　　　　C. 确认号　　　　　D. 目的端口

8. TCP 协议通过（　　）来区分不同的连接。

   A. IP 地址　　　　　　　　　　B. 端口号

   C. IP 地址 + 端口号　　　　　D. 以上答案均不对

9. DNS 工作于（　　）。

   A. 网络层　　　　　B. 传输层　　　　　C. 表示层　　　　　D. 应用层

10. 高层的协议将数据传递到网络层后，形成（　　），而后传送到数据链路层。

    A. 数据帧　　　　　B. 数据流　　　　　C. 数据包　　　　　D. 数据段

11. （　　）是无连接的传输层协议。

    A. TCP　　　　　B. UDP　　　　　C. IP　　　　　D. SPX

12. 下列协议中，使用 UDP 作为承载协议的是（　　）。

    A. FTP　　　　　B. TFTP　　　　　C. SMTP　　　　　D. HTTP

13. 小于（　　）的 TCP/UDP 端口号与现有服务一一对应，此数字以上的端口号可自由分配。

    A. 199　　　　　B. 100　　　　　C. 1 024　　　　　D. 2 048

14. 下面关于 MAC 地址说法正确的是(　　)。

    A. 最高位为 1 时,表示唯一地址或单播地址

    B. 最高位为 0 时,表示地址或多播地址

    C. 全为 1 时,表示广播地址

    D. 源 MAC 地址与目的地址的前 24 位必须相同才可以通信

15. Windows 中的 Tracert 命令是利用(　　)实现的。

    A. ARP   B. ICMP   C. IP   D. RARP

16. IP 位于 OSI 模型的网络层,IP 数据报是可变长度分组,它由两部分组成:首部和数据。首部可以有(　　)字节。

    A. 20~40   B. 20~60   C. 20~50   D. 30~60

17. 数据传达的逻辑编址和路由选路位于 OSI 七层模型的(　　)。

    A. 应用层   B. 表示层   C. 网络层   D. 会话层

18. IP、Telnet、UDP 分别是 OSI 参考模型的(　　)层协议。

    A. 1、2、3   B. 3、4、5   C. 4、5、6   D. 3、7、4

19. OSI 参考模型的全称是开放系统互联参考模型,面向数据的是(　　)。

    A. 应用层、表示层、会话层   B. 应用层、表示层、会话层、传输层

    C. 传输层、网络层、数据链路层、物理层   D. 会话层、传输层、网络层

二、简答题

1. 什么是数据? 什么是信号?

2. 简述数据通信的三种方式。

3. 数据交换技术有哪几种? 各有什么优缺点?

4. 计算机网络为什么要采用分层架构?

5. 什么是网络协议? 它由哪几部分组成?

6. 简述 ISO/OSI 参考模型的层次及每层的功能。

7. 简述 TCP/IP 参考模型与 ISO/OSI 参考模型的区别。

8. TCP/IP 协议栈中应用层有哪些协议?

9. 简述传输层的协议及功能。

10. 简述互联网层的协议及功能。

模块 3　规划计算机网络

　　通过前面两个模块的学习，我们已经对计算机网络有了初步的认识和了解，接着，我们将要自己动手来组建计算机网络，这是一个较为复杂的系统工程，为了实现需求目标，需要精心地规划和准备。

　　本模块将介绍规划计算机网络的相关内容，包括计算机网络拓扑结构的设计、规划 IP 地址、选择合适的传输介质及常用的网络设备，安装网络操作系统等。

▶▶▶ 项目目标

【知识目标】

（1）了解计算机拓扑结构的类型和特点；

（2）掌握 IP 地址的分类及范围；

（3）掌握常见网络传输介质的类型和特点；

（4）了解常见的网络设备。

【技能目标】

（1）学会绘制网络拓扑结构和规划 IP 地址；

（2）学会选择合适的网络传输介质和网络设备；

（3）学会安装网络操作系统。

▶▶▶ 职业素养宝典

锻炼表达能力

　　《人生设计在童年》一书介绍了作者女儿的成长经历，其中一个感悟是，从小写简历，可产生巨大的内动力，激励孩子自我奋斗。实际上简历是一种书面表达形式，写简历的过程是一个不断反思、不断接受新挑战、不断完善自我、不断成长的过程。升级个人简历也是提升自我的过程。同样，口语表达能力也很重要，良好的口才是职业人士必备的素质，也需要有意识地去训练。

　　启示：良好的表达能力是就业和职业发展的基础。

☞ Microsoft
Visio 2016 是
什么软件？有
什么作用？

任务 3.1　　绘制计算机网络的拓扑图

3.1.1　任务介绍

　　作为一名网络管理者,在进行计算机网络规划、组建、管理和维护时,明晰的计算机网络的拓扑结构图有利于从整体上呈现计算机网络的组织结构,同时,利用网络拓扑结构研究、分析和设计计算机网络的相关特性,尤其对局域网而言,是一种非常有效的方法。本任务利用 Microsoft Visio 2016 软件绘制计算机网络的拓扑图,让学生掌握网络拓扑结构的类型和特征。

3.1.2　实施步骤

　　1. 下载安装 Microsoft Visio 2016

　　① 打开浏览器,打开搜索引擎(如百度 www. baidu. com),输入关键字"Microsoft Visio 2016",找到该软件的下载网址,将软件下载到本地计算机上。

　　② 将镜像解压缩,在解压后的文件夹中运行安装文件"setup. exe",在弹出的话框中单击"立即安装"按钮,出现安装进度对话框,开始软件安装,如图3-1所示。

图 3-1　安装进度对话框

③ 系统继续安装,直至出现如图 3-2 所示的安装完成对话框,然后单击"关闭"按钮,软件安装完成。

图 3-2 安装完成对话框

2. 利用 Microsoft Visio 2016 标准图库绘制拓扑图

① 启动 Microsoft Visio 2016,打开应用程序窗口,如图 3-3 所示。

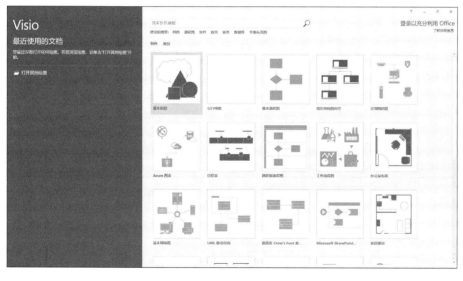

什么是拓扑图?

图 3-3 Microsoft Visio 2016 主界面

② 单击"详细网络图"图标,选择"创建",新建"绘图 1"窗口,如图 3-4 所示。

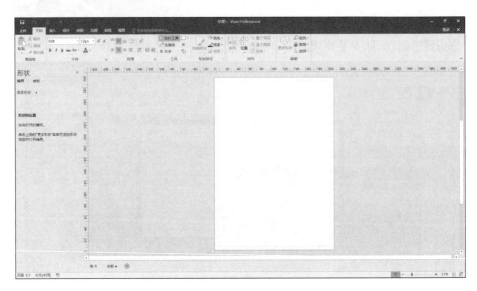

图 3-4　新建绘图窗口

☞交换机是什么设备？有什么功能？

③ 在左侧的"形状"窗口中选择"网络和外设"，展开"网络和外设"图标，将"交换机"图标拖动到绘图区，调整图标大小，如图 3-5 所示。

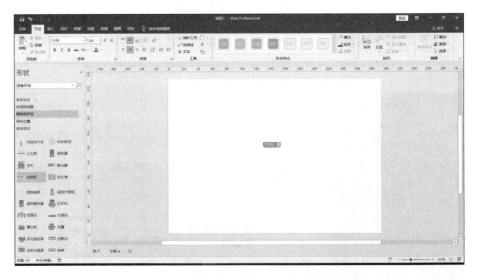

图 3-5　将"交换机"图标拖动到绘图区

④ 在左侧的"形状"窗口中选择"计算机和显示器"，将"PC"图标拖动到绘图区，调整图标的大小，用同样的方法，再拖出 3 个"PC"图标（也可以直接复制已拖到绘图区的"PC"图标），调整"PC"图标的位置，如图 3-6 所示。

☞"形状"窗口中还有哪些设备和形状？

☞还能绘制哪些线型？

⑤ 单击菜单栏"工具"中矩形后侧的小箭头，选择"线条"，在"PC"图标和"交换机"图标之间绘制直线，如图 3-7 所示。

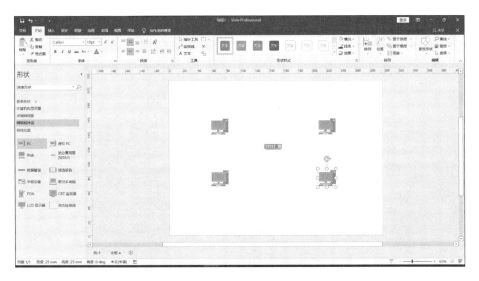

图 3 - 6　将"PC"图标拖动到绘图区

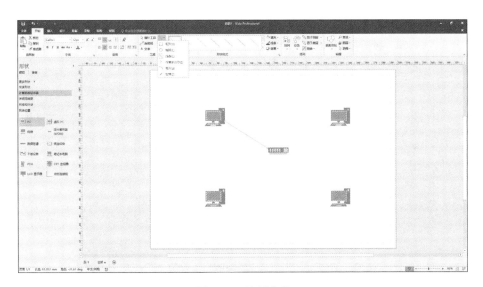

图 3 - 7　绘制直线

⑥ 在菜单栏"工具"中选择"矩形"工具,在绘图区的"交换机"图标下方绘制一个矩形。选中矩形对象,单击鼠标右键,在弹出的快捷菜单中选择"设置形状格式",在打开的对话框中,选择填充为"无填充",线条为"无线条",如图3-8所示,单击"关闭"按钮。

⑦ 在矩形框内输入"交换机",选中文字对象,单击鼠标右键,在弹出的快捷菜单中选择"字体"菜单,在打开的"文本"对话框中,选择字号为"30pt",如图3-9所示,单击"确定"按钮。用同样的方法在 PC 图标的下方添加 PC1、PC2,PC3、PC4,绘制好的拓扑图如图3-10所示。

⑧ 单击"文件"→"保存"菜单命令,将绘制好的拓扑图进行保存。

线条的格式都能修改吗?

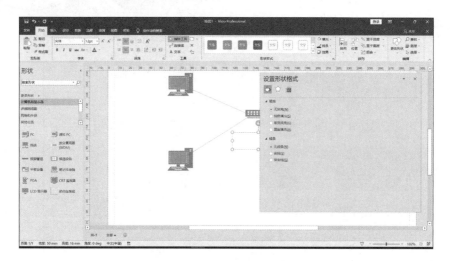

图 3-8　设置线条图案

图 3-9　设置字体大小

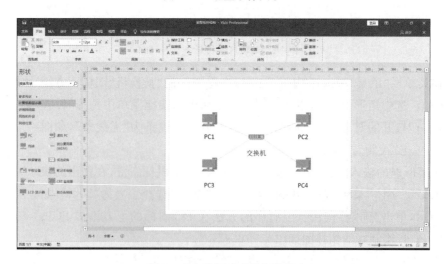

图 3-10　绘制完成的拓扑图

Visio 的默认扩展名为.vsdx,如果绘制好的拓扑图将来不再修改,也可以将拓扑图保存为 JPEG 等图片格式。

3. 将 Visio 图嵌套到 Word 中

打开要嵌套 Visio 图的 Word 文档,单击"插入"→"对象"菜单命令,弹出"对象"对话框,选择"由文件创建"选项卡,单击"文件名"文本框右侧的"浏览"按钮,选择刚才保存的 Visio 图文件(星状拓扑结构.vsdx),如图 3‑11 所示,单击"确定"按钮。

图 3‑11 "对象"对话框

即使没有安装 Visio 软件,也能查看、打印包含".vsdx"的 Word 文件。

3.1.3 相关知识

拓扑(topology)是数学中的一个概念,它是从图论演变过来的。拓扑学是将实体抽象为与其大小、形状无关的"点",并将连接实体的线路抽象为"线",通过对"点""线"的研究来揭示其相关特性的一种分析方法。

"网络拓扑结构"通常指的是网络中计算机的连接方式。网络拓扑结构是指用传输媒体互联各种设备的物理布局,特别是计算机分布的位置以及线缆

☞ 能将 Visio 图嵌套到其他 Office 文档中吗?

☞ 计算机网络的拓扑结构有哪些?

的排放。设计一个网络时，首先应根据实际情况正确地选择拓扑方式。网络拓扑结构直接关系到网络性能、系统可靠性等的优劣，不同的拓扑结构有其各自的优点和缺点。

1. 计算机网络常见的拓扑结构

(1) 总线型结构

总线型结构如图 3-12 所示，是一种相对简单的网络拓扑结构，它是使用同一媒体或线缆连接所有节点的一种方式，也就是说，连接各节点的物理媒体由所有节点设备共享。

☞常见的物理媒体有哪些？

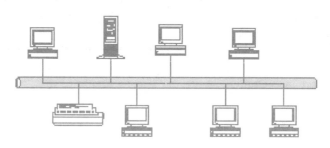

图 3-12 总线型结构

总线型网络使用一定长度的线缆，也就是必要的通信链路将设备连接在一起。设备可以在不影响系统中其他设备工作的情况下从总线中取下。IEEE 802.3 就是一种基于总线的广播式网络的标准。连接在总线上的设备都通过检测总线上传送的信息检查发给自己的数据，只有与地址相符的设备才能接收信息，其他设备即使接收，也会简单忽略。以太网是 DEC、Intel 和 Xerox 这三家公司联合开发的一个标准，是应用最广泛的局域网，包括标准以太网(10 Mb/s)、快速以太网(100 Mb/s)和 10G 以太网(10 Gb/s)。以太网上的计算机在任意时刻都可以发送信息，当两个设备想在同一时间内发送数据时，两个或更多的分组发生冲突，计算机就等待一段时间，然后再次试图发送。使用一种叫做"载波侦听多路访问/冲突检测技术"(CSMA/CD)的协议可以将冲突的负面影响降到最低。

☞ 什么是 CSMA/CD 协议？有什么功能？

优点：费用低、数据端用户入网灵活、站点或某个端用户失效不影响其他站点或终端用户的通信。

缺点：一次仅能一个端用户发送数据，其他端用户必须等待直到获得发送权。可靠性不高，如果总线出了问题，则整个网络都不能工作，而且网络中断后查找故障点较难。

尽管有上述一些缺点，但由于总线型结构布线要求简单，扩充容易，端用户失效、增删不影响全网工作，所以是局域网技术中使用最普遍的一种。

(2) 星状结构

星状结构如图 3-13 所示，节点通过点到点通信线路与中心节点连接。

图中处于中心节点的网络设备称为交换机,控制全网的通信,任何两节点之间的通信都要通过中心节点。

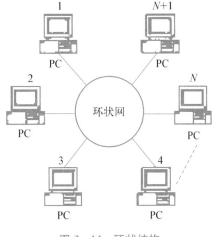

图 3-13　星状结构

优点:结构简单,易于实现,便于集中控制和管理。

缺点:中心节点设备必须具有极高的可靠性,因为中心节点设备一旦出现故障,整个网络系统便趋于瘫痪。

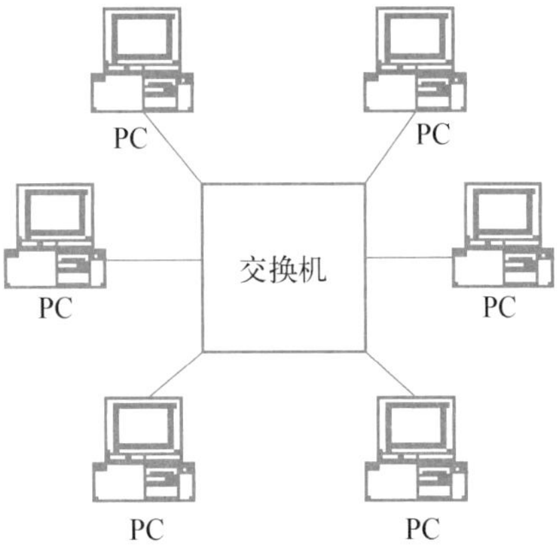

☞计算机机房网络是否属于星状结构?

(3) 环状结构

环状结构如图 3-14 所示,是使用一个连续的环将每个节点连接在一起。它能够保证一个节点发送的数据、信号可以传送到环上其他所有的节点。

☞如何保证环状结构的安全性?

环状结构在局域网中使用较多。这种结构中的传输媒体从一个节点到另一个节点,直到将所有端用户连成环型,一个节点与两个相邻的节点相连,因而存在着点到点链路,但总是以单向方式操作(假设为逆时针方向),如果 $N+1$ 节点要将数据发送到 N 节点,则要经过其中的所有节点。这种结构消除了节点通信时对中心系统的依赖性。

图 3-14　环状结构

优点:结构简单,便于控制,结构对称性好。

缺点:环上传输的任何信息要通过所有节点,因此,如果环的某一节点断开,环上所有节点的通信便会终止,造成整个网络瘫痪。

为克服这种网络拓扑结构的脆弱,每个节点除与一个环相连外,还连接到备用环上,当主环出现故障时,自动转到备用环上。在高可靠性要求的应用中,也有采用带弦环状的结构。

IEEE 802.5 就是常见的基于环状的局域网标准,令牌环网就是这种环状网络,这种网络结构最早由 IBM 推出,后来被其他厂家采用。在令牌环网络中,采用令牌机制来仲裁对环网的同时访问。拥有"令牌"的设备允许在网络中传输数据,这样可以保证在某一时间内网络中只有一台设备可以传送信息。

☞什么是令牌环网?

(4) 树状结构

树状网络其实是星状网络的一个变异,在星状结构中,一个节点下又连了另外多个节点,其拓扑结构如树枝状。在树状网络中强调层级的概念,$N+1$

☞树状结构和星状结构有什么区别?

级的多个节点能通过交换机与一个 N 级节点相连接。树状网络拓扑结构如图 3-15 所示。

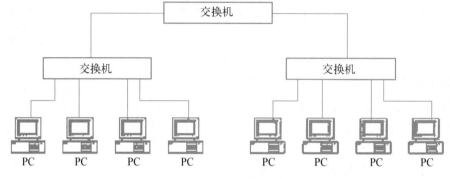

图 3-15　树状结构

优点：通信线路连接简单，网络管理软件也不复杂，维护方便。

缺点：可靠性不高。如中心节点出现故障，则和该中心节点连接的节点均不能工作。

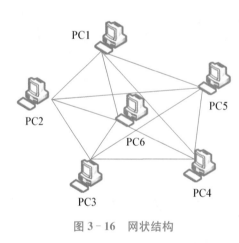

图 3-16　网状结构

（5）网状结构

这种拓扑结构指各节点通过传输线互相连接起来，并且每一个节点至少与其他两个节点相连，如图 3-16 所示，是广域网中的基本拓扑结构，不常用于局域网。

优点：节点间路径多，碰撞和阻塞可大大减少；局部的故障不会影响整个网络的正常工作，可靠性高；网络扩充和主机入网比较灵活、简单。

缺点：网络关系复杂，建网不易，网络控制机制复杂。

2. Microsoft Visio 简介

Microsoft Visio 是微软公司（Microsoft）开发的高级绘图软件，可在Windows 操作系统下绘制流程图、网络拓扑图、地图、室内布置图、组织结构图、机械工程图和流程图等，它是 Microsoft Office 软件的一个部分。它和其他 Office 软件的窗口界面类似，操作简单，易于使用，可以帮助网络工程师创建商业和技术方面的图形，对复杂的概念、过程及系统进行组织和文档备案。使用 Visio 绘制的图形可以整合到其他成员组件中，如与 Microsoft Word 整合制作各专业的商务海报，与 Microsoft PowerPoint 整合制作各专业的展示简报等。

Visio 自带的形状库涉及多个领域,根据分类可以自行选择相应形状,IT 行业中有数据库、网络、软件等领域,应用广泛。另外,Visio 的形状库容易扩充,Cisco、HP 等设备厂商将自己的产品外形、面板制作成符合 Visio 标准的图库,用户可以通过 Internet 免费下载,用户也可将自己搜集的形状(扩展库)存放在模具中。在 Visio 中单击"更多形状"→"打开模具"菜单命令可以打开保存的模具文件。另外,也可以将搜集的形状保存到"我的形状"文件夹中,下次打开"更多形状"→"我的形状"可直接使用。

模具(.vssx 文件)是与特定 Microsoft Office Visio 模板(.vstx 文件)相关联的形状的集合。

3.1.4 任务总结与知识回顾

- 下载安装 Microsoft Visio 2016
- 利用 Microsoft Visio 2016 标准图库绘制拓扑图
- 将 Visio 图嵌套到 Word 中

计算机网络常见的拓扑结构

总线型结构 ⎰ 优点:费用低、入网灵活、站点失效不影响网络的运行
⎱ 缺点:一次仅一个端用户发送数据、可靠性不高、查找故障点较难

星状结构 ⎰ 优点:结构简单、易于实现、便于集中控制和管理
⎱ 缺点:中心节点设备出现故障将导致整个网络瘫痪

环状结构 ⎰ 优点:结构简单,便于控制,结构对称性好
⎱ 缺点:某一节点断开将造成整个网络瘫痪

树状结构 ⎰ 优点:连接简单、网络管理软件也不复杂、维护方便
⎱ 缺点:可靠性不高

网状结构 ⎰ 优点:节点间路径多、可靠性高、入网比较灵活、简单
⎱ 缺点:网络关系复杂,建网不易,网络控制机制复杂

Microsoft Visio 简介:是微软公司开发的一款绘图软件,可以用来绘制网络拓扑图

3.1.5 考核建议

考核评价表见表 3-1。

表 3-1 考核评价表

指标名称	指　标　内　容	考核方式	分值
工作任务的理解	是否了解工作任务、要实现的目标及要实现的功能	提问	10
工作任务功能实现	1. 能够成功从网络下载并安装 Microsoft Visio 2016 软件 2. 能够启动 Microsoft Visio 2016 软件并熟悉菜单功能 3. 按照工作任务要求,能够利用 Microsoft Visio 2016 标准图库绘制相应的拓扑图 4. 能够将拓扑图嵌套到 Word 文档中	抽查学生操作演示	30

续 表

指标名称	指 标 内 容	考核方式	分值
理论知识 的掌握	1. 拓扑结构的定义 2. 总线型结构及其优缺点 3. 星状结构及其优缺点 4. 环状结构及其优缺点 5. 树状结构及其优缺点 6. 网状结构及其优缺点 7. Microsoft Visio 软件的功能及其使用方法	提问	30
文档资料	认真完成并及时上交实训报告	检查	10
其 他	保持良好的课堂纪律 保持机房卫生	班干部 协助检查	20
总 分			100

3.1.6 拓展提高

Microsoft Visio 的功能介绍

Microsoft Visio 是微软公司开发的一款办公软件。它的主要功能是制作各类专业图纸,例如程序流程图、网络拓扑图、数据分布图、地图、室内布置图、规划图、线路图等。

Microsoft Visio 软件的版面设置与 Word、Excel 等办公软件类似,要做到绘图所提倡的"快、准、靓"这三点,需要对面板中常用工具进行相关设置。

1. 新建绘图

要绘图必须新建绘图模板,可以通过"文件"→"新建"菜单来新建绘图模板,根据要绘制的图类别,选择对应的子菜单,如:

- 绘制镇区规划图,可以选择"新建"→"地图和平面布置图"→"三维方向图"菜单;
- 绘制流程图,可以选择"新建"→"流程图"→"基本流程图"菜单;
- 绘制室内平面图或室内分布图,可以选择"新建"→"平面布置图"→"平面布置图"菜单;
- 要做网络规划,可以选择"新建"→"网络"→"详细网络图"菜单;
- 其他图形如此类推。

2. 形状的调用

Visio 工具之所以强大,是因为有许多的图形素材可供使用,比如房屋、基站塔、交换机、路由器、机柜、河流、道路等,如果新建图形的时候自带的一些素材无法满足绘图的要求,可以调用别的形状来完成绘图。比如在绘制镇区规划图的时候,在三维方向图中集合的房屋形状不够多,没有类似政府机关那样的形状可供使用,而若已知道在网络模板中的网络位置里有政府机关的形状,那么就可以下载它,单击"更多形状"→"打开模具"菜单命令之后加载模具,就会在窗口显示网络位置中的形状了。

3. Microsoft Visio 绘制流程图的好处

当借助 Visio 来理解复杂的处理过程、系统构造、组织方式或理念想法时，它可帮助用户将思路清晰程度提高 33%。当使用 Visio 作为策略、概念、战术或资源规划解决方案时，用户的工作效率可以提高 26%，同时可将实现规划目标所需的时间节省 8%。

4. Microsoft Visio 绘制基本流程图的步骤

① 启动 Microsoft Visio，选择"文件"→"新建"→"流程图"→"基本流程图"，单击"创建"，如图 3‑17 所示。

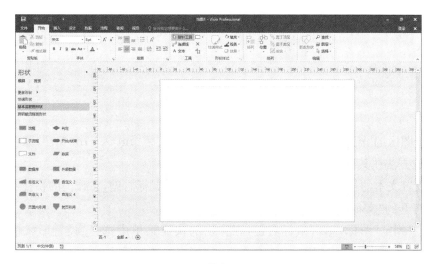

图 3‑17 基本流程图形状

② 在左侧选择"流程"图标，将其拖放到右侧绘图区的合适位置，用同样的方法将其他图标拖动到绘图区中。

③ 使用工具栏中的"连接线"，将各个图标相互连接，如图 3‑18 所示。

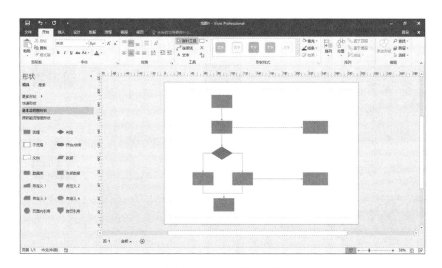

图 3‑18 绘制连接线

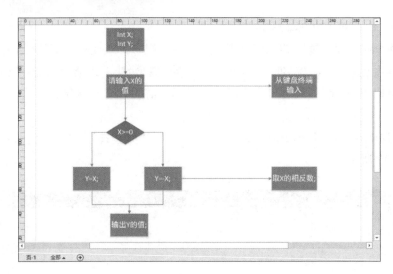

图 3‒19　输入文字

④ 在绘图区的"流程"图标上双击鼠标,直接输入文字"Int X；Int Y；",如图 3‒19 所示,用同样的方法在其他图标上输入相应文字。

⑤ 要设置文本的格式,可以在绘图区的文字上单击鼠标右键,在弹出的快捷菜单中选择"字体",在打开的"文本"对话框中设置即可。

⑥ 选中"判定"图标,单击鼠标右键,在弹出的快捷菜单中选择"设置形状格式"→"填充",打开对话框,如图 3‒20 所示,在"颜色"下拉列表中选择浅蓝色,用同样的方法设置其他图标的底色。

⑦ 完成的流程图如 3‒21 所示。

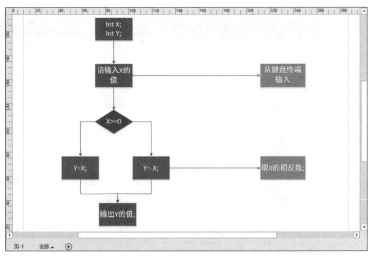

图 3‒20　"填充"对话框　　　　　　　　　图 3‒21　完成的流程图

任务 3.2　规划 IP 地址

3.2.1　任务介绍

为了实现计算机机房中的计算机相互通信,需要给机房的每一台计算机分配一个 IP 地址,并进行网络连接。请给计算机机房的计算机规划并设置 IP 地址。

☞为什么要给计算机分配 IP 地址?

3.2.2　实施步骤

1. 规划 IP 地址

计算机机房网络结构图如图 3-22 所示。

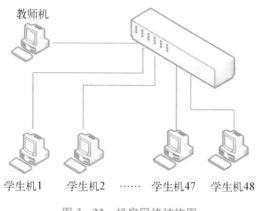

教师机

学生机1　学生机2　……　学生机47　学生机48

图 3-22　机房网络结构图

其中教师机(服务器)1 台,学生机(客户机)48 台,使用交换机连接,IP 地址规划如下。

☞如何规划 IP 地址?

　　教师机:192.168.1.10

　　学生机:192.168.1.11~192.168.1.58

　　子网掩码:255.255.255.0

☞什么是子网掩码?

2. 设置 IP 地址

① 启动教师机,在桌面的"网络"图标上单击鼠标右键,在弹出的快捷菜单中选择"属性",在打开的"网络和共享中心"窗口中单击"更改适配器设置",打开"网络连接"窗口,如图 3-23 所示。

② 在"以太网"图标上单击鼠标右键,在弹出的快捷菜单中选择"属性",打开"以太网 属性"对话框,如图 3-24 所示。

图 3-23 "网络连接"窗口

图 3-24 "以太网 属性"对话框

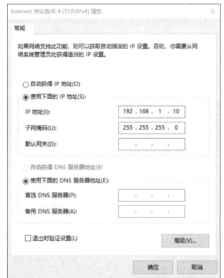

图 3-25 网络配置

③ 在项目列表中选择"Internet 协议版本 4(TCP/IPv4)",单击下方的"属性"按钮,打开"Internet 协议版本 4(TCP/IPv4)属性"对话框,选择"使用下面的 IP 地址",输入 IP 地址"192.168.1.10"、子网掩码"255.255.255.0",如图 3-25 所示。

　　1. 默认网关指的是一台主机在发送数据时,如果发现目标主机不在本网络,则把数据包发给指定的默认网关,由这个网关将数据包发送给目标主机所在的网络,因此,网关的 IP 地址是具有路由功能的设备的 IP 地址。

2. DNS(domain name system)指域名系统,能够在域名和 IP 地址之间相互转换。如果在网络中要使用域名,则需要先在网络中配置 DNS 服务器或者使用已经存在的 DNS 服务器(校园网的或者 ISP 提供的),然后在"首选 DNS 服务器"中输入 DNS 服务器的 IP 地址。

☞域名有哪些用途?

④ 按照以上方法,设置机房学生机的 IP 地址。

⑤ 利用 ipconfig 命令查看网络配置。在"开始"菜单中选择"所有程序"→"附件"→"命令提示符",打开命令提示符窗口,输入"ipconfig/all"命令,查看网络配置情况,如图 3-26 所示。

☞还有哪些常见的网络命令?

图 3-26 查看网络配置

ipconfig 命令可以为每个已经配置的接口显示 IP 地址、子网掩码和缺省网关值。当使用 all 选项时,ipconfig 能为 DNS 和 WINS 服务器显示它已配置且所要使用的附加信息(如 IP 地址等),并且显示内置于本地网卡中的物理地址(MAC)。该命令的详细功能及使用方法将在后续章节中进行介绍。

☞ ipconfig 命令还有哪些参数? 有什么功能?

3.2.3 相关知识

1. IP 地址的定义

IP(internet protocol)也叫"网际协议",是为计算机网络相互连接进行通信而设计的协议。在 Internet 中,它是能使连接到网上的所有计算机网络实现相互通信的一套规则,规定了计算机在 Internet 上进行通信时应当遵守的规则。

　　任何厂家生产的计算机系统,只要遵守 IP 协议就可以与 Internet 互联互通。

　　IP 地址指的是给接入 Internet 的每一台计算机分配的一个唯一的编号,就像每个人都必须有一个唯一的身份证号码一样。

　　IP 地址由 32 位二进制数组成,如某台计算机的 IP 地址为

01100100 00000100 00000101 00000110

　　为了方便记忆,采用点分十进制 IP 地址格式,就是将组成计算机 IP 地址的 32 位二进制数分成 4 段,每段 8 位,中间用小数点隔开,然后将 8 位二进制数转换成十进制数,这样上述的 IP 地址就变成了 100.4.5.6。

　　IP 地址的每一段由 8 位二进制数组成,因此,转换为十进制数后不会超过 255。

2. IP 地址的分类

　　IP 地址的构成类似于电话号码,例如有一个电话号码为 0931 - 1234567,这个号码中前四位表示该电话号码属于哪个地区,后面的 7 位数字表示该地区的某个电话号码。同样,IP 地址也由网络地址和主机地址两部分构成,其中网络地址标识该 IP 地址属于哪个网络段,主机地址标识在该网络段中特定的计算机号码。例如 IP 地址为 192.168.1.10,其中网络号为 192.168.1,主机号为 10。

　　按照 IP 地址中网络地址和主机地址占用位数的不同,可以将 IP 地址分为 A 类、B 类、C 类、D 类和 E 类共五种类型。

【☞ 每类 IP 有什么用途?】

　　(1) A 类 IP 地址

　　A 类 IP 地址的最高位为"0",4 段号码中,第一段号码为网络地址,其余三段号码为主机地址。如果用二进制表示的话,A 类 IP 地址由 1 字节的网络地址和 3 字节的主机地址构成,如图 3 - 27 所示。

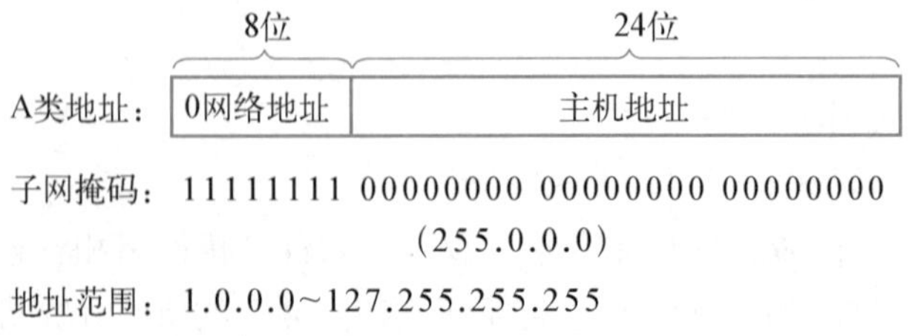

子网掩码：11111111 00000000 00000000 00000000
(255.0.0.0)
地址范围：1.0.0.0~127.255.255.255

图 3 - 27　A 类 IP 地址组成

A 类 IP 地址的主机地址为 24 位,因此每个网络可容纳 $2^{24}-2$(1 个为网络地址、1 个为广播地址)台主机,因此 A 类 IP 地址适用于大型网络。

(2) B 类 IP 地址

B 类 IP 地址的最高位为"10",4 段号码中,前两段号码为网络地址,其余两段号码为主机地址。如果用二进制表示的话,B 类 IP 地址由 2 字节的网络地址和 2 字节的主机地址构成,如图 3-28 所示。

☞ B 类 IP 地址适用哪种网络?

```
                16位              16位
         ┌──────────┴─────┐ ┌───────┴───────┐
B类地址: │ 10  网络地址    │ │   主机地址     │
         └────────────────┘ └───────────────┘
子网掩码: 11111111 11111111 00000000 00000000
                    (255.255.0.0)
地址范围: 128.0.0.0～191.255.255.255
```

图 3-28 B 类 IP 地址组成

B 类 IP 地址的主机地址为 16 位,因此每个网络可容纳 $2^{16}-2$ 台主机,B 类 IP 地址适用于中等规模的网络。

(3) C 类 IP 地址

C 类 IP 地址的最高位为"110",4 段号码中,前三段号码为网络地址,最后一段号码为主机地址。如果用二进制表示的话,C 类 IP 地址由 3 字节的网络地址和 1 字节的主机地址构成,如图 3-29 所示。

☞ C 类 IP 地址适用于哪种网络?

```
                    24位                8位
         ┌──────────┴──────────┐ ┌──────┴──────┐
C类地址: │ 110   网络地址       │ │   主机地址   │
         └─────────────────────┘ └─────────────┘
子网掩码: 11111111 11111111 11111111 00000000
                    (255.255.255.0)
地址范围: 192.0.0.0～223.255.255.255
```

图 3-29 C 类 IP 地址组成

C 类 IP 地址的主机地址为 8 位,因此每个网络可容纳 2^8-2 台主机,C 类 IP 地址适用于小规模的局域网络。

☞ D 类 IP 地址有哪些用途?

(4) D 类 IP 地址

D 类 IP 地址的最高位为"1110",如图 3－30 所示,它是一个专门保留的地址。它并不指向特定的网络,目前这一类地址被用在多点广播中。多点广播地址用来一次寻址一组计算机,它标识共享同一协议的一组计算机。

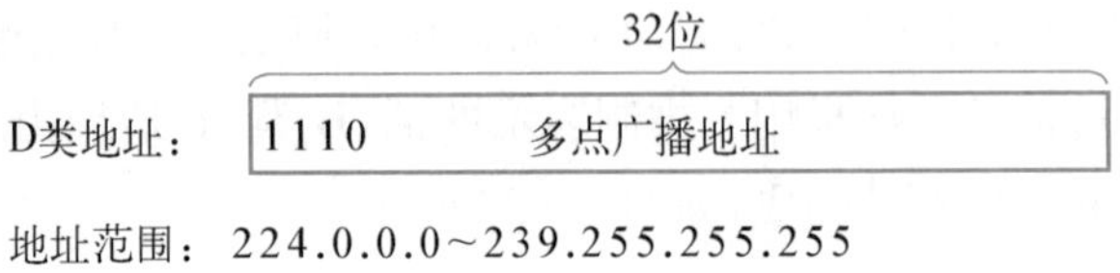

32位

D类地址: | 1110 | 多点广播地址 |

地址范围: 224.0.0.0～239.255.255.255

图 3－30 D 类 IP 地址组成

(5) E 类 IP 地址

E 类 IP 地址的最高位为"11110",为将来使用保留。

在这 5 类 IP 地址中常用的是 A 类、B 类和 C 类,A 类 IP 地址和 B 类 IP 地址主要使用在 Internet 中,内部局域网一般使用 C 类 IP 地址。

提 示

内部局域网中除了可以使用 C 类 IP 地址外,也可以使用 $10.x.x.x$, $172.16.x.x$～$172.31.x.x$ 等,其中的 x 可以填入 1～255 的数字。

3. IP 地址的分配原则

在局域网中分配 IP 地址一般应遵循以下原则:

● 一般情况下局域网中计算机、路由器的端口都需要分配 IP 地址;

● 同一个广播域中的计算机或者路由器使用的 IP 地址的网络地址必须相同;

☞什么是虚拟局域网(VLAN)?

☞什么是广播域?

● 如果在交换机上使用了虚拟局域网(VLAN)技术,那么每一个 VLAN 是一个广播域,处于不同 VLAN 的主机,IP 地址网络地址不同;

● 路由器可以连接不同广播域,因此连接不同广播域的端口使用的网络地址不同。

4. 子网划分的方法

子网(subnet)是在 TCP/IP 网络上用路由器连接的网段,如图 3－31 所示,同一子网内的 IP 地址必须具有相同的网络地址。

子网划分,指的是将一个网段划分为多个子网。要实现子网划分,必须要了解子网掩码。一般在设置 IP 地址的时候,必须同时设置子网掩码,子网掩码的作用就是将某个 IP 地址划分成网络地址和主机地址两部分。子网掩码的长度为 32 位,左边是网络位,用二进制数字"1"表示,右边是主机位,用二进

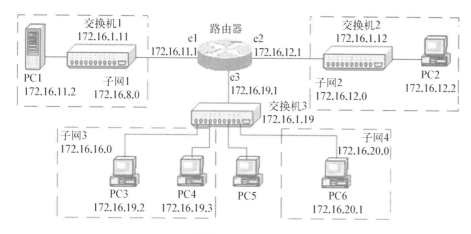

图 3 - 31　子网

制数字"0"表示，如图 3 - 32 所示为 IP 地址为 168.10.20.160 和子网掩码为 255.255.255.0 的二进制对照。

```
                    32位
IP地址：   10101000 00001010 00010100 10100000
子网掩码： 11111111 11111111 11111111 00000000
```

图 3 - 32　IP 地址与子网掩码二进制比较

IP地址自测

该子网掩码中，左边 24 位为"1"，代表对应的 IP 地址左边 24 位是网络地址，右边 8 位为"0"，代表对应的 IP 地址右边 8 位是主机地址。这样，通过子网掩码就确定了 IP 地址中哪些是网络地址，哪些是主机地址。A 类 IP 地址对应的子网掩码为 255.0.0.0，B 类 IP 地址对应的子网掩码为 255.255.0.0，C 类 IP 地址对应的子网掩码为 255.255.255.0。

子网划分的目的是什么？

提示

　　利用子网掩码判断任意两台计算机的 IP 地址是否属于同一广播域时，可以将两台计算机各自的 IP 地址与子网掩码进行与（AND）运算，如果得出的结果是相同的，则说明这两台计算机是处于同一个广播域，可以直接通信。

　　在进行子网划分时，将 IP 地址中原来的网络地址中的前几位作为子网地址，剩余的主机地址作为新的主机地址，子网地址的位数由要划分的子网个数来决定。例如一个网络被分配了一个 C 类地址 192.168.1.90，现需要划分 8 个子网，则子网地址需要 3 位（$2^3 = 8$）。因此，可将原来 IP 地址的主机地址左边 3 位作为子网地址，如图 3 - 33 所示。划分后的子网掩码为

255.255.255.224,每个子网有效的主机地址为 30 个($2^5 - 2$),地址分配情况如表 3-2 所示。

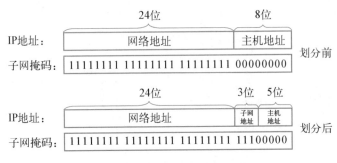

图 3-33 子网划分

表 3-2 划分子网后的地址分配表

子网	子网号	子网地址	有效主机地址范围	广播地址
1	000	192.168.1.0	192.168.1.1~192.168.1.30	192.168.1.31
2	001	192.168.1.32	192.168.1.33~192.168.1.62	192.168.1.63
3	010	192.168.1.64	192.168.1.65~192.168.1.94	192.168.1.95
4	011	192.168.1.96	192.168.1.97~192.168.1.126	192.168.1.127
5	100	192.168.1.128	192.168.1.129~192.168.1.158	192.168.1.159
6	101	192.168.1.160	192.168.1.161~192.168.1.190	192.168.1.191
7	110	192.168.1.192	192.168.1.193~192.168.1.222	192.168.1.223
8	111	192.168.1.224	192.168.1.225~192.168.1.254	192.168.1.255

提示

1. 以前的技术中,二进制全"0"或全"1"的子网号不能分配给实际的子网,上述例子中的"000"与"111",现在的网络中,已经可以全部使用,不过需要加上相应的配置命令,例如 Cisco 路由器加上 ip subnet zero 命令就可以全部使用了。

2. 与标准的 IP 地址相同,在子网编址中以二进制全"0"结尾的 IP 地址是子网地址,用来表示子网;而以二进制全"1"结尾的 IP 地址则是子网的广播地址,为子网广播所保留。

3. 在实际应用中,用于子网互联的路由器也需要占用有效的 IP 地址,因此在子网划分时,要考虑到连接该子网的路由器接口的 IP 地址。

3.2.4 任务总结与知识回顾

> - 规划 IP 地址
> - 设置 IP 地址
> - 查看网络配置

IP 地址的定义：IP 地址指的是给接入互联网的每一台计算机分配的一个唯一的编号

IP 地址的分类
- A 类 IP 地址：1.0.0.0～127.255.255.255，适用于大型网络
- B 类 IP 地址：128.0.0.0～191.255.255.255，适用于中等规模的网络
- C 类 IP 地址：192.0.0.0～223.255.255.255，适用于小规模的局域网络
- D 类 IP 地址：224.0.0.0～239.255.255.255，它是一个专门保留的地址，目前这一类地址被用在多点广播网络
- E 类 IP 地址：为将来使用保留

子网划分的方法：将 IP 地址中原来的网络地址中的前几位作为子网地址，剩余的主机地址作为新的主机地址，子网地址的位数由要划分的子网个数来决定

3.2.5 考核建议

考核评价表见表 3-3。

表 3-3 考核评价表

指标名称	指 标 内 容	考核方式	分值
工作任务的理解	是否了解工作任务、要实现的目标及要实现的功能	提问	10
工作任务功能实现	1. 能够规划小型局域网的 IP 地址 2. 按照工作任务要求，能够熟练设置小型局域网的 IP 地址 3. 能够熟练查看网络的配置情况	抽查学生操作演示	30

理论知识的掌握	1. IP 地址的定义
	2. IP 地址的分类及各类 IP 地址的适用场合
	   • A 类 IP 地址
	   • B 类 IP 地址
	   • C 类 IP 地址
	   • D 类 IP 地址
	   • E 类 IP 地址
	3. IP 地址的分配原则
	4. 子网划分的方法
		提问	30

文档资料	认真完成并及时上交实训报告	检查	10
其 他	保持良好的课堂纪律 保持机房卫生	班干部协助检查	20
总 分			100

3.2.6 拓展提高

IP 地址的扩展技术

1. VLSM(可变长子网掩码)

VLSM(variable length subnet masking) 称为可变长子网掩码。传统 IP 地址使用固定

长度的子网掩码,A 类、B 类、C 类地址使用的子网掩码分别为 8 位、16 位和 24 位。而 VLSM 允许对部分子网再次进行子网划分,允许一个组织在同一个网络地址空间中使用多个子网掩码,这对于网络内部不同网段需要不同大小子网的情形来说很有效。

这是一种产生不同大小子网的网络分配机制,指一个网络可以配置不同的掩码。开发可变长度子网掩码的想法就是在每个子网上保留足够的主机数的同时,把一个子网进一步分成多个小子网时有更大的灵活性。如果没有 VLSM,一个子网掩码只能提供给一个网络。这样就限制了要求的子网数上的主机数。

例如,某企业需要构建局域网络,使用网络号为 192.168.10.0 的 C 类 IP 地址,现在需要划分三个子网,第一个子网需要容纳 100 台计算机,其余两个子网各需要容纳 50 台主机,此时,该如何划分子网呢?

使用前面介绍的所有子网使用同一个子网掩码是不能解决这个问题的,必须使用 VSLM。第一个子网需容纳 100 台主机,需要 7 位主机地址 ($2^6<100<2^7$),因此子网地址为 1 位,所以子网掩码为 255.255.255.128,这个子网包含 192.168.10.1~192.168.10.126 共 126 个有效 IP 地址,子网地址为 192.168.10.0,广播地址为 192.168.10.127。将剩下的地址分成两个子网,子网掩码为 255.255.255.192,其中一个子网的有效 IP 地址范围为 192.168.10.129~192.168.10.190,子网地址为 192.168.10.128,广播地址为 192.168.10.191,另一个子网的有效 IP 地址范围为 192.168.10.193~192.168.10.254,子网地址为 192.168.10.192,广播地址为 192.168.10.255。每个子网的有效 IP 地址为 62 个,可以满足以上要求,如图 3-34 所示。

图 3-34　VLSM 示意图

图中 192.168.10.0/24 表示子网掩码中"1"的个数为 24 位,这种表示方法在讨论网络问题和绘制拓扑图时经常使用。

利用 VLSM 技术,可以有效提高 IP 地址的使用率,寻址的效率也更高。

2. CIDR(无类型域间路由)

CIDR(classless inter-domain routing)称为无类型域间路由,是用于解决地址耗尽的一项技术。CIDR 的基本思想是不考虑 IP 地址所属的类别,将多个地址聚合在一起,减少这些地址在路由表中的表项数,限制路由器中路由表的增大,减少路由通告,进一步提高 IP 地址的利用率。例如,给某个网络分配 10 个 C 类地址,采用适当的方法分配这些地址,使得 10 个地址能够聚合成一个地址。

CIDR 对原来用于分配 A 类、B 类和 C 类地址的有类别路由选择进程进行了重新构建。CIDR 用 13～27 位长的前缀取代了原来地址结构对地址网络部分的限制(三类地址的网络部分分别被限制为 8 位、16 位和 24 位)。在管理员能分配的地址块中,主机数量范围是 32～500 000,从而能更好地满足机构对地址的特殊需求。

CIDR 地址中包含标准的 32 位 IP 地址和有关网络前缀位数的信息。以 CIDR 地址222.80.18.18/25 为例,其中"/25"表示其前面地址中的前 25 位代表网络部分,其余位代表主机部分。

CIDR 建立于"超级组网"的基础上,"超级组网"是"子网划分"的派生词,可看作子网划分的逆过程。子网划分时,从主机地址部分借位,将其合并进网络部分;而在超级组网中,则是将网络部分的某些位合并进主机部分。这种无类别超级组网技术通过将一组较小的无类别网络汇聚为一个较大的单一路由表项,减少了 Internet 路由域中路由表条目的数量。

例如,一个 ISP 被分配了一些 C 类地址,这个 ISP 准备把这些 C 类地址分配给各个用户群,目前已经分配了三个 C 类网段给用户,ISP 的路由器的路由表中会有三条下连网段的路由条目,并且会把它通告给 Internet 上的路由器。通过实施 CIDR 技术,可以在 ISP 的路由器上把这三个网段 192.168.1.0、192.168.2.0、198.162.3.0 汇聚成一条路由 192.168.0.0/16。这样 ISP 路由器只向 Internet 通告 192.168.0.0/16 这一条路由,大大减少了路由表的数目,从而为网络路由器节省出了存储空间,如图 3‐35 所示。

图 3‐35 CIDR 示意图

使用 CIDR 技术汇聚的网络地址的比特位必须是一致的,如上例所示,如果上例所示的 ISP 连接了一个 172.178.1.0 网段,这些网段路由将无法汇聚,无法实现 CIDR 技术。

3. IPv6(互联网协议第 6 版)

IPv6(internet protocol version 6)称为互联网协议第 6 版。传统的 IPv4 使用 32 位(4 字节)地址,因此地址空间中只有 4 294 967 296(约 43 亿)个地址。其中,还有一些地址为特殊用途所保留的,如专用网络(约 1 800 万个地址)和多播地址(约 2.7 亿个地址),而 IPv6 使用 128 位地址,其长度是 IPv4 的 4 倍,可用地址达到了 2 的 128 次方个,而 IPv4 的 43 亿个地址在 2019 年时就已全部分配完毕,因此只有 IPv6 的使用才能解决网络地址的分配问题。

IPv6 采用冒分十六进制,格式为 X:X:X:X:X:X:X:X,其中每个 X 表示地址中的 16 位,以十六进制表示。

例如:

2001:0DB8:0000:0023:0008:0800:200C:417A

在这种表示法中,每个 X 的前导 0 是可以省略的。

去除所有的前导 0(下划线标记)。

2001:0DB8:0000:0023:0008:0800:200C:417A

最终成为如下地址(全 0 位至少保留一个 0)。

2001:DB8:0:23:8:800:200C:417A

IPv6 报文的整体结构分为 IPv6 报头、拓展报头和上层协议数据三部分,IPv6 报头是必选报头,长度固定为 40B,包含该报文的基本信息,拓展报头是可选报头,可能存在 0 个、1 个、或多个,IPv6 协议能通过拓展报头实现各种丰富的功能,而上层协议数据则是该 IPv6 报文携带的上层数据。

任务 3.3　制作及测试双绞线

3.3.1　任务介绍

作为一名网络管理人员,在网络组建和网络管理过程中,经常要根据网络环境选择合适的传输介质。

在局域网中,使用频率最高的传输介质是双绞线,现需制作一条双绞线并对其进行测试。

3.3.2　实施步骤

1. 准备实验工具

根据任务要求,每个小组需准备如下的实验工具:

这些实验工具有什么用途?

- RJ-45 水晶头若干个,如图 3-36 所示;
- 5 类双绞线一根,如图 3-37 所示;
- 压线钳一把,如图 3-38 所示;
- 网络测线仪一套,如图 3-39 所示。

图 3-36　RJ-45 水晶头

图 3-37　5 类双绞线

图 3-38　压线钳

图 3-39　网络测线仪

2. 制作直通线

双绞线的制作可以总结为"备、剥、理、捋、剪、插、压"七个字,详细步骤如下。

（1）备线

利用压线钳的剪线刀口剪下一根长度为 0.6～2 m 的双绞线（视需要而定,实际组网时,双绞线的长度不能超过 100 m）。

（2）剥线

将双绞线的一端 2 cm 左右伸入压线钳的剥线刀口,适度用力压紧压线钳并慢慢旋转双绞线,轻轻划开后去掉双绞线的保护外皮,露出双绞线的铜导线,如图 3-40 所示。

什么是直通线? 它有什么用途?

(a) 剥线前

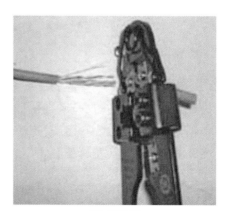

(b) 剥线后

图 3-40　剥线

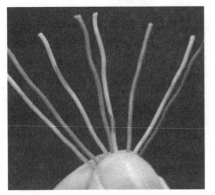

图 3－41　理线

☞ 捋线时,为什么要从根部捋直?

（3）理线

解开 4 对绞绕的铜导线,按照 EIA/TIA 568B 的标准(白橙-橙-白绿-蓝-白蓝-绿-白棕-棕)顺序排列,如图 3－41 所示。

（4）捋线

一手用力握紧双绞线,另一只手将铜导线从根部捋直,如图 3－42 所示。

（5）剪线

用力握住捋直的 8 根铜导线,不要松动,用压线钳的剪线刀口将其剪齐,留下1.4 cm 左右,如图 3－43 所示。

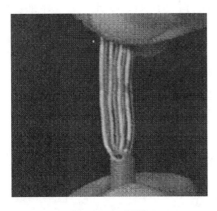

图 3－42　捋线

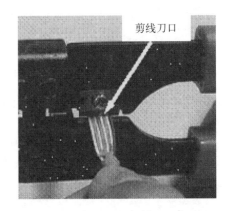

剪线刀口

图 3－43　剪线

（6）插线

将剪齐的双绞线插入 RJ－45 水晶头引脚内,如图 3－44 所示。注意水晶头塑料片朝下,要用力插入,确保所有的铜导线都插入到水晶头的底端。

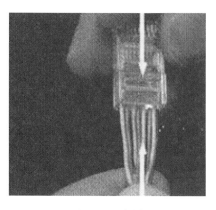

图 3-44　插线

图 3-45　压线

（7）压线

一只手捏紧双绞线和 RJ-45 水晶头，从无牙齿的一端推入压线钳的 RJ-45 压槽，然后用力压紧，如图 3-45 所示。

重复（2）～（7）步制作双绞线的另一端，制作好的双绞线两端如图 3-46 所示。

3. 制作交叉线

交叉线的制作与直通线的步骤基本相同，只是线序不同而已。交叉线的一端按照 EIA/TIA 568A 标准制作，另一端按照 EIA/TIA 568B 标准制作。

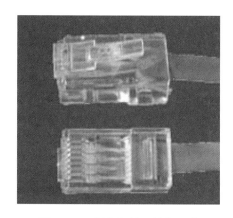

图 3-46　制作好的双绞线两端

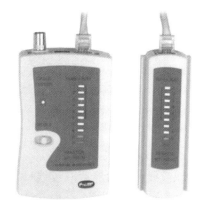

图 3-47　测试双绞线

EIA 是美国电子工业协会，TIA 是美国电信工业协会。

4. 测试双绞线

将网线两端的水晶头分别插入主测线仪和远程测试仪的两个 RJ-45 接口中，然后打开测试仪开关至 ON，观察指示灯闪烁情况，如图 3-47 所示。

📄 还有什么设备能测试双绞线的连通性？

测试直通线时,如果线路畅通,则主测试仪上的 8 个指示灯应该从 1 至 8 依次闪烁,远程测试仪上的 8 个指示灯应与主测试仪上的 8 个指示灯按序同步闪烁。

测试交叉线时,如果线路畅通,则主测试仪上的 8 个指示灯同样是从 1 至 8 依次闪烁,而远程测试仪上的指示灯按 3、6、1、4、5、2、7、8 的顺序闪烁。

☞导致网线不通的原因还有哪些?

若发现某一个灯不亮,说明这条双绞线的信号传输有问题。通常有三种可能性:

- 插头接触不良;
- RJ-45 连接头制作不良;
- 电缆断裂。

3.3.3 相关知识

网络传输介质是数据传输系统中发送装置与接收装置之间的物理媒体。在计算机网络中常用的传输介质可以分为两类:有线介质和无线介质。有线介质主要有双绞线、同轴电缆和光纤;无线传输介质有微波、无线电和红外线等。

1. 双绞线的结构

☞绞绕的密度与信号干扰有没有关系?

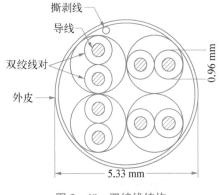

图 3-48 双绞线结构

双绞线(twisted-pair)是最常用的一种传输介质。双绞线由两根具有绝缘保护层的铜导线组成,如图 3-48 所示。把两根绝缘的铜导线按一定密度互相绞在一起,可以降低信号干扰的程度,每一根导线在传输中辐射的电波会被另一根线上发出的电波抵消。与其他传输介质相比,双绞线在传输距离、信号宽度和数据传输速率等方面受到一定限制,但价格低廉。

2. 双绞线的类型

☞这两种双绞线有什么区别?

双绞线可分为屏蔽双绞线(STP,shielded twisted-pair)和非屏蔽双绞线(UTP,unshielded twisted-pair),如图 3-49 所示。

(a) 屏蔽双绞线

(b) 非屏蔽双绞线

图 3-49 两种双绞线

屏蔽双绞线的结构能减少辐射,防止信息被窃听,同时还具有较高的数据传输速率。但屏蔽双绞线的价格相对较高,安装时要比非屏蔽双绞线困难,必须使用特殊的连接器,技术要求也比非屏蔽双绞线高。非屏蔽双绞线外面只有一层绝缘胶皮,因而质量轻、易弯曲、易安装,价格便宜,组网灵活,非常适用于结构化布线。所以,在无特殊要求的计算机网络布线中,经常使用非屏蔽双绞线。

☞ 在机房网络中使用的是那种双绞线?

3. UTP 的等级

根据美国电子工业协会与电信工业协会(EIA/TIA)指定的等级标准,UTP 的等级可以分为 9 种,如表 3-4 所示。

表 3-4 UTP 的等级

类 别	描 述	最大传输速率
1 类双绞线	铜线没有缠绕,只能传送声音,不能传送数据	
2 类双绞线	无缠绕,可传送数据	4 Mbit/s
3 类双绞线	铜线缠绕绞距为"每英尺(0.305 m)缠绕三次",主要使用在 10 Base-T 以太网中,现在已不推荐使用	10 Mbit/s
4 类双绞线	缠绕紧密,支持 16 Mbit/s 的令牌环网	16 Mbit/s
5 类双绞线	缠绕紧密,用于 CDDI(铜线分布式数据接口)和快速以太网	100 Mbit/s
超 5 类双绞线	增加 5 类双绞线的质量和稳定性,适合支持 1 000 Base-T 以太网,是目前网络布线常用的传输介质	100 Mbit/s
6 类双绞线	主要应用于百兆快速以太网、千兆位以太网	1 000 Mbit/s
超 6 类双绞线	增加 6 类双绞线的质量,主要应用于千兆位以太网	1 000 Mbit/s
7 类双绞线	支持万兆位以太网	10 Gbit/s

4. 双绞线的传输特性

双绞线可用来传输模拟信号和数字信号,特别适用于较短距离的信息传输,最大传输距离为 100 m。在传输期间,信号的衰减比较大,并且产生波形畸变。采用双绞线的局域网的带宽取决于所用导线的质量、长度和传输技术。

如果精心选择和安装双绞线,就可以在有限距离内达到每秒几百万位的可靠传输速率。由于利用双绞线传输信息时要向周围辐射,信息很容易被窃听,因此要花费额外的代价加以屏蔽。

☞ 模拟信号和数字信号有什么不同?

 提示

双绞线抗干扰能力远比同轴电缆好,而且通过对视频信号的处理,其传输的图像信号也比同轴电缆清晰,同一根网线相互之间不会发生干扰。

5. 双绞线的连接标准及类型

(1) EIA/TIA 布线标准

双绞线内部的 8 条铜线的排列按照 EIA/TIA 568A 标准(简称 T568A 标准)和 EIA/TIA 568B 标准(简称 T568B 标准),两种标准的线序如表 3-5 所示。

表 3-5 布线标准

标　准	引　　脚							
	1	2	3	4	5	6	7	8
T568A	白绿	绿	白橙	蓝	白蓝	橙	白棕	棕
T568B	白橙	橙	白绿	蓝	白蓝	绿	白棕	棕

(2) 网线类型

双绞线的制作有直通线和交叉线两种。

直通线(straight cable)又叫正线或标准线,即一条网线两端 RJ-45 水晶头中的线序排列完全相同且采用 EIA/TIA 568B 标准。直通线应用非常广泛,一般情况下,连接两个不同类型的设备时都采用直通线,例如计算机和集线器/交换机/路由器等连接、集线器普通口和集线器级联口连接、集线器级联口和交换机连接、交换机和路由器连接等。

交叉线(crossover cable)又叫反线,一端按照 EIA/TIA 568A 标准排列,另一端按照 EIA/TIA 568B 标准排列。交叉线一般用于相同设备的连接,例如计算机和计算机连接、集线器普通端口和集线器普通端口连接、集线器级联口和集线器级联口连接、集线器和交换机连接、交换机和交换机连接、路由器和路由器连接等。

互动练习

规划设计计算
机网络自测

3.3.4 任务总结与知识回顾

```
                        ┌ 双绞线的结构:由两根具有绝缘保护层的铜导线组成,把两根绝缘的
                        │              铜导线按一定密度互相绞在一起,可以降低信号干扰
                        │              的程度
                        │
                        │ 双绞线  ┌ 屏蔽双绞线 STP:能减少辐射、防止信息被窃听、具有较高的
                        │ 的类型  │              数据传输速率,但价格较高,安装困难
 ●准备实验工具          │        └ 非屏蔽双绞线 UTP:质量轻、易弯曲、易安装,价格便宜,组网
 ●制作直通线            │                        灵活,非常适用于结构化布线
 ●制作交叉线            │ UTP 的等级:1 类、2 类、3 类、4 类、5 类、超 5 类、6 类、超 6 类、7 类
 ●测试双绞线            │
                        │          ┌ 可用来传输模拟信号和数字信号
                        │ 双绞线的 │ 最大传输距离为 100 m
                        │ 传输特性 │ 信号的衰减比较大
                        │          └ 传输速率可达到每秒几百万位
                        │
                        │ 双绞线的连接 ┌ EIA/TIA 布线标准 ┌ EIA/TIA 568A 标准
                        │ 标准及类型   │                  └ EIA/TIA 568B 标准
                        └             └ 网线类型 ┌ 直通线:用于连接两个不同类型设备
                                                 └ 交叉线:用于连接两个相同类型设备
```

3.3.5 考核建议

考核评价表见表 3-6。

表 3-6 考核评价表

指标名称	指 标 内 容	考核方式	分值
工作任务的理解	是否了解工作任务、要实现的目标及要实现的功能	提问	10
工作任务功能实现	1. 准备实验工具 2. 按照工作任务要求,制作一根直通线 3. 按照工作任务要求,制作一根交叉线 4. 对制作完成的双绞线进行测试	抽查学生操作演示	30
理论知识的掌握	1. 双绞线的结构 2. 双绞线的类型 　● 屏蔽双绞线(STP) 　● 非屏蔽双绞线(UTP) 3. UTP 的等级 4. 双绞线的传输特性 5. 双绞线的连接标准及网线类型	提问	30
文档资料	认真完成并及时上交实训报告	检查	10
其 他	保持良好的课堂纪律 保持机房卫生	班干部协助检查	20
总 分			100

3.3.6 拓展提高

其他有线传输介质

在计算机网络布线中,同轴电缆和光纤也是非常常见的有线传输介质,尤其是在室外布线中。

1. 同轴电缆

同轴电缆(coaxial cable)以硬铜线为芯,外包一层绝缘材料。这层绝缘材料用密织的网状导体环绕,网外又覆盖一层保护性材料,如图 3-50 所示。

同轴电缆有许多不同的规格,其基本结构是相同的,由内而外分别是:

铜芯 在同轴电缆的中心是一条铜线,这是数据实际的传输通路。

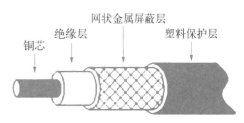

图 3-50 同轴电缆结构

绝缘层 第二层是塑胶绝缘层,用于屏蔽铜线,同时用来隔绝铜线与第三层。

网状金属屏蔽层 第三层是细铜丝组成的网状导体,用来隔绝外部的干扰现象,吸收游离的电子信号,避免这些游离的信号干扰在铜芯中传输的信号。第二层与第三层同轴,故名为同轴电缆,这两层形成了双屏蔽。

塑料保护层 最外一层则是由 PVC、橡皮等制成的外皮,较厚,具有良好的弹性,其功能除了绝缘外,也用来保护内部线材。

同轴电缆的这种结构,决定了其屏蔽性能好,抗干扰能力强,与双绞线相比,具有更高的带宽和极好的噪声抑制性,传输速率快,传输距离远,目前仍被广泛用于有线电视网和某些局域网中。

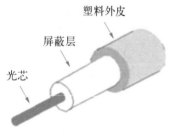

图 3-51 光纤结构

2. 光纤

(1) 光纤的结构

光纤(fiber cable)和同轴电缆相似,只是没有网状屏蔽层,如图 3-51 所示。

光纤传输的是光信号,而同轴电缆传输的是电信号。光纤的中心是光传播的玻璃芯,芯的直径以 μm 为单位。它的结构与同轴电缆类似,由内到外主要包括光芯、屏蔽层以及保护用的塑料外皮三个部分。

光芯 位于光纤的最中间,是传送光波信号的传输介质,材质主要是玻璃或仿真玻璃。

屏蔽层 环绕光芯的一层玻璃(或塑料)材质的屏蔽层,其密度和光芯的密度不同,可以造成光的全反射。

塑料外皮 在最外层是一层塑料外皮,主要功能是保护光纤,减少因为折射而损失的能量。

(2) 光纤的类型

光在传输过程中,因核心与屏蔽层的直径大小不同会产生不同的传输模式。根据传输模式的不同,将一般所用的光纤分为单模式(single-mode)光纤和多模式(multi-mode)光纤两种,如图 3-52、图 3-53 所示。

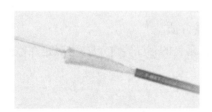

图 3-52 单模式光纤

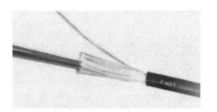

图 3-53 多模式光纤

单模式光纤 单模式光纤的光芯直径很小,大约只有光波长的几倍,在这种情况下,光纤如光的导管一样,光线在单模式光纤中以直线的方式行进。一般来说,单模式光纤的核心直径大约是 10 μm,配合 125 μm 的屏蔽层,用 10/125 SMF(single-mode fiber)来表示,使用波长为 1 300 nm 的镭射光源进行传输。

多模式光纤 多模式光纤的光芯直径较大,可以容纳从不同角度射入的光线,当这些光线在光纤内部行进的时候,就会产生各种不同的路径,这些路径就是所谓的"模式"。多模式光纤一般采用 62.5 μm 的核心,配合 125 μm 的屏蔽层,通常用 62.5/125 MMF(multi-mode fiber)来表示,搭配波长为 850 nm 的发光二极管(LED)光源进行传输(人类头发的直径大约是 100 μm)。

(3) 光纤的传输原理和特性

① 光纤的传输原理

当光脉冲出现表示"1",不出现表示"0",这是利用光传输数据的基本原理。简单地说,光纤通信系统可以分为三个部分:光源、传输介质、感应器。在光纤的一端装上光源,另一端装上感应器,就组成一套简单的单向传输系统。

光源 有发光二极管(LED,light emitting diodes)和半导体镭射(semiconductor laser)两种。LED 采用多模式传输,其数据传输率较低,传输距离较短,但成本低廉。

传输介质 即光纤,根据核心直径与传输模式的不同,分为多模光纤与单模光纤两种。单模光纤价格昂贵,适用于较长的传输距离。

感应器 也称接收器。由光电二极管(photodiode)组成。

光纤的通信传输过程是:由发送方先将电子脉冲转换成光脉冲,由光源发射出去,通过光纤传输,再由接收端的感应器接收,并同时进行光电信号的转换还原。这是光的单向传输系统,在实际组建光纤网络时,通常使用两条光纤进行收发信号的工作,如图 3-54 所示。

图 3-54 光纤通信系统

② 光纤的特性

光纤传送的是光波而不是电波,所以它具有铜线材所没有的优势。

传输距离远:传输距离可达 3 km 以上,是局域网中传输最远的传输介质。

传输带宽高:可承载 1 Gb/s 以上的数据传输。

传输数据安全:传输的是光波,不会被窃听,保密性好。

传输不受干扰:光波不会受到电器等其他用品的磁场干扰,抗干扰能力强。

不占空间:光纤体积小、质量轻,在相同的管道空间内,比铜线材安装的数量多。

到目前为止,光纤的用途大多仍作为网络主干或连接远距离端点时使用,部分厂商已将连接到个人计算机的网线也用光纤连接,因此,光纤网络是计算机网络重要的发展方向之一。

任务 3.4 熟悉常见的网络设备

3.4.1 任务介绍

网络设备是连接到网络中的物理实体,也是计算机网络构成最重要的一部分。本任务通过安装网卡,观察集线器、交换机等网络设备,让学生了解局域网中的常用设备的类型和功能。

3.4.2 实施步骤

1. 安装网卡

(1) 网卡的硬件安装

☞计算机联网时为什么要安装网卡?

第一步,关闭计算机,拔下电源插头后打开机箱,为网卡找一个合适的 PCI 插槽。

第二步,用螺丝刀拧下插槽后面挡板上固定防尘片的螺丝,取下防尘片,露出条形窗口,如图 3-55 所示。

第三步,将网卡对准插槽,使有输出接口的金属接口挡板面向机箱后侧,然后将网卡两端均匀用力垂直插入插槽中,如图 3-55 所示。

第四步,用螺丝将网卡的输出接口端固定在条形窗口顶部的螺丝孔上。

第五步,盖上机箱,然后插上机箱的电源线,网卡安装完成。

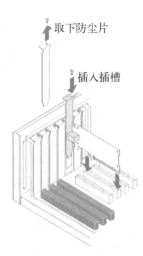

取下防尘片

插入插槽

图 3-55 网卡安装示意图

> **提示**
>
> 计算机与外界局域网的连接是通过主机箱内插入一块网络接口板(或者是在笔记本电脑中插入一块 PCMCIA 卡)。网络接口板又称为通信适配器,或网络适配器,或网络接口卡(NIC),简称为网卡。

(2) 网卡驱动程序的安装

在网卡安装完成后,启动计算机,系统自动检测新增加的硬件(对即插即用的网卡),插入网卡驱动程序光盘或者指明安装文件在硬盘上的路径,通过添加新硬件向导引导用户安装驱动程序。

☞是不是所有的设备都需要安装驱动程序?

也可以在"控制面板"中,选择"添加硬件"命令,系统将自动搜索即插即用新硬件并引导用户安装其驱动程序。

> **提示**
>
> 驱动程序(device driver),全称为"设备驱动程序",是一种可以使计算机和设备相互通信的特殊程序,可以说相当于硬件的接口,操作系统只有通过这个接口,才能控制硬件设备的工作。因此,驱动程序被誉为"硬件的灵魂""硬件的主宰"或"硬件和系统之间的桥梁"等。

2. 查看网卡的工作状态和 MAC 地址

(1) 查看网卡的工作状态

第一步,右键单击桌面上的"此电脑"图标,在弹出的快捷菜单中选择"属性",打开"系统"窗口,单击"设备管理器",打开"设备管理器"窗口,在"设备管理器"中展开"网络适配器",可以看到已经安装的网卡,如图 3 - 56 所示。

第二步,右键单击已经安装的网卡,在弹出的快捷菜单中选择"属性"命令,可以查看该网卡的工作状态、属性、驱动程序、详细信息等,如图 3 - 57 所示。

图 3 - 56 "设备管理器"窗口

图 3 - 57 网卡属性　　　　图 3 - 58 "网络连接详细信息"对话框

(2) 查看网卡的 MAC 地址

方法一:在"网络"图标上单击鼠标右键,在弹出的快捷菜单中选择"属性"命令,打开"网络和共享中心"窗口,单击"更改适配器设置",在打开的"网络连接"窗口中,右击"以太网"图标,在弹出的快捷菜单中选择"状态",打开"以太网状态"对话框。单击"详细信息"按钮,弹出的对话框中显示的"物理地址"即为本机网卡的 MAC 地址,如图 3 - 58 所示。

☞ MAC 地址和 IP 地址有什么区别?

1. 网卡地址又称为 MAC 地址或物理地址，它由 48 位二进制数表示，其中前 24 位表示生产厂商，后 24 位表示生产厂商所分配的网卡序号，通常用 6 组十六进制数表示，每块网卡的 MAC 地址都是唯一的。

2. "以太网"是与网卡对应的，如果在计算机中安装了两块以上的网卡，那么操作系统会自动创建两个以上的"以太网"，可以实现对每块网卡进行网络设置。

☞ ipconfig 和 ipconfig/all 命令有什么区别？

方法二：在"开始"菜单中选择"Windows 系统"→"命令提示符"，打开"命令提示符"窗口，在命令行中输入"ipconfig/all"命令，显示结果中的"物理地址"则为网卡的 MAC 地址，如图 3-59 所示。

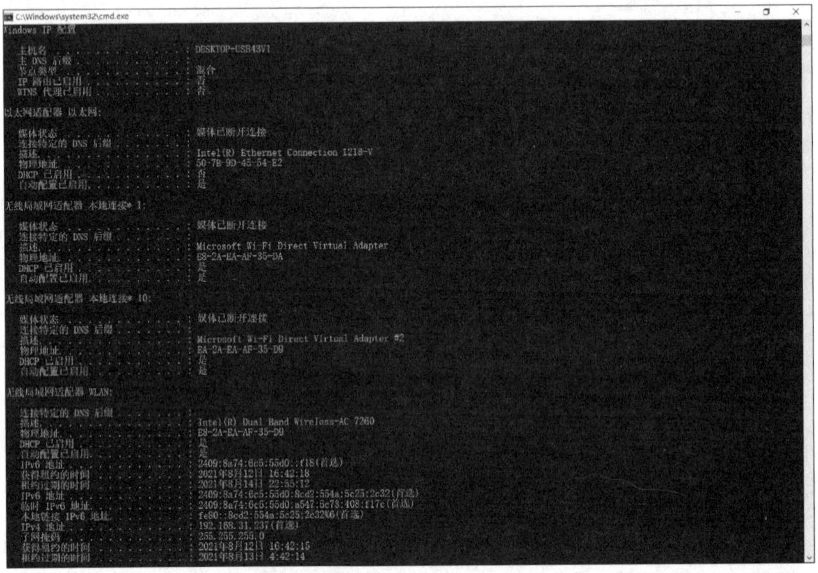

图 3-59　执行 ipconfig/all 命令的结果

使用 getmac 命令同样可以查看网卡的 MAC 地址。

3. 观察机房局域网中集线器或交换机的连接方式

① 观察并记录计算机机房网络中使用的网络连接设备。

② 打开机柜，观察并记录网络连接设备的品牌、接口数量以及与计算机的连接方式。

☞ 集线器/交换机有哪些端口类型？

③ 观察并记录集线器/交换机级联使用的端口，以及级联的方式。

3.4.3 相关知识

1. 网卡

（1）网卡的功能

网卡（network interface card）也叫网络接口卡，是工作在 OSI 模型中数据链路层的设备，网卡是计算机的接入设备，是单机与网络间架设的桥梁。它主要完成如下功能。

① 接收数据。接收由其他网络设备传输过来的数据包，经过拆包，将其变成客户机或服务器可以识别的数据，通过总线将数据传输到 CPU、内存或硬盘等部件中。

② 发送数据。将计算机的部件（CPU、内存或硬盘）发送的数据，经过打包后，将数据转换为网络设备可处理的字节，输送到其他网络设备中。

③ 代表固定的网络地址。网络上的每一块网卡都有一个唯一的网络地址，由厂家生产网卡时分配。这个地址是传输数据的实际地址，数据从一台计算机传送到另一台计算机时，严格地说，数据从一块网卡传输到另一块网卡，也就是说从网络地址传输到网络目的地址。

☞ 数据的编码和解码由什么设备完成？

　　每块网卡都具有一个以上的 LED 指示灯，用来表示网卡的不同工作状态，以方便人们查看网卡是否工作正常。

　　典型的 LED 指示灯有 Link/Act、Full、Power 等。Link/Act 表示连接活动状态，Full 表示是否全双工（full duplex），而 Power 是电源指示。

（2）网卡的种类

随着计算机执行速度与局域网传输速率的提高，网卡在传输速率、运行稳定性及安装简易性上都在不断地发展，因此，网卡种类繁多。

① 按照使用的总线来分。

● ISA 网卡　这是早期的计算机使用的网卡，使用 ISA 总线结构。

● EISA 网卡　使用 32 位 EISA 总线结构，具有较快的执行效率，一般由服务器等级的用户使用。

● PCI 网卡　使用 PCI 总线，是目前使用最多的网卡，速度快、价格低，目前组建 100 Mb/s 甚至 1 000 Mb/s 的局域网都支持 PCI 总线网卡。

● PCMCIA 网卡　是针对笔记本电脑开发的一种扩展槽标准，配备不同功能的笔记本附加卡（也称为 PC 卡）。

② 按照连接的传输介质分。

● BNC 网卡　连接 RG-58 同轴电缆，一般用在 10 Base 局域网中。

● RJ－45 网卡　连接 5 类或超 5 类 UTP 双绞线,用于 10 Base 以太网或 100 Mb/s 高速以太网(fast ethernet)中。

● AUI 网卡　用来连接 AUI 同轴电缆(即粗缆)。

● 无线网卡　采用无线信号进行连接的网卡,用于无线局域网。

2. 集线器

集线器就是通常所说的 hub,是局域网中集中完成多台设备连接的网络专用设备,如图 3－60 所示。集线器工作在 OSI 模型中的物理层,负责在两个节点之间的物理层上传递比特流,完成信号的复制调整和放大功能。

图 3－60　集线器

(1) 集线器的功能

在网络中,集线器是一个共享设备,主要功能有:

① 对接收到的信号进行再生放大,然后向所有端口分发出去,以扩大网络的传输距离。

② 整理信号的时序以提供所有端口间的同步数据通信。

③ 通过集线器可以监视网络中各工作站的工作状况,如正在使用或已关机的计算机、通信线路是否正常等。

(2) 集线器的工作机制

集线器是一个多端口的信号放大设备。

集线器只与其上联设备进行通信,例如路由器、交换机或服务器等。

3. 交换机

☞交换机工作在 OSI 的哪一层?

局域网中的交换机又称为交换式集线器(switch hub),它具备集线器的功能,在外观与使用上都与集线器类似,如图 3－61 所示。但交换机比集线器更智能化。交换机可以将数据包转发给特定的端口,而不是像传统的集线器那样将每个数据包广播给所有端口。

图 3－61　交换机

(1) 交换机的工作原理

☞交换机是通过什么方式记忆地址对应的端口的?

交换机具有简单、高性能和高端口密集的特点。交换机能够记忆每个地址所连接的端口,可以将一个端口发出的数据包送往指定的端口,而不是广播到其他所有不相关的端口,其余未受影响的端口可以继续向其他端口传送数据,突破了共享式集线器同时只能有一对端口工作的限制。

网络中交换机的工作原理是:当网络中一个用户需要与另一个用户进行

联系时，会像拨打对方的电话号码一样提供计算机名或协议地址，局域网中的交换机会像电信局的电话交换机一样，自动建立两个用户之间的连接，使通信只在这两个用户之间进行，其他用户无法知道通信的内容，也无法加入这两个用户的通信中。

> **提示**
>
> 在交换机中有一个存储 MAC 地址和交换机端口对应关系的 MAC 地址表，在转发数据时，将数据帧中的目的 MAC 地址同已建立的 MAC 地址表进行比较，以决定由哪个端口进行转发。如数据帧中的目的 MAC 地址不在 MAC 地址表中，则向所有端口转发。广播帧和组播帧向所有的端口转发。

☞交换机适用在哪些场合?

（2）交换机与集线器的区别

交换机与集线器的最大区别就是前者使用交换方式传送数据，而后者则使用共享方式传送数据。用集线器组成的网络是共享式网络，用交换机组成的网络则称为交换式网络。

在共享式以太网中，所有用户共享网络带宽。每个用户可用的带宽与网络用户数的增长成反比。在信息繁忙时，多个用户可能同时抢占一个信道，而一个信道在某一时刻只允许一个用户占用，因此大量的用户经常处于监测等待状态，致使信号传输时停滞或失真，从而影响网络的性能。

在交换式以太网中，交换机提供给每个用户专用的信息通道，如果不是两个源端口同时将信息发往同一端口，那么各个源端口号与各自的目标端口之间可同时进行通信而不会发生冲突，由此看出，交换机可以让每个用户都能够获得足够的带宽，从而提高整个网络的性能。

（3）交换机的交换方式

交换机的交换方式主要有存储转发（store and forward）、直通（cut through）和无碎片直通（fragment free cut through）三种方式。由于交换机是构成整个交换式网络的关键，因此，交换机所采用的交换方式将直接影响交换机的工作性能。

☞交换机的各种交换方式适用在哪种类型的网络中?

- **存储转发方式** 交换机在接收到数据帧时，先将其存储在一个共享缓冲区中，然后将不健全的帧和有冲突的帧过滤掉，并进行差错校验处理后，将数据发送到指定的端口，存储转发方式具有最高的交换质量，但是速率也最慢，适用于网络主干的连接。

- **直通方式** 交换机接收到数据帧时，只对数据帧的目的地址信息进行检查，然后立刻按指定的地址转发出去，不进行差错和过滤处理。这种方式误码率比较高，但转发速率快，一般适用于交换式网络的外围连接。

什么是碎片？

- **无碎片直通方式**　交换机接收到数据帧时，先存储接收到的数据帧的部分字节，然后进行差错检验，如果有错，立即将其过滤掉，并且要求对方重发该数据帧；否则认为该帧是健全的，并马上转发出去。这种方式其实是对存储转发方式和直通方式的折中。

> **提 示**
>
> 　　存储转发方式的特点是转发质量高，但速率较慢；直通方式转发速率快，但质量低；无碎片直通方式是前两种方式的折中。

互动练习

网络设备自测

 选择交换机时还需要注意哪些问题？

（4）选择交换机时应注意的问题

交换机产品众多，价格也越来越为用户所接受，在选择交换机时要考虑以下的因素：

- 应完全支持存储转发、直通和无碎片直通三种交换方式；
- 应同时支持全双工和半双工传输模式；
- 能提供网管功能；
- 提供虚拟局域网（VLAN）管理功能；
- 提供多模块和多类型端口的支持；
- 提供 LED 指示灯显示。

3.4.4　任务总结与知识回顾

- 安装网卡
- 查看网卡的工作状态和 MAC 地址
- 观察机房局域网中集线器或交换机的连接方式

网卡
- 网卡的功能
  - 接收数据
  - 发送数据
  - 代表固定的网络地址
- 网卡的种类
  - 按照使用的总线：ISA 网卡、EISA 网卡、PCI 网卡、PCMCIA 网卡
  - 按照连接的传输介质：BNC 网卡、RJ-45 网卡、AUI 网卡、无线网卡

集线器
- 集线器的功能
  - 对接收到的信号进行再生放大
  - 整理信号的时序
  - 监视网络中个工作站的工作状况
- 集线器的工作机制
  - 集线器是一个多端口的信号放大设备
  - 集线器只与其上联设备进行通信

交换机
- 交换机的工作原理：使用 MAC 地址表记录端口地址，在数据转发时，通过查找 MAC 表，可以将数据包送往指定的端口
- 交换机与集线器的区别：前者使用交换方式传送数据，而后者则使用共享方式传送数据
- 交换方式
  - 存储转发方式
  - 直通方式
  - 无碎片直通方式

3.4.5　考核建议

考核评价表见表 3-7。

表 3-7　考核评价表

指标名称	指 标 内 容	考核方式	分值
工作任务的理解	是否了解工作任务、要实现的目标及要实现的功能	提问	10
工作任务功能实现	1. 安装网卡 2. 查看网卡的工作状态和 MAC 地址 3. 观察机房局域网中集线器或交换机的连接方式	抽查学生操作演示	20
理论知识的掌握	1. 网卡的功能和种类　　5. 交换机和集线器的区别 2. 集线器的功能　　　　6. 交换机的交换方式 3. 集线器的工作机制　　7. 选择交换机时应注意的问题 4. 交换机的工作原理	提问	40
文档资料	认真完成并及时上交实训报告	检查	10
其　他	保持良好的课堂纪律 保持机房卫生	班干部协助检查	20
总　　　分			100

3.4.6　拓展提高

网络互联的常用设备

局域网互联设备是指用来实现网络与网络之间相互接通的设备。当一个局域网和另一个局域网共享资源和互相通信时,需要使用局域网互联设备。常见的局域网互联设备主要有中继器、网桥、路由器,以及网关等。

1. 网络互联的概念

网络互联技术就是要在不改变原来的网络体系结构的条件下,把一些异构型的网络互相连接成统一的通信系统,实现更大范围的资源共享。一些网络互相连接组成的更大的网络叫互联网,世界上最大的互联网即 Internet。组成互联网的各个网络叫子网(subnet),因而可以认为网际网就是由子网组成的网络。用于连接子网的设备叫作中间系统 IS (intermediate system),它的作用主要是协调各个网络,使得跨网络的通信得以实现。事实上中间系统可以是一个单独的设备,甚至一个网络。

2. 网桥

(1) 网桥的功能

网桥(bridge)是一个局域网与另一个局域网之间建立连接的桥梁,用于连接两个局域网。网桥是在数据链路层连接两个网,网络段之间的通信从网桥传送,而网络内部的通信则被网桥隔离。网桥作为一种存储转发设备,可以检查帧的源地址和目的地址,如果两个地址不在同一个网络段,网桥就会把帧转发到另一个网络段上,如果两个地址在同一个网络段则不发送。

网桥具有筛选和过滤的功能,可以适当隔离不需要传播的信息,提高网络通信功能,包括提高整个扩展局域网的数据吞吐量和网络响应速度,并且还可以提高网络系统的安全保密性。当一个网络由于负载很重而性能下降时,可以用网桥将它分为两个网段并使得网段间的通信量保持最小。例如,把分布在不同楼层的网络分为每层一个网络段,各网段之间用网桥连接,这样可以最大限度地缓解网络通信的繁忙程度,提高通信效率。另外,由于网桥具有隔离作用,即使一个网络段出现故障也不会影响别的网络段,提高了网络的可靠性。

(2) 网桥的分类

网桥可分为本地网桥和远程网桥。本地网桥是指在传输介质允许长度范围内互联网络的网桥;远程网桥是指连接的距离超过网络的常规范围时使用的远程桥,通过远程桥互联的局域网将成为城域网或广域网。如果使用远程网桥,则远程桥必须成对出现在网络的本地连接中。

本地网桥分为内桥和外桥。内桥是文件服务的一部分,通过文件服务器中的不同网卡连接起来的局域网,由文件服务器上运行的网络操作系统来管理。外桥安装在工作站上,实现两个相似或不同的网络之间的连接。外桥不运行在网络文件服务器上,而是运行在一台独立的工作站上,外桥可以是专用的,也可以是非专用的。作为专用网桥的工作站不能当普通工作站使用,只能建立两个网络之间的桥接,而非专用网桥的工作站既可以作为网桥,也可以作为工作站。

3. 路由器

路由器(router)是工作在网络层的互联设备,适合于连接具有相同类型和不同类型的大型网络。路由器工作在网络层,可用于连接网络层、数据链路层、物理层,这三层使用不同协议的网络,路由器可以完成协议的转换,从而消除了网络层协议之间的差别。

(1) 路由器的功能

● 将网络中的报文转发到远地网段;

● 为转发的报文选择最合理的路径;

● 路由器在转发报文的过程中,为了便于在网络间传送报文,按照预定的规则把大的数据包分解成适当大小的数据包,到目的地后再把分解的数据包组装成原有形式;

● 控制网络流量。

(2) 路由器的工作原理

路由器的主要工作就是为经过路由器的每个数据帧寻找一条最佳传输路径,并将该数据有效地传送到目的站点,选择最佳路径的策略(即路由算法)是路由器的关键所在。

路由表中保存着子网的标识信息、网上路由器的个数和下一个路由器的名字等内容。路由表可以是由系统管理员固定设置好的,称为静态(static)路由表;也可以根据网络系统的运行情况而动态调整,称为动态(dynamic)路由表,可以由路由器自动调整,也可以由主机控制。

（3）路由器的分类

路由器可以分为单协议路由器和多协议路由器。其中,单协议路由器用于相同网络层协议的网络互联,而多协议路由器则可以支持多种网络层协议。路由器的互联能力很强,可以进行复杂的路由选择运算。

4. 网关

在一个计算机网络中,当连接不同类型而协议差别较大的网络时,则要选用网关设备。

网关的功能体现在 OSI 模型的最高层,它将协议进行转换,将数据重新分组,以便在两个不同类型的网络系统之间进行通信。

网关是一种复杂的网络连接设备,用于实现两个具有不同网络协议且在物理上也相互独立的网络的互联。网关具有对不兼容的高层协议进行转换的能力。

5. 无线连接

不同的局域网之间互联时,由于物理上的原因,若采取有线方式不方便,则可利用无线网桥的方式实现二者的点对点连接。无线网桥不仅提供二者之间的物理与数据链路层的连接,还为两个网的用户提供较高层的路由与协议转换。无线连接可以在普通局域网的基础上通过无线接入点（AP，access point）、无线路由器及无线网卡等来实现,其中以无线网卡最为普遍,使用最多。

任务 3.5　安装网络操作系统

3.5.1　任务介绍

在规划和设计计算机网络时,要根据网络要实现的功能和给用户提供的网络服务,考虑在服务器上安装哪种网络操作系统。本任务利用虚拟机安装 Windows Server 2019 操作系统,让学生学会网络操作系统的选择及安装。

3.5.2　实施步骤

1. 下载并安装 VMware Workstation

① 利用搜索引擎,查找下载 VMware Workstation 的安装文件。

② 下载后解压缩,运行安装文件,根据提示完成软件的安装。

☞为什么要使用虚拟机安装网络操作系统?

③ 启动 VMware Workstation 软件，界面如图 3‑62 所示。

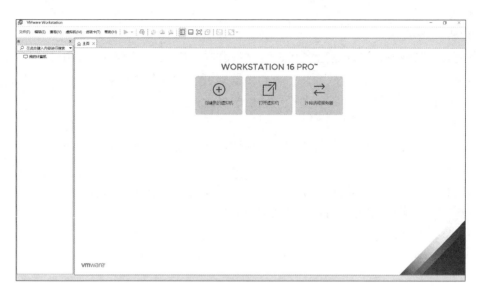

图 3‑62 VMware Workstation 界面

2. 使用 VMware Workstation 新建虚拟机

① 单击"文件"菜单，选择"新建虚拟机"命令或者单击主界面的"创建新的虚拟机"按钮新建虚拟机，如图 3‑63 所示。

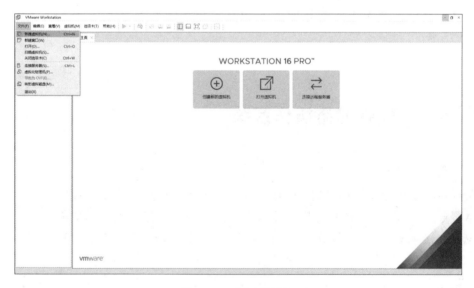

图 3‑63 创建虚拟机

② 在出现的界面中选择安装类型为"典型（推荐）"后单击"下一步"按钮。在出现的"安装客户机操作系统"界面中选择安装来源为"稍后安装操作系统"，如图 3‑64 所示，然后单击"下一步"按钮。

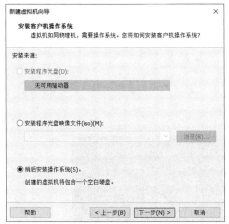

图 3 - 64　选择"稍后安装操作系统"　　　图 3 - 65　选择操作系统

　　此处选择"稍后安装操作系统"是为了讲解虚拟机安装的完整性,实际新建时,此处可以直接利用光盘或者映像文件开始安装操作系统。

　　③ 在出现的"选择客户机操作系统"界面中选择客户机操作系统为"Microsoft Windows",版本为"Windows Server 2019",如图 3 - 65 所示,单击"下一步"按钮。

　　④ 在出现的界面中输入虚拟机的名称和安装位置,然后单击"下一步"按钮,在出现的"指定磁盘容量"界面中设置磁盘容量(根据计算机的硬盘大小和自己的需求来设定,此处选择 60 GB),如图 3 - 66 所示,然后单击"下一步"按钮。

☞虚拟机的虚拟硬盘容量大小对虚拟机的运行有什么作用?

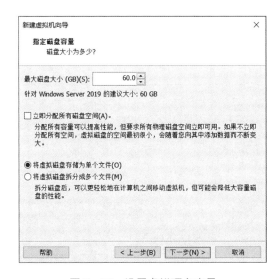

图 3 - 66　设置虚拟硬盘容量

⑤ 在出现的"已准备好创建虚拟机"界面中,如果需要调整某项内容参数,可以单击"自定义硬件"按钮,在出现的界面中对相关设备进行修改,单击"完成"按钮,完成虚拟机的新建,如图 3‑67 所示。

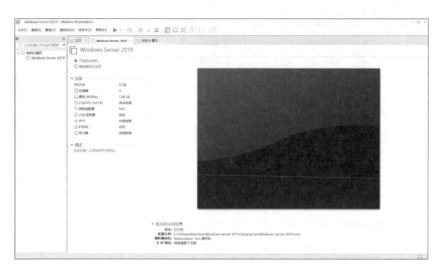

图 3‑67　新建好的虚拟机

3. 利用虚拟机安装 Windows Server 2019 操作系统

虚拟机中,Windows Server 2019 的安装与普通计算机中安装方法相同,由于刚创建的虚拟机硬盘上没有安装其他操作系统,所以此次安装采用的是全新安装方式。在安装之前,要准备好 Windows Server 2019 系统的光盘映像文件。

📖什么是光盘镜像文件?

(1) 加载系统的光盘映像文件

在新建好的虚拟机界面中,单击"CD/DVD(SATA)",在弹出的"虚拟机设置"对话框中,选择"使用 ISO 映像文件"选项,如图 3‑68 所示。单击"浏览"按钮,选择准备好的光盘映像文件(ISO 文件)位置,单击"确定"按钮,出现如图 3‑69 所示的界面,说明映像文件已经加载好。

图 3‑68　选择"使用 ISO 映像文件"选项

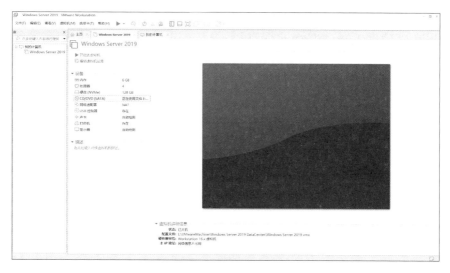

图 3-69 映像文件加载成功

（2）启动 Windows Server 2019 安装程序

在如图 3-69 所示的界面上单击"开启此虚拟机"启动虚拟机，开始安装。Windows Server 2019 安装程序启动后，安装程序会自动检测硬件设备，如鼠标、键盘、COM 端口等，然后将 Windows Server 2019 的核心程序以及安装时需要的部分文件加载到内存中，接下来安装程序会检测计算机中安装的大容量存储设备，如 CD-ROM、IDE 控制器等。

（3）设置要安装的语言等

在出现的"Windows 安装程序"界面的"要安装的语言"下拉列表中选择"中文（简体）"，在"时间和货币格式"下拉列表中选择"中文（简体，中国）"，在"键盘和输入方法"下拉列表中选择"微软拼音"，单击"下一步"按钮，如图 3-70 所示。

图 3-70 选项设置　　　　　　　　　　　图 3-71 选择现在安装

（4）选择现在安装

在出现的"Windows 安装程序"界面中，单击"修复计算机"，可以修复已安装的操作系统。要现在安装系统，可以单击"现在安装"按钮，如图 3-71 所示。

（5）选择要安装的操作系统

在"操作系统"列表中，选择要安装的操作系统类型，本例中选择"Windows Server 2019 Standard"，如图 3－72 所示，然后单击"下一步"按钮。

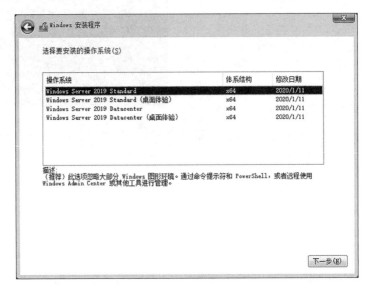

☞不同的操作系统有什么区别？

图 3－72　操作系统列表

（6）接受许可条款

在出现的对话框中显示软件许可条款，阅读条款后，单击左下角的"我接受许可条款"，如图 3-73 所示，单击"下一步"按钮。

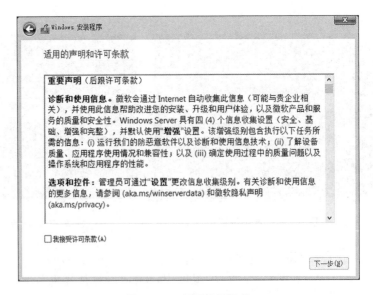

图 3－73　接受许可条款

（7）选择安装类型

在出现的对话框中，选择"自定义"，如图 3‑74 所示。

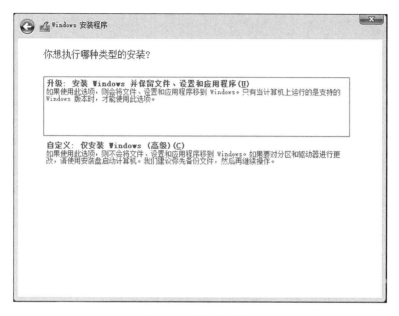

图 3‑74　选择安装类型

（8）选择安装位置

在出现的对话框中，选择"驱动器 0 未分配的空间"，如图 3‑75 所示，单击"下一步"按钮。

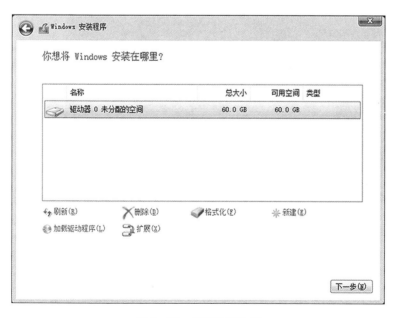

☞如果想对磁盘进行分区，如何操作？

图 3‑75　选择安装位置

(9) 开始安装

出现"正在安装 Windows"对话框,系统开始安装操作系统,如图 3-76 所示。

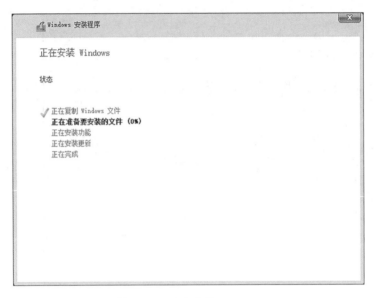

图 3-76 正在安装 Windows

4. 登录 Windows Server 2019

系统在安装完成后,第一次登录时,要求创建管理员密码,如图 3-77 所示。在文本框中输入管理员密码和确认密码后,单击右侧的箭头,登录系统。

图 3-77 创建管理员密码

出现如图 3-78 所示的 Windows Server 2019 操作系统桌面,到此已完成操作系统的安装。

第一次登录 Windows Server 2019 系统后,可以通过"服务器管理器"对服务器进行管理,如图 3-79 所示,包括服务器的角色、功能、诊断、配置及存储。

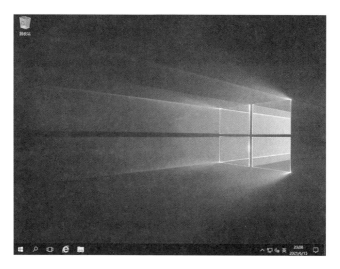

图 3‒78 Windows Server 2019 操作系统桌面

图 3‒79 "服务器管理器"窗口

3.5.3 相关知识

1. VMware Workstation 简介

随着企业业务的不断增长,经常需要增加服务器以支持新应用,而这会导致许多服务器无法得到充分利用,进而致使网络管理成本增加,灵活性和可靠性降低。利用虚拟机可以减少服务器的数量,简化服务器管理,同时明显提高服务器利用率、网络灵活性和可靠性。

VMware Workstation 是一款功能强大的桌面虚拟计算机软件,利用该软件可以实现在一台真实的计算机上虚拟出若干台计算机,每台虚拟机可以运行不同的操作系统,可以将这几台虚拟机连成一个网络,是开发、测试、部署新的应用程序的最佳解决方案。

在虚拟机上能安装哪些操作系统?

运行 VMware Workstation 软件的真实的操作系统称为主机系统,虚拟的操作系统称为虚拟机系统,VMware Workstation 能为每台虚拟机模拟 CPU、硬盘、显卡、声卡、网卡和 USB 设备等各种硬件。

2. 网络操作系统的定义及功能

网络操作系统(NOS)是网络的心脏和灵魂,是为客户机提供网络服务的特殊操作系统。它在计算机操作系统下工作,使计算机操作系统增加了网络操作所需要的功能。

网络操作系统的功能如下。

(1) 网络通信

这是网络最基本的功能,其任务是在源主机和目标主机之间实现无差错的数据传输。

(2) 资源管理

网络操作系统能管理哪些资源?

对网络中的共享资源(硬件和软件)实施有效的管理,协调诸用户对共享资源的使用,保证数据的安全性和一致性。

(3) 网络服务

网络操作系统提供的网络服务有电子邮件服务、文件传输、存取和管理服务、共享硬盘服务、共享打印服务等。

(4) 网络管理

为什么要进行网络管理?

网络管理最主要的任务是安全管理,一般是通过"存取控制"来确保存取数据的安全性,以及通过"容错技术"来保证系统出现故障时,数据的安全性。

(5) 互操作能力

所谓互操作,在客户机/服务器模式的 LAN 环境下,是指连接在服务器上的多种客户机和主机,不仅能与服务器通信,而且还能以透明的方式访问服务器上的文件系统。

3. Windows Server 2019

(1) 概述

Windows Server 2019 可以帮助信息技术专业人员最大限度地控制其基础结构,同时提供空前的可用性和管理功能,建立比以往更加安全、可靠和稳定的服务器环境。Windows Server 2019 可确保任何位置的所有用户都能从网络获取完整的服务,从而为组织带来新的价值。

(2) Windows Server 2019 的版本

Windows Server 2019 发行了多种版本,以支持各种规模的企业对服务器不断变化的需求。常见的版本如下所述。

如何选择不同版本的操作系统?

① **Windows Server 2019 Standard**　它是一个先进可靠的 Windows Server 操作系统,其内置的强化 Web 和虚拟化功能,是专为增加服务器基础

构架的可靠性和灵活性而设计的,同时节省时间和降低成本。功能强大的工具提供了更好地控制服务器的能力,并简化了配置和管理工作。此外,增强的安全功能提高了操作系统的安全性,有助于保护数据和网络。

② **Windows Server 2019 Datacenter**　它为在小型和大型服务器上部署企业关键应用及大规模的虚拟化提供了企业级的平台。其群集和动态硬件分割功能提高了可用性,应用程序和无限制的虚拟化授权权限的整合可以降低 IT 基础构架的成本,最大支持 24 TB 内存。

3.5.4　任务总结与知识回顾

3.5.5　考核建议

考核评价表见表 3-8。

表 3-8　考核评价表

指标名称	指　标　内　容	考核方式	分值
工作任务的理解	是否了解工作任务、要实现的目标及要实现的功能	提问	10
工作任务功能实现	1. 下载并安装 VMware Workstation 2. 使用 VMware Workstation 新建虚拟机 3. 利用虚拟机安装 Windows Server 2019 操作系统 4. 登录 Windows Server 2019	抽查学生操作演示	40
理论知识的掌握	1. VMware Workstation 简介 2. 网络操作系统的定义及功能 3. Windows Server 2019 相关知识及安装方式	提问	20
文档资料	认真完成并及时上交实训报告	检查	10
其　他	保持良好的课堂纪律 保持机房卫生	班干部协助检查	20
总　　分			100

3.5.6 拓展提高

其他常见的网络操作系统

1. UNIX 操作系统

（1）UNIX 的功能

在 20 世纪 80 年代，UNIX 是用于小型计算机的操作系统，以替代一些专用操作系统。在这些系统中，UNIX 作为一种多用户操作系统运行，应用软件和数据集中在一处，访问来自众多的终端。UNIX 进一步发展成可移植的操作系统，能运行在范围广阔的各种计算机上，包括大型主机和巨型计算机，从而大大扩大了应用范围。后来 UNIX 又成为新的有很强图形功能的工作站的标准操作系统。

（2）UNIX 的结构

UNIX 的一个很大特点是灵活性，这导致硬件制造商和软件开发者普遍采用 UNIX。但同时带来的问题是可移植性差，事实上，UNIX 版本互不兼容。灵活性和可移植性是一对矛盾。

为了解决兼容性的问题，包括 IBM、HP、Novell 以及 SOC 的主要计算机厂商，组成了一个名为 COSE（common open software environment）的组织，致力于形成一个统一的 UNIX 系统版本。

为了保持 UNIX 系统的灵活性，构造一个适当小的、简单的核，在核外有各种软件实用程序和工具，这使 UNIX 操作系统成为可以以不同方法剪裁的系统。核和实用程序是 UNIX 的两个组成部分，第三部分称为壳（shell），包括解释来自应用的命令软件，以及使用核和实用程序的执行件。

（3）网络文件系统

网络文件系统（NFS）是一种非常流行的网络操作系统，它可以在基于 TCP/IP 的网络上共享文件和目录。

NFS 的功能是通过 NFS 协议使用户能访问一个远程目录及该目录中的文件，如同这个目录在本地 UNIX 计算机上一样。用户的 UNIX 应用程序可以使用远程目录结构中的文件，如同这些文件是本地文件一样。通过文件重定向，NFS 使用户能透明地使用远程机器 UNIX 的文件系统。在用户使用 UNIX 的 mount 命令来访问远程计算机上目录时，用户的计算机就成了一台客户机。如果一台远程计算机允许它的目录被其他计算机使用，那么这台计算机就是一台服务器。一台主机可以是多台计算机的服务器，同时又可以是多台服务器的客户机。用户可以从本地 stubs 目录来安装远程目录，stubs 目录是一些仅仅为了进行远程访问而存在的空白目录。

2. Linux 操作系统

Linux 操作系统是 UNIX 操作系统在计算机上的实现，它是由芬兰赫尔辛基大学的 Linus Torvalds 于 1991 年开发，并在网上免费发行。Linux 的开发得到了 Internet 上许多 UNIX 程序员和爱好者的帮助，大部分 Linux 能用到的软件均来源于美国的 GNU 工程及免费软件基金会。Linux 操作系统从一开始就是一个编程爱好者的系统。它的出发点在于核心程序的开发,而不是对用户系统的支持。

在商业性的 UNIX 开发机构中,整个系统的设计是按质量管理、源程序的修改控制、程序说明、错误问题报告和纠正等一系列的步骤进行的。而 Linux 系统的开发则完全不同,没有类似的有组织的开发步骤,它的开发过程没有使用源程序控制系统,没有结构问题报告,没有统计分析。Linux 基本上可以说是一群 Internet 上的志愿者开发出来的操作系统,整个操作系统的设计是开放式的和功能式的。

(1) Linux 的功能

Linux 操作系统支持几乎所有在其他 UNIX 操作系统上所能找到的功能,另外还包括一个在 UNIX 系统的其他版本上没有实现的功能。

Linux 是一个安全多任务、多用户的操作系统,允许多用户同时登录到一台机器上同时运行多个程序。Linux 在源代码级几乎与一些 UNIX 标准兼容。在它的开发过程中一直以源代码的可移植性为原则。

大量的在 Internet 上或其他地方可以获取的 UNIX 上的免费软件同样可以在 Linux 上编译运行。此外,所有的源程序,包括核心程序、设备驱动程序、软件库用户程序和开发工具等的源程序都是免费可取的。

(2) Linux 常用软件

- 基本命令和工具;
- 文字处理程序;
- 程序设计语言和辅助软件。

(3) 国产操作系统

国产操作系统目前均是基于 Linux 内核进行的二次开发,依托开源生态,我国涌现出了一大批自主品牌操作系统,如中标麒麟、银河麒麟、深度 Deepin、华为鸿蒙和欧拉 openEuler 操作系统等,中标麒麟在政务市场领域具有领先优势;银河麒麟在军队市场领域有较好的应用;深度 Deepin 长期在国际开源排名中处于前 12 名;华为鸿蒙在 5G 时代的 IOT 领域具有巨大先发优势,欧拉 openEuler 操作系统则主要应用于数字基础设施场景,在边缘计算、云服务等领域可以发挥重要作用。

一、选择题

1. 下面的网络操作系统可免费使用的是(　　)。

　　A. Linux　　　　　　　　　　　　B. NetWare

　　C. Windows Server 2019　　　　　 D. 以上均不正确

2. STP 相对于 UTP 来说其突出的优点是(　　)。

A. 具有更高的传输速率   B. 具有更远的传输能力

C. 抗干扰性增强   D. 价格更便宜

3. 在下列网络传输介质中,( )传输介质的抗电磁干扰性最好。

A. 双绞线   B. 同轴电缆   C. 光纤   D. 无线介质

4. 网络之间互联,其目的是( )。

A. 实现互联网上资源共享   B. 提高网络工作效率

C. 提高网络速率   D. 使用更多的网络操作软件

5. 在下列网络连接器中,( )实现了网络层互联。

A. 中继器   B. 网桥   C. 网关   D. 路由器

6. 网关工作在 OSI 模型的( )。

A. 传输层以上各层   B. 网络层

C. 数据链路层   D. 物理层

7. 在网络布线中,究竟采用光缆还是同轴电缆,主要考虑的因素是( )。

A. 线缆的价格和质量   B. 价格、性能及网络规模

C. 室内布线还是室外布线   D. 线缆埋地还是架空

8. 局域网一般采用( )作为网络传输介质。

A. 细同轴电缆   B. 粗同轴电缆   C. 双绞线   D. 光纤

9. 下面 IP 属于 D 类地址的是( )。

A. 10.10.5.168   B. 168.10.0.1   C. 224.0.0.2   D. 202.117.130.80

10. 160.101.3.56 是( )IP 地址。

A. A 类   B. B 类   C. C 类   D. D 类

11. 以太网的 MAC 地址长度为( )。

A. 4 位   B. 32 位   C. 48 位   D. 128 位

二、简答题

1. 局域网常见的拓扑结构有哪几种?各有什么特点?

2. 简述 IP 地址的类型和应用环境。

3. 简述双绞线的应用特性。

4. 网络操作系统有什么功能?

三、操作题

1. 制作一根双绞线,将学生宿舍的两台计算机连接起来。

2. 在计算机上利用虚拟机安装 Linux 操作系统。

模块 4 组建计算机网络

为了更好地使用计算机网络,我们需要进一步学习和掌握计算机网络的组建和配置技术,既要知其然,也要知其所以然。掌握组网技术与配置方法,能够动手配置计算机网络,解决计算机网络配置和使用中的问题,也会使生活、工作和学习更加方便。

通过本模块的学习,可以掌握局域网、无线局域网的相关概念与原理,学会计算机网络的组建与配置。

▶▶▶ 项目目标

【知识目标】

(1)掌握对等网的特点及分类;

(2)掌握无线局域网的基本概念和工作原理。

【技能目标】

(1)学会组建小型局域网;

(2)学会组建对等网;

(3)学会组建无线局域网。

▶▶▶ 职业素养宝典

学会时间管理

"你很忙吗?"经常被当作寒暄的话,但很少有人意识到需要重视它背后的"时间管理"。时间管理往往没有被视为一种基本技能,甚至被归入到励志的范畴,认为做好事情主要是需要更多的时间投入。

我们必须给予时间管理以应有的重视,可以说,时间管理与战略、创新、领导力这些看似更为炫目的管理议题一样重要,甚至更为重要。

启示:时间管理的水平高低,会决定事业和生活的成败。

组建小型局域网

4.1.1　任务介绍

在学习和工作当中,人们会时常遇到小型局域网,它给人们带来了很大方便,那么小型局域网是如何组建的呢? 它又是如何实现数据共享的呢? 通过本任务的学习可掌握相关技术。如图 4-1、图 4-2 所示,图 4-1 中有两台装有以太网卡和 Windows 10 的计算机、一根双绞线,图 4-2 中有两台装有以太网卡和 Windows 10 的计算机、两根双绞线,以及一台 10/1 000 Mb/s 以太网交换机。现在要实现两台计算机的数据共享,其对应的 IP 地址分配如下:

主机 A　IP＝192.168.1.1;

主机 B　IP＝192.168.1.2;

子网掩码:255.255.255.0。

☞没有交换机,两台计算机如何联网?

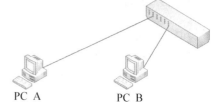

PC A　　　　　　　　PC B　　　　PC A　　　　　　PC B

图 4-1　不使用交换机连接的对等网　　　图 4-2　使用以太网交换机连接的对等网

4.1.2　实施步骤

1. 硬件安装

在选择了组建对等网络所需的设备后,可以将这些设备正确地安装和连接起来。

(1) 计算机

准备用于充当工作站和服务器的计算机。不需要安装专门的软件,只需针对所要建立的局域网的拓扑结构,合理地安排好工作站的位置就可以了。

(2) 网络适配器

☞网络适配器主要的作用是什么呢?

如果网络适配器被集成在计算机主板中,或者已安装在计算机主板上,则不需要进行安装。

(3) 交换机

将交换机放在合适的位置,使每台计算机和交换机的距离都比较平均。当交换机加电后,其加电指示灯应该亮,否则,查看交换机的电源连线是否正确。

（4）双绞线

在安装前,按照双绞线是交叉线还是直通线的线序做好 RJ‐45 水晶头。可以使用专门的验线器检查双绞线是否连通,不要使用过长或过短的双绞线。

☞如何制作直通线呢? 直通线一般用来连接什么设备呢?

> 将双绞线的一个 RJ‐45 接头插入到网络适配器中,另一接头插入到交换机的一个端口中,注意 RJ‐45 接头有正反,如果反了,则没有办法插进去。

2. 配置主机 IP 地址

① 启动 Windows 10 系统的计算机。

② 单击"开始"→"设置"→"网络和 Internet"→"更改适配器选项"。

③ 右键单击"以太网",在弹出的菜单中选择"属性",找到并单击"Internet 协议版本 4(TCP/IPv4)"选项。

④ 单击"属性"按钮,在打开的对话框中,选择"常规"选项卡,选中"使用下面的 IP 地址"单选按钮,然后输入 IP 地址和子网掩码。

☞ IP 地址的作用是什么呢? 如何配置 IP 地址呢?

⑤ 单击"确定"按钮,重新启动 Windows 10 使 IP 地址生效。

3. 测试网络的连通性

在访问网络中的计算机之前,首先要确定这两台计算机在网络上是否已经连接好了,也就是说,硬件部分是否连通。这可以通过 Windows 10 中的相关命令(也就是单击"开始"→所有程序列表→"Windows 系统"→"运行"菜单,在弹出的"运行"对话框中输入 ping 命令)来检测。

对两台计算机,比如 192.168.1.1 和 192.168.1.2,可以在 IP 地址是 192.168.1.1的计算机上 ping 192.168.1.2,或者在 IP 地址是 192.168.1.2 的计算机上 ping 192.168.1.1,来检测两台计算机是否已经连通。若没有连通,则要检查硬件的问题,比如网卡是不是完好的、有没有插好、网线是否完好。

☞如何检测两台计算机是否连通呢?

4. 设置局域网共享

（1）启用网络发现

要想和对方共享一个文件夹,必须确保双方处在同一个局域网工作组中。

① 右键单击"开始"→"网络连接",单击"网络和共享中心"链接,弹出"网络和共享中心"窗口,如图 4‐3 所示。

② 单击"更改高级共享设置",打开如图 4‐4 所示的"高级共享设置"窗口,在"所有网络"选项组中选择"无密码保护的共享",其余都选择第一项,如图 4‐5 所示。

③ 保存修改完成的设置。

图 4-3 "网络和共享中心"窗口

图 4-4 "高级共享设置"窗口

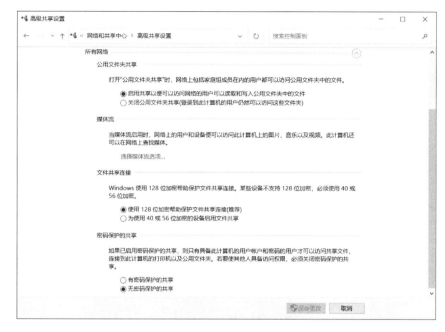

图 4 - 5 "所有网络"选项组

（2）开启 Guest 访客模式

① 右键单击桌面"此电脑"图标→"管理"菜单。

② 在弹出的"计算机管理"窗口中依次展开"系统工具"→"本地用户和组"→"用户"，如图 4 - 6 所示。

☞共享数据文件时有哪些注意事项？

图 4 - 6 "计算机管理"窗口

③ 右键单击"Guest"用户→"属性"菜单,打开如图4-7所示的"Guest 属性"对话框,"账户已禁用"去掉勾选,单击"确定"保存退出。

图 4-7 "Guest 属性"对话框   图 4-8 选择"授予访问权限"

(3) 共享文件夹

① 右键单击需要共享的文件夹,在弹出的快捷菜单中选择"授予访问权限",如图4-8所示。

② 选中"特定用户"选项,打开如图4-9所示的"网络访问"窗口,在搜索框单击下拉图标,选择"Everyone",然后单击"添加",根据权限设置读取还是写入,单击"共享"按钮完成文

图 4-9 "网络访问"窗口

件共享。若要更改用户权限,可右键单击文件夹,在快捷菜单中选择"属性",切换到"共享"选项卡,单击"高级共享"按钮,单击下面的"权限"按钮,即可设置用户权限。

③ 在同组另一台计算机桌面上双击"此电脑",在打开窗口中单击导航栏"网络"将显示共享文件夹的计算机,如图 4-9 所示。至此,同一工作组中的用户,在网上邻居中就可以访问共享文件夹了。

4.1.3 相关知识

计算机网络的组建是一个复杂的系统工程,为了实现需求目标,在进行工程实施之前需要精心地规划、设计,做好相关的准备工作。

1. 网络规划

组建计算机网络前,实施网络规划是必需的。所谓网络规划,就是要对所要建设的网络系统提出一套系统方案,包括用户需求分析、网络的分布、网络规模、使用的设备类型、网络的基本功能、实现的难点、关键性技术、投资预算等,最后形成一个切实可行的网络规划方案。

网络规划的成功与否对计算机网络的组建有什么影响?

(1)需求分析论证

需求分析是用户关于网络要实现的功能和需要提供的服务所提出的相关要求,但用户并不一定是从事网络工作的专业人员,因此有些需求可能提得不详细或不规范,所以在需求分析阶段,要求计算机网络开发人员与用户要加强沟通,帮助用户明确需求,达成共识,然后再逐条从技术角度进行论证,并给出明确的技术实施的保证。

(2)网络的分布

网络的分布首先要考虑的是网络主控中心所在的地理位置、网络所覆盖的建筑物。然后再考虑网络中的用户数、用户所处的地理位置、区域间建网的要求和限制等。

(3)网络规模

网络的基本规模在满足用户需求的前提下,必须要考虑网络的可扩充性。

(4)网络设备和类型

网络的基本设备包括网络连接设备、服务器、工作站和网络管理设备等。

选择网络设备时要注意哪些问题?

(5)网络的功能及服务

根据需求分析报告,明确所建网络的功能和提供的服务。局域网的基本功能有数据共享、数据传送、电子邮件、提高计算机系统的可靠性、共享接入Internet 和电子商务等。主要的网络服务有网络管理及认证计费系统、WWW、FTP、邮件、OAS(办公自动化系统)、VOD(交互式多媒体视频点播)、数据中心、数据库系统及安全服务(包括入侵检测系统 IDS、防火墙及防病毒软件等)。

(6) 网络系统的难点及关键技术

主要考虑网络拓扑结构的合理性、关键网络设备的选择、网络主干线路的连接方式、网络操作系统的合理选择、网络管理技术应用等。

(7) 投资预算

☞投资预算是不是越小越好?

投资预算包括设备购置费用、软件施工费用、工程施工费用、网络安装调试费用、培训费用、运行和维护费用等。

(8) 网络规划方案的编写

一个完整的网络规划方案,应包括前面提及的需求分析的技术性论证、网络的分布、网络的基本规模、网络的基本设备和类型、网络的基本功能及服务、网络系统的难点及关键技术、投资预算等内容,在编写上力求简明扼要,准确规范。

2. 网络设计

网络设计是对网络规划所提出的方案,给出具体的实现技术和技术指标,包括确定组网方案、设计网络拓扑结构、设计网络综合布线、选择硬件设备和网络软件等,网络设计的结果就是产生了具有可操作性的网络设计说明书。

(1) 确定组网方案

确定组网方案就是要选择网络所遵循的标准或适当的组网技术,在选择时主要有两方面的考虑,首先选用的标准或技术在当前必须具有先进性、成熟性和兼容性,其次适当兼顾其扩充性。

(2) 设计网络拓扑结构

网络拓扑结构对网络性能的影响比较大。一般网络拓扑结构设计应从主干网和子网两方面考虑。在网络控制中心确定以后,应先考虑主干网,包括接入到各建筑物的干线,设计时要考虑吞吐量、时延、可靠性和费用等,再考虑子网设计,子网在设计时主要考虑各建筑物汇聚点物理位置的选址、各信息点的布局等问题。

(3) 设计网络综合布线

网络综合布线的设计要点:了解各建筑物、楼宇的物理环境,确定合适的网络拓扑结构,选用适用的传输介质。综合布线设计应提出综合布线总体方案设计、工作区子系统设计、水平子系统设计、垂直子系统设计、设备间(管理间)子系统设计等。

☞什么是工作区子系统、水平子系统?

(4) 选择硬件设备和网络软件

网络硬件设备主要考虑网络互联设备和服务器。对于网络互联设备的选择既要考虑产品的先进性,又要考虑实用性。选择路由器和交换机时,需考虑设备的端口类型、数量、支持的协议、传输速率、时延、主板的带宽等技术指标。服务器的选择要考虑的因素有产品的品牌、CPU 的性能、内存容量、高速传输总线、高速磁盘接口、系统的容错功能及数据的备份等。

网络软件的选择主要考虑的是网络操作系统和主要数据库系统。网络操作系统选择应考虑的问题是：网络的性能、网络的管理、网络的安全性、网络的可靠性和灵活性、网络的成本以及网络的实现等因素。

主要数据库的选择在满足需求的前提下，应该考虑其性能和价格。

（5）编写网络设计说明书

在设计说明书中应该明确方案，选定相应的设备和软件，并给出设计的依据和理由。

☞如何平衡性能和价格?

3. 网络组建

（1）制作线缆

根据网络设计，制作相应的网络连接线缆，包括双绞线（直通线、交叉线）、同轴电缆和光纤。

（2）安装网卡

目前，大多数计算机都在主板上集成了网络适配器（网卡），因此，用户只需要完成操作系统和网卡驱动程序的安装及调试就可以了。

（3）布线与连接

按照网络设计说明书，完成布线和硬件设备的连接工作。需要说明的是，在完成布线之后，一定要对各信息点进行测试检查，一般可采用 Fluke 等专用仪器，根据各信息点的标记图一一测试，若发现问题则可先做记录，等全部测试完成之后再对有问题的信息点专门进行检查。测试的同时也要做好标号工作，方便网络的使用、管理和维护。

☞中断号有什么作用?

布线测试完成后，用装配线或跳线把各个设备及信息插座与计算机网卡连接起来。

（4）安装网络操作系统

根据网络设计说明书，在服务器上安装相应的网络操作系统。

（5）网络设置与测试

网络设置包括网络协议的安装和配置。网络配置完成后，要对网络的连通性进行测试，可以借助常见的网络测试命令，这部分在后续的任务中做详细讲解。

☞如何根据网络需求选择网络操作系统?

（6）开发应用软件

完成网络的安装和配置后，就可以安装各种服务器和应用服务器软件，并在此基础上开发各种应用软件，以满足网络用户的使用需求。

4.1.4 任务总结与知识回顾

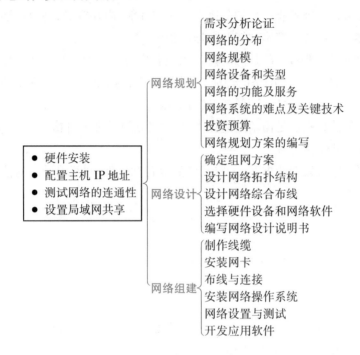

4.1.5 考核建议

考核评价表见表 4-1。

表 4-1 考核评价表

指标名称	指　标　内　容	考核方式	分值
工作任务的理解	是否了解工作任务、要实现的目标及要实现的功能	提问	10
工作任务功能实现	1. 能够根据要求安装硬件设备 2. 能够熟练配置 IP 地址 3. 能够测试网络的连通性 4. 能够设置局域网共享	抽查学生操作演示	30
理论知识的掌握	1. 网络规划的内容 2. 网络设计的内容 3. 网络组建的步骤	提问	30
文档资料	认真完成并及时上交实训报告	检查	20
其　他	保持良好的课堂纪律 保持机房卫生	班干部协助检查	10
总　　分			100

4.1.6　拓展提高

以　太　网

以太网(Ethernet)是一种计算机局域网组网技术,是目前局域网普遍采用的通信协议标准。该标准定义了在局域网(LAN)中采用的电缆类型和信号处理方法。IEEE(电气与电子工程师协会)制定的 IEEE 802.3 标准给出了以太网的技术标准。它规定了包括物理层的连线、电信号和介质访问层协议的内容。以太网很大程度上取代了其他局域网标准,如令牌环网(token ring)、FDDI 和 ARCNET。以太网有两类:第一类是经典以太网;第二类是交换式以太网。经典以太网是以太网的原始形式,传输速率从 3~10 Mbit/s 不等;而交换式以太网使用交换机连接不同的计算机,它是目前广泛应用的以太网,可运行到 100 Mbit/s、1 000 Mbit/s 和 10 000 Mbit/s 的高速率,分别以快速以太网、千兆以太网和万兆以太网的形式呈现。

以太网技术最初来自施乐(Xerox)公司旗下帕洛阿尔托研究中心(简称 PARC)的一个先锋技术项目。人们通常认为以太网发明于 1973 年,当年鲍勃·梅特卡夫(Bob Metcalfe)给他 PARC 的老板写了一篇有关以太网潜力的备忘录。但是梅特卡夫本人则认为以太网是之后几年才出现的。1976 年,梅特卡夫和他的助手戴维·博格斯(David Boggs)发表了一篇名为《以太网:局域计算机网络的分布式包交换技术》的论文,该论文堪称以太网的里程碑。那时,以太网是一种基带总线局域网,最初的传输速率为 2.94 Mbit/s,且仅在施乐公司里内部使用。以太网用无源电缆作为总线来传送数据帧,并以曾经在历史上被假想为电磁波的传播媒介——以太(Ether)来命名。1980 年,DEC 公司、英特尔(Intel)公司和施乐公司联合提出了 10 Mbit/s 以太网标准的第一个版本 DIX V1(DIX 是这三个公司名称的缩写),该版本以太网标准在 1982 年被修订为第二版,即 DIX Ethernet V2,该版以太网标准成为世界上第一个局域网产品的标准。在此基础上,IEEE 802 委员会的 802.3 工作组于 1983 年制定了第一个 IEEE 的以太网标准,即 IEEE 802.3,其传输速率为 10 Mbit/s。以太网的两个标准 DIX Ethernet V2 与 IEEE 的 802.3 之间只有很小的差别,因此很多人也常把 802.3 局域网称为"以太网"(本书不严格区分它们,虽然严格说来,"以太网"应当是指符合 DIX Ethernet V2 标准的局域网)。

以太网的标准拓扑结构为总线型,目前的高速以太网(100Base - T、1000Base - T 标准)为了最大限度地减少冲突、提高网络速度和使用效率,使用交换机来进行网络连接和组织,这样,以太网的拓扑结构就成了星状结构,但在逻辑上,以太网仍然使用总线型拓扑和 CSMA/CD(carrier sense multiple access/collision detect,带有冲突检测的载波侦听多路访问)的总线争用技术。需要指出的是,快速以太网(100Base - T 标准)、吉比特以太网(1000Base - T 标准)可使用以太网交换机提供很好的质量服务,可在全双工方式下工作而无冲突发生。因此,CSMA/CD 协议对全双工方式下工作的快速以太网是不起作用的(但在半双工方式工作时必须使用 CSMA/CD 协议)。10 吉比特以太网(10 GbE)和更高速的以太网只工作在全双工方式,因此不存在争用问题,当然也不使用 CSMA/CD 协议。这就使得 10 GbE 的传输距离大大提高了(因为不再受必须进行碰撞检测的限制)。既然连以太网的重要协议 CSMA/CD 都不使用了(相关的"争用期"也没有了),为什么还叫作以太网呢?原因就是它的 MAC 帧格式仍然是 IEEE 802.3 标准规定的帧格式,其帧结构未改变仍然采用以太网的帧结构。

任务 4.2 创建和管理用户组

4.2.1 任务介绍

要访问计算机中的资源,必须以一个合法的用户账户登录到本地计算机或网络中,每个登录到系统的用户拥有的账户就称为用户账户。那么用户如何能拥有用户账户,对用户账户又如何进行管理呢?

本任务通过新建用户、组及修改用户信息,让学生掌握用户和组的创建及管理方法。

☞拥有一个用户账户就可以访问计算机或网络中的所有资源吗?

4.2.2 实施步骤

1. 创建本地用户

① 以系统管理员账户登录到计算机。

② 单击"开始"→所有程序列表→"Windows 系统"→"运行"菜单,在文本框中输入"lusrmgr. msc"命令,按回车键打开"本地用户和组"对话框,如图 4-10 所示。或者单击"开始"→所有程序列表→"Windows 管理工具"→"计算机管理"菜单,打开"计算机管理"控制台窗口,如图 4-11 所示。

图 4-10 "本地用户和组"对话框

☞为什么要输入两次密码?

图 4-11 "计算机管理"窗口 图 4-12 "新用户"对话框

③ 双击"本地用户和组"目录树,右击"用户"节点,在弹出的快捷菜单中选择"新用户"选项,打开如图 4-12 所示的对话框。 ☞什么是本地用户?

④ 在"新用户"对话框中输入用户名、描述、密码和确认密码等信息,再选中"用户下次登录时须更改密码"复选框,单击"创建"按钮即可成功创建该账户。如果还需要创建账户,则继续输入其他用户的相关信息,如果不需要再创建账户,则单击"关闭"按钮。

⑤ 按上述方法,依次新建 user2 和 user3 账户,创建好三个账户后,单击"关闭"按钮。

⑥ 在"本地用户和组"对话框中单击"用户"节点,即可在右边列表框中看到新建的三个账户,如图 4-13 所示。

图 4-13 新创建的用户 图 4-14 "新建组"对话框

2. 创建组

① 在"计算机管理"窗口中,在"组"节点上单击鼠标右键,在弹出的快捷菜单中选择"新建组"选项,打开如图 4-14 所示的对话框。 ☞为什么要创建组?

② 输入组名(如 group1)、描述等信息,单击"添加"按钮,弹出如图 4－15 所示对话框,在"输入对象名称来选择(示例)"文本框中输入要添加到该组的账户 user1 和 user2,多个账户之间用";"分隔,单击"确定"按钮可完成添加操作。如图 4－16 所示,单击"创建"按钮,完成 group1 组的创建。

图 4－15 "选择用户"对话框　　　　图 4－16 在组中添加成员

③ 按同样的方法在打开的对话框中输入第二个组 group2 的组名、描述等信息,添加属于 group2 的账户 user2 和 user3,单击"创建"按钮完成 group2 的创建,单击"关闭"按钮。

④ 单击"组"节点即可看到新建的两个组。

3. 修改用户账户信息

① 以管理员身份打开"计算机管理"控制台窗口。

② 在"计算机管理"窗口中右击账户 user1,在弹出的快捷菜单中选择"重命名"命令,该账户处于可编辑状态,输入新名称 wang 即可,单击空白处完成重命名操作。

③ 右击该账户,在弹出的快捷菜单中选择"设置密码"命令,打开一个警告对话框,提示谨慎选择,单击"继续"按钮,打开如图 4－17 所示对话框,在文本框中输入新密码,再输入一次进行确认。

④ 单击"确定"按钮,弹出"密码与设置"提示对话框,单击"确定"按钮,完成密码更改操作。

⑤ 右击新账户 wang,在弹出的快捷菜单中选择"属性"选项,打开

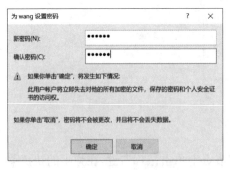

图 4－17 为用户设置密码

为什么要将账户添加到组里?

"属性"对话框,单击"隶属于"选项卡,如图 4-18 所示。

⑥ 在列表中选中 group1,单击"删除"按钮,再单击"确定"按钮,完成将账户 wang 从 group1 中退出的操作。

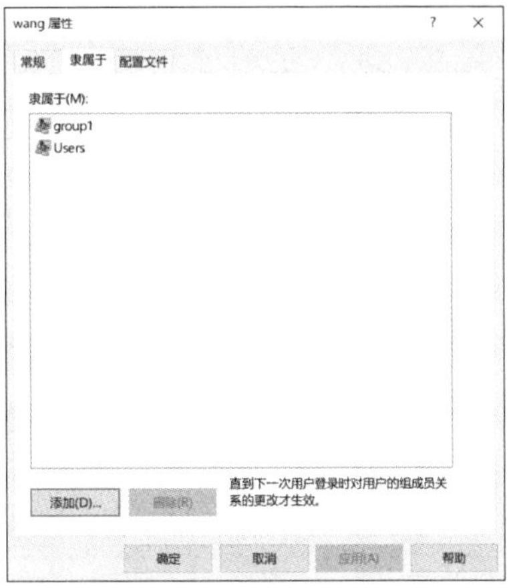

4. 设置本地安全策略

(1)密码策略设置

① 单击"开始"→所有程序列表→"Windows 管理工具"→"本地安全策略"菜单,打开"本地安全策略"对话框。

② 在左侧窗口中双击"账户策略"节点,单击"密码策略"节点,双击右边策略列表框中的"密码长度最小值"项,打开如图 4-19 所示对话框,在"密码必须至少是"选项区域中设置为 8,单击"确定"按钮。

③ 然后把 user2 的密码修改为 8 个字符,再用 user2 账户登录。

图 4-19 "密码长度最小值"设置

图 4-20 "账户锁定阈值"设置

图 4-18 账户退出组

☞如何设置账户登录密码呢?

(2)账户锁定策略设置

① 单击"开始"→所有程序列表→"Windows 管理工具"→"本地安全策略"菜单,打开"本地安全策略"对话框。

② 在左侧窗口中双击"账户策略"节点,单击"账户锁定策略"节点,双击右边策略列表框中的"账户锁定阈值"项,打开如图 4-20 所示对话框。

③ 用 user2 登录时,故意输错密码两次,然后再输入正确的密码登录。

(3)安全日志设置

通过日志可以查看系统的一些运行状态,而 Windows 10 的默认安装是不打开任何安全审核的,因此要进行安全日志的设置。

☞为什么要设置"账户锁定策略"?

图 4‐21 "审核策略更改"设置

☞为什么要设置"审核策略"?

① 单击"开始"→所有程序列表→"Windows 管理工具"→"本地安全策略"菜单,打开"本地安全策略"对话框。

② 在左侧窗口中双击"本地策略"节点,单击"审核策略"节点,看到右侧列表框显示"审核策略更改"等 9 个选项。

③ 双击需要设置的选项,如"审核策略更改",打开如图 4‐21 所示的对话框,按表 4‐2 进行设置,即选中"成功""失败"复选框,然后单击"确定"按钮,完成此策略的设置。按同样的方法设置其他审核策略。

表 4‐2 安全日志的设置

策 略 名 称	策 略 设 置
审核策略更改	成功、失败
审核登录事件	成功、失败
审核对象访问	失败
审核进程跟踪	失败、成功
审核目录服务访问	失败
审核特权使用	失败
审核系统事件	成功、失败
审核账户登录事件	成功、失败
审核账户管理	成功、失败

☞安全日志有什么作用?

4.2.3 相关知识

1. 用户账户

（1）用户账户的定义

一个账户包括用户名、密码、权限等信息,这些信息存储在计算机中,是 Windows Server 2019 网络上的个人唯一标识,系统通过账户来确认用户的身份,并赋予用户对资源的访问权限。

☞如何设置用户权限?

SID:每一个账户在创建的时候都有一个 security ID(SID,安全标识符),当用户访问系统的资源时,系统根据其账户的 SID,检查用户是否具有和具有哪些权利和权限,然后再让用户在其权利和权限范围内进行访问。

Windows 不是根据用户名来识别账户的,而是根据这个 SID 来识别账户的,如果 SID 不一样,就算用户名等其他设置一模一样,Windows 也会认为是不一样的两个账户。这就像户籍管理,只认身份证号是否正确,而不管名字是否相同。而且 SID 是 Windows 在创建该账户的时候随机给的,所以说当删除了一个账户后,即使再次建立一个一模一样的账户,其 SID 和原来的那个也不一样,那么其 NTFS 权限就必须重新设置。

(2) 用户名和密码

账户包括用户名和密码,作为管理员,需要给计算机或网络的使用者建立用户账户。普通账户的用户名应该简单好记、有一定的规律,以方便管理。用户名和密码有如下规则。

用户名的命名规则如下:

- 一个系统中,用户名必须唯一,且不区分大小写字母。
- 最多可以有 20 个字符,由字符和数字组成。
- 不能使用的字符有 / \ ” ^ [ ] : ; | = , + * ? < > @。
- 不能与用户组的组名相同。

密码命名规则如下:

- 为了系统的安全,每个账户都应该有密码。
- 密码长度应该在 8~128 位之间。
- 建议使用大小写字母、数字和其他合法字符的组合。
- 密码尽量不要有规律,如不要使用名字、生日、电话号码等。

(3) 用户账户的类型

① 系统内置账户　Windows Server 2019 安装完成后,系统会自动创建一些内置账户。不管是工作组模式还是域模式,都有内置账户。经常使用的内置账户有 Administrator 账户和 Guest 账户。

Administrator(系统管理员)账户:拥有本地计算机最高的权限,管理整个计算机系统。系统管理员的默认名字是 Administrator,要求务必牢记。可以更改系统管理员的名字,但不能删除该账户,也不能禁止该账户登录。

Guest(来宾)账户:是为临时访问计算机的用户提供的。该账户自动生成,可以更改名字,但不能被删除,Guest 账户只有很少的权限,而且默认情况下,该账户被禁止使用。

② 用户建立的账户　用户账户是由具有管理员权限的用户建立的可以登录本地计算机的账户。通常说的账户管理主要是对这部分账户的管理。

2. 组

(1) 组的定义

为了简化用户的管理,Windows 引入了用户组的形式。可以将若干用户加入到用户组中,通过设置某个组对资源的权限,组中的用户都会自动拥有该

☞为什么这些字符不能出现在用户名中?

权限。组的引入方便了管理权限相同的一些用户账户。

那么组到底是什么意思呢？组是系统中同类对象的集合，比如有工作组、用户组、计算机组等。可以把用户组看作班级，用户就是班级里的学生。当要给一批用户分配同一权限时，就可以将这些用户都归到一个组中，只要给这个组分配此权限，组内的用户就都会拥有此权限。就好像给一个班级发了一个通知，班级内的所有学生都会收到这个通知一样。

例如，财务处的员工可以访问网络中所有与财务相关的资源。这时不用逐个向该部门的员工授予对这些资源的访问权限，而是可以建立一个财务组，让这些员工的账户都成为财务组的成员，使这些用户自动获得财务组的权限。如果某个用户日后调往另一部门，只需将该用户从财务组中删除，加入另一部门的用户组中即可。

（2）组成员的特点

组中的成员，具有如下的特点。

① 同一组中的所有成员具有赋予该组的所有权限。

② 当一个用户成为某个组的成员时，如果该用户已经登录，那么只有等到该用户撤销登录并重新登录后，该组的权利和权限才对该用户账户生效。

③ 一个用户可以成为多个组的成员。

3. 本地安全策略

对登录到计算机上的账户定义一些安全设置，例如，限制用户如何设置密码，通过账户策略设置账户安全性，通过锁定账户策略避免他人登录计算机、指派用户权限等，这些安全设置分组管理，就组成了本地安全策略。

（1）审核策略

可以使用审核跟踪用于访问文件或其他对象的账户，以及用户登录尝试、关闭或重新启动系统及其他指定的事件。在审核发生之前，必须使用"组策略"指定要审核的事件类型。例如，要审核文件夹，首先要启用"组策略"，选择"审核策略"，再选择"审核对象访问"之后，可以向设置权限那样来设置审核：选择文件夹，然后选择要审核其操作的用户和组，最后，选择想要审核的操作，如试图打开或删除受限制的文件夹，可以审核成功和失败的尝试。

必须审核的内容如下所述。

- 账户管理：成功/失败；
- 登录事件：成功/失败；
- 对象访问：失败；
- 策略更改：成功/失败；
- 特权使用：失败；
- 系统事件：成功/失败；

☞为什么要对这些内容进行审核？

- 目录服务访问：失败；
- 账户登录事件：成功/失败。

（2）用户权利指派

用户权利是确定用户可以在计算机上所执行操作的规则。此外，用户权利控制用户是否可以直接（在本地）或通过网络登录到计算机、将用户添加到本地组、删除用户等。内置组具有已指派的用户权利集合。

通常情况下，管理员通过向一个内置组添加用户账户，或者通过创建新组并为该组指派特定用户权利来指派用户权利。随后添加到组中的用户自动获得指派给组账户的所有用户权利。

（3）安全选项

允许安全管理员配置指派给"组策略"对象或本地计算机策略的安全等级。本地安全策略是用于配置本地计算机的安全设置。这些设置包括密码策略、账户锁定策略、审核策略、IP 安全策略、用户权限指派、加密数据的恢复代理以及其他安全选项。

审核与用户权利等安全设置的使用较为复杂，但是功能非常强大，用户可对系统的操作参数进行深入细致的微调，直至完全满足个人需求。比如：

① 局域网内部的恶意攻击，用户可以得到某账户被人远程尝试登录的机器位置和次数的记录，取消其账号远程登录的权利等。

② 可以在策略上控制所拥有的资源，比如禁止从网络访问本地的光驱，无论是否设置为共享权限。

互动练习

创建和管理
用户组自测

▷什么是组策略?

4.2.4 任务总结与知识回顾

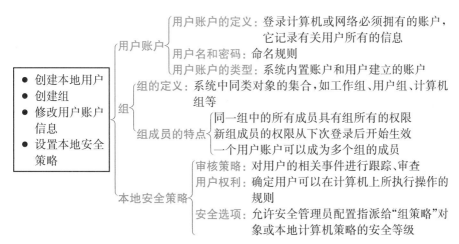

4.2.5 考核建议

考核评价表见表 4-3。

表 4-3　考核评价表

指标名称	指　标　内　容	考核方式	分值
工作任务的理解	是否了解工作任务、要实现的目标及要实现的功能	提问	10
工作任务功能实现	1. 学会本地用户和组的创建与管理 2. 学会本地安全策略的配置与管理 3. 能够测试用户和组是否添加 4. 能够测试安全策略	抽查学生操作演示	40
理论知识的掌握	1. 用户账户的定义和类型 2. 组的定义和组成员的特点 3. 本地安全策略的设置	提问	20
文档资料	认真完成并及时上交实训报告	检查	20
其　他	保持良好的课堂纪律 保持机房卫生	班干部协助检查	10
总　　分			100

4.2.6　拓展提高

打印机的共享设置与访问

1. 共享打印机服务器端设置

① 单击"开始"→所有程序列表→"Windows 系统"→"控制面板"菜单(或在搜索框中直接输入"控制面板"关键字),打开"控制面板"窗口。

② 单击"设备和打印机",打开"设备和打印机"窗口,如图 4-22 所示。

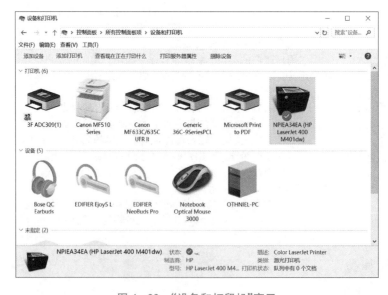

图 4-22　"设备和打印机"窗口

③ 在该窗口中选中要设置共享的打印机图标,右键单击该打印机图标,在弹出的快捷菜单中选择"打印机属性"命令。

④ 打开打印机属性对话框中的"共享"选项卡。

⑤ 在该选项卡中选中"共享这台打印机",在"共享名"文本框中输入该打印机在网络上的共享名称,如图4-23所示。

图4-23　打印机共享设置　　　　　图4-24　选择安装其他驱动程序

⑥ 若网络中的用户使用的是不同版本的 Windows 操作系统,可单击"其他驱动程序"按钮,打开"其他驱动程序"对话框,安装其他驱动程序,如图4-24所示。

⑦ 在该对话框中选中需要的驱动程序,单击"确定"按钮即可,在将打印机设置为共享打印机后,用户就可以在网络中的其他计算机上进行该打印机的共享设置了。

2. 客户端打印机共享设置

① 单击"开始"→所有程序列表→"Windows 系统"→"控制面板"菜单(或在搜索框中直接输入"控制面板"关键字),打开"控制面板"窗口。

② 单击"设备和打印机",打开"设备和打印机"窗口。

③ 单击"添加打印机",打开"添加设备"对话框,如图4-25所示,系统会自动搜索同一局域网内已共享的打印机并显示在列表框内,选择所需添加的共享打印机,单击"下一步"。

④ 系统将自动安装该共享打印机所需文件并进行添加,如图4-26所示。

⑤ 如果搜索不到所需要添加的共享打印机,则可单击"我所需的打印机未列出",弹出"添加打印机"对话框,如图4-27所示。

图4-25　"添加设备"对话框

图 4-26　安装共享打印机所需文件并进行添加

图 4-27　"添加打印机"对话框

⑥ 若用户要浏览打印机,可选中"按名称选择共享打印机",单击后面的"浏览"按钮进行搜索;若用户知道该打印机的确切路径及名称,可在"浏览"按钮前的输入框直接按照示例格式输入共享打印机的路径和名称进行搜索;若用户知道该打印机的 IP 地址,可选择"使用 IP 地址或主机名添加打印机"进行搜索。根据需要选择相应的选项来搜索共享打印机,找到后按照提示进行共享打印机文件的安装并添加。

⑦ 成功添加共享打印机,如图 4-28 所示,勾选"设置为默认打印机"复选框。若用户将该打印机设置为默认打印机,则在进行打印时,用户若不指定其他打印机,系统会自动将文件发送到默认打印机进行打印。

⑧ 单击"完成"按钮退出"添加打印机"对话框。这样就完成了共享打印机的安装,这时,在客户机中已经可以像使用本地打印机一样使用网络共享的打印机了,使用起来非常方便,不必复制文件,也不用来回拆装打印机。

图 4-28　成功添加共享打印机

任务 4.3　组建无线对等局域网

4.3.1　任务介绍

无线局域网(WLAN,wireless local area network)产业是当前整个数据通信领域发展最快的产业之一。因其具有灵活性、可移动性及较低的投资成本等优势,无线局域网解决方案作为传统有线局域网络的补充和扩展,获得了家庭网络用户、中小型办公室用户、广大企业用户及电信运营商的青睐,得到了广泛的应用。通过本案例的学习,学生可以学会组建配置无线局域网。

某单位已有一个包含 50 个用户的有线局域网。由于业务的发展,现有的网络不能满足需求,需要增加 20 个用户(有台式机也有笔记本)的网络连接。原有的网络已通过 ADSL 宽带上网,增加的用户也要能够访问 Internet。现结合该单位的实际情况组建无线局域网,具体拓扑如图 4-29 所示。

☞无线局域网发展如此迅速,它到底有什么优点?如何组建无线局域网?

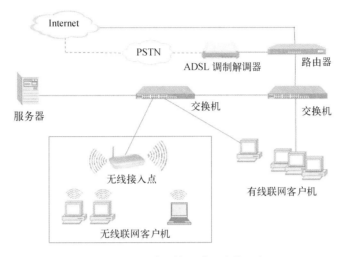

图 4-29　组建无线局域网连接示意

4.3.2　实施步骤

该案例可按照如下步骤具体实施:安放无线 AP(接入点)→安装无线网卡→设置无线 AP→安全设置→将无线网络接入有线网络→访问 Internet。

1. 安放无线 AP

① 安放 AP 在合适的位置,一般放在地理位置相对较高处,也可放在接入有线网络较方便的地方。

② 接通电源,AP 将自行启动。

2. 安装无线网卡

无线局域网组成示意如图 4-30 所示。

☞无线 AP 有什么作用?如何正确放置无线 AP?

图 4-30　无线局域网组成示意

① 将无线网卡装入计算机中。

② 按照无线网卡的安装向导完成安装。

☞无线网卡有
什么作用?

③ 设置计算机的 TCP/IP 地址。

IP 地址:192.168.1.×××　(×××范围为2~254,注意不要与原网络中的 IP 地址重复)。

子网掩码:255.255.255.0。

默认网关:192.168.1.1。

 提示

　　无线 AP 的默认 IP 是 192.168.1.1,默认子网掩码为 255.255.255.0,这些值可以根据需要而改变,在此先按照默认值设置。

④ 测试计算机与无线 AP 之间是否连通。

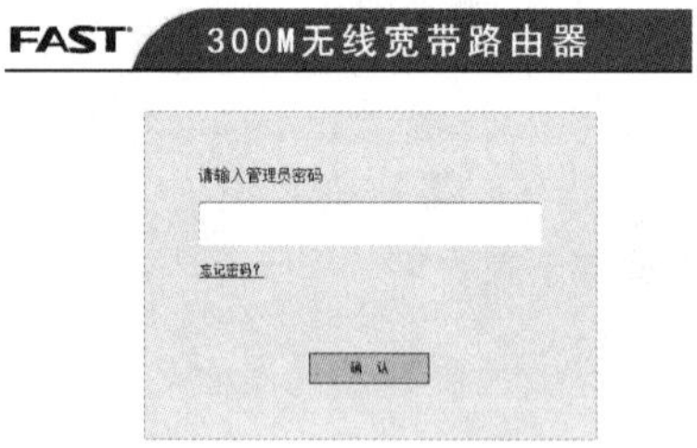

　　执行 ping 命令:ping 192.168.1.1,如果屏幕显示结果能连通,则说明计算机已与无线 AP 成功连接。

3. 设置无线 AP

☞无线 AP 登
录的密码可以
修改吗?

① 在浏览器的地址栏输入 AP 的地址,例如 http://192.168.1.1/,连接建立起来后将会出现如图 4-31 所示登录页面,输入登录密码。

图 4-31　无线 AP 登录界面

② 单击"确认"按钮进入无线 AP 设置页面,如图 4-32 所示。

图 4-32　无线 AP 设置主页面

③ 单击该页面中左边的"设置向导",进入上网方式页面,可以根据实际情况进行选择,在这里选择"动态 IP(自动从网络服务商获取 IP 地址)",如图 4‐33 所示。

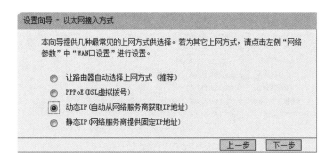

图 4‐33　选择上网方式

④ 单击"下一步"按钮,进入无线设置页面,如图 4‐34 所示。

图 4‐34　无线设置

　　无线功能:如果启用此功能,则接入本无线网络的计算机将可以访问有线网络。SSID:无线局域网用于身份验证的登录名,只有通过身份验证的用户才可以访问本无线网络。模式:现在的无线路由器同时可以工作在 2.4 GHz 频段的 802.11(n/b/g)混合模式和 5 GHz 频段的 802.11ac、802.11n 与 802.11a 混合模式(两种模式的信道带宽分别为 20 MHz/40 MHz 和 20 MHz/40 MHz/80 MHz,覆盖范围也不一样),由于工作频段不一样两种模式不能兼容,会生成两个 SSID。

⑤ 设置完上网所需的各项网络参数后,可以查看无线 AP 的运行状态。单击页面左边的"运行状态",出现如图 4‐35 所示的页面。

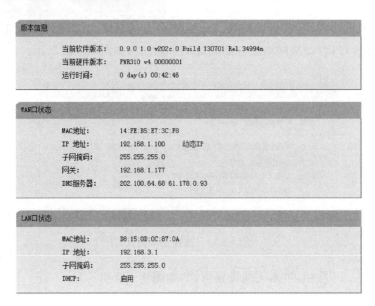

图 4‑35　运行状态

⑥ 网络参数设置：单击页面左边的"网络参数"，进行 LAN 口设置，如图 4‑36 所示。

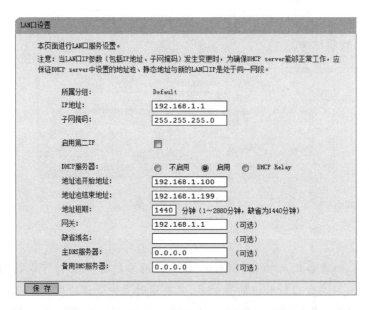

图 4‑36　LAN 口设置

　　IP 地址：该路由器对局域网的 IP 地址，默认值为 192.168.1.1，可根据需要改变。若改变了该 IP 地址，必须用新的 IP 地址才能登录路由器进行 Web 页面管理。

　　子网掩码：也可改变，但网络中的计算机的子网掩码必须与此处相同。

4. 安全设置

单击页面左边的"无线设置",选择"无线安全设置",在打开的对话框中,选择安全类型为"WPA－PSK/WPA2－PSK",在"PSK 密码"右侧的文本框中输入安全认证密码,如图 4－37 所示。

5. 将无线网络接入有线网络

① 用一根网线将无线 AP（LAN）端口连接到局域网中交换机（或集线器）的一个端口,连接示意图如图 4－38 所示。

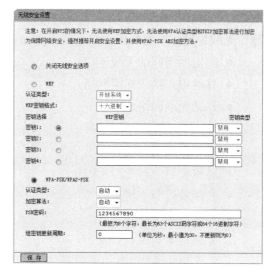

为什么要进行安全认证?

图 4－37　安全设置

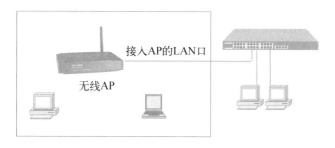

图 4－38　无线局域网接入有线网络示意图

② 观察无线 AP 上的 LAN 指示灯,亮表示已连接,不亮需检查网线等。

③ 从接入无线的计算机上测试是否能访问有线网络中的计算机。可通过 ping 命令进行连通测试。

4.3.3　相关知识

1. 无线网络概述

所谓无线网络,是指无须布线即可实现计算机互联的网络。无线网络的适用范围非常广泛,凡是可以通过布线而建立网络的环境和行业,无线网络也同样能够搭建,而通过传统布线无法解决的环境或行业,却正是无线网络大显身手的地方。千万不要以为无线网络的保密性太差,恰恰相反,由于传输媒体的开放性,利用无线进行通信要求其具有更高、更完善的保密性能。基于无线网络的特性,人们更加重视安全技术的研究,其保密性能比普通局域网要安全得多。

2. 无线网络的应用

与有线局域网相比,无线局域网的应用范围更加广泛,而且开发运营成本

●•视频

Wi-Fi技术发展及应用

低、时间短,投资回报快,易扩展,受自然环境、地形及灾害影响小,组网灵活快捷。无线局域网主要应用在以下几个方面:

- 固定网络间的无线连接;
- 移动用户接入固定网络;
- 移动无线网络;
- 接入 Internet;
- 难于布线的环境;
- 特殊项目或行业专用网;
- 连接较远分支机构;
- 科学技术监控。

3. 无线网络的组成

无线网络的硬件设备主要包括 4 种,即无线网卡、无线 AP、无线路由和无线天线。一般情况下只需几块无线网卡,就可以组建一个小型的对等无线网络。当需要扩大网络规模时,或者需要将无线网络与传统的局域网连接在一起时,才需要使用无线 AP。只有当实现 Internet 接入时,才需要无线路由。而无线天线主要用于放大信号,以接收更远距离的无线信号,从而延长无线网络的覆盖范围。

☞在什么情况下需要使用无线天线?

(1) 无线网卡

无线网卡的作用类似于以太网中的网卡,作为无线网络的接口实现与无线网络的连接。无线网卡根据接口类型的不同,主要分为三种类型,即 PCMCIA 无线网卡、PCI 无线网卡和 USB 无线网卡。

(2) 无线 AP

无线接入点或称无线 AP(access point),其作用类似于以太网中的集线器。当网络中增加一个无线 AP 之后,即可成倍地扩展网络覆盖直径。另外,也可使网络中容纳更多的网络设备。通常情况下,一个 AP 最多可以支持多达 80 台计算机的接入。

(3) 无线路由器

无线路由器就是无线 AP 与宽带路由器的结合。借助于无线路由器,可实现无线网络中的 Internet 连接共享,实现 ADSL(非对称数字用户线路)、电缆调制解调器(cable modem)和小区宽带的无线共享接入。如果不购置无线路由器,就必须在无线网络中设置一台代理服务器才可以实现 Internet 连接共享。

(4) 无线天线

当计算机与无线 AP 或其他计算机相距较远时,随着信号的减弱,或者传输速率明显下降,或者根本无法实现与 AP 或其他计算机之间通信,此时,就必须借助于无线天线对所接收或发送的信号进行增益。无线天线有许多种类型,常见的有两种,一种是室内天线,一种是室外天线。室外天线的类型比较多,一种是锅状的定向天线,一种则是棒状的全向天线。

（5）其他无线设备

无线打印共享器直接接驳于打印机的并行口,从而实现无线网络与打印机的连接,使无线网络中的计算机能够共享打印机。除此之外,还有无线摄像头,用于远程无线监控等。

4. IEEE 802.11 标准

802.11 标准是 IEEE(国际电气与电子工程师协会)制定的无线局域网标准,主要是对网络的物理层(PH)和媒质访问控制层(MAC)进行了规定。目前,已经产品化的无线网络标准包括多个子标准如常见的 IEEE 802.11g/n/ac/ax 等。WiFi 是其商业名称。

IEEE 在 1997 年为无线局域网制定了第一个版本标准——IEEE 802.11。总数据传输速率设计为 2 Mbit/s。两个设备之间的通信可以是设备到设备的方式进行,也可以在基站或者访问点的协调下进行。为了在不同的通讯环境下取得良好的通讯质量,采用 CSMA/CA 硬件沟通方式。

1999 年 IEEE 增加了两个补充版本:802.11a 定义了一个在 5 GHz 频段上的数据传输速率可达 54 Mbit/s 的物理层;802.11b 定义了一个在 2.4 GHz 频段上的数据传输速率高达 11 Mbit/s 的物理层。802.11b 拥有 13 个离散通道,中国地区仅支持前 11 个离散通道,其中第 1、6、11 这 3 个通道完全不重叠。在部署 802.11b 无线时,应尽量选用不重叠的通道作为工作信道,这样可以减少信号干扰。2.4 GHz 频段为世界上绝大多数国家通用,因此 802.11b 得到了最为广泛的应用。1999 年工业界成立了 Wi-Fi 联盟,该组织致力于解决符合 802.11 标准的产品的生产和设备兼容性问题。

802.11g 标准于 2003 年 6 月制定,是 IEEE 为了解决 802.11a 与 802.11b 的互通问题而出台的物理层标准,它是 802.11b 的延续。与 802.11b 一样,802.11g 使用 2.4 GHz 频段,最高数据传输速率可达 54 Mbit/s,同时可以与 802.11b 兼容。802.11g 数据传输速率与 802.11a 相当,但其信号传输损耗相对较低,覆盖范围大,加之其可与 802.11b 兼容,便于从 802.11b 网络升级,因而为人们所广泛采用。

802.11n 标准于 2009 年 9 月正式批准,它可以工作在 2.4 GHz 和 5 GHz 两个频段,该标准支持多输入多输出(multi-input multi-output,MIMO)技术,使用多个发射和接收天线来支持更高的数据传输率,并且增加了传输范围。当使用标准带宽(20 MHz)和 4×4 MIMO 时,802.11n 的传输速率最高可达 300 Mbit/s。802.11n 也支持双倍带宽(40 MHz),当使用 40MHz 带宽和 4×4 MIMO 时,802.11n 的传输速率最高可达 600 Mbit/s,这要比 802.11b 快上 50 倍左右,比 802.11g 快上 10 倍左右,此外,802.11n 无线网络也将比 802.11b/g 无线网络拥有更远的传输距离。

802.11ac 主要是基于 802.11a 发展而来,同时结合了 802.11n 的 MIMO 技术。它工作在 5 GHz 频段,可以兼容 802.11a、802.11n,工作频宽在 20 MHz 的基础上可增至 40 MHz 或者 80 MHz,甚至有可能达到 160 MHz。其传输速率最高可达到 1 Gbit/s,是 802.11n 在使用标准带宽和 4×4 MIMO 时传输速率的 3 倍以上。

802.11ax,又称 Wi-Fi 6,是 IEEE 802.11 推出的下一代 802.11 工作标准,是继

802.11n之后第二个能够同时工作在2.4GHz与5GHz频段下的Wi-Fi标准。其平均吞吐量能够比Wi-Fi 5(即802.11ac)提高至少4倍,并发用户数提升3倍以上,其速度能够达到600 Mbit/s,是5G移动通信标准的有力竞争者。

综合目前主流的802.11无线标准,用户在选购路由器时,尽量选择支持较新的802.11ac的无线AP或者无线路由器,至少也要选择支持802.11n的无线AP或者路由器。同时,MIMO参数尽量选择3×3(6根天线)以上的。由于性价比及支持终端较少的原因,目前不建议体验支持802.11ax的路由器。看待一个创新需要全方位透视,任何盲目的跟风都是不可取的。结合自身的实际应用场景来选择满足自身需求的产品,才是理性的。

4.3.4　任务总结与知识回顾

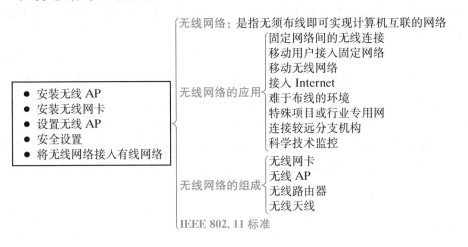

4.3.5　考核建议

考核评价表见表4-4。

表4-4　考核评价表

指标名称	指　标　内　容	考核方式	分值
工作任务的理解	是否了解工作任务、要实现的目标及要实现的功能	提问	10
工作任务功能实现	1. 能够根据要求组建无线局域网 2. 能够正确安装相关设备 3. 能够正确配置无线设备 4. 能够管理无线网络 5. 能够进行安全设置	抽查学生操作演示	40
理论知识的掌握	1. 无线网络的主要作用 2. 无线网络的主要组成 3. 无线网络的协议标准及优点	提问	20

续 表

指标名称	指 标 内 容	考核方式	分值
文档资料	认真完成并及时上交实训报告	检查	20
其 他	保持良好的课堂纪律 保持机房卫生	班干部 协助检查	10
总 分			100

4.3.6 拓展提高

组建家庭无线局域网

随着计算机网络技术的不断成熟,很多家庭都有了计算机,并接入了互联网。有的家庭可能不止一台计算机,为了方便使用,组建家用、小型无线局域网成为比较热的话题。但是,无论在家里还是办公场所,要组建一个小型无线网络,往往需要专业人士来做。一般来说,组建家庭无线局域网可按照如下步骤具体实施:安放无线 AP→安装无线网卡→设置无线AP→安全设置→将无线网络接入有线网络→访问 Internet。

① 认识无线路由器(如图 4-39 所示)。

② 连接路由器,将网线一头与路由器的 4 个 LAN 口中的其中一个相接,一头接到计算机的 RJ-45 接口上。

③ 登录路由器,打开 IE 浏览器,在地址栏输入 192.168.1.1(出厂路由器 IP),按回车键,在弹出的对话框中输入密码,登录路由器。

④ 单击"确定"按钮进入无线路由器设置页面,如图 4-40所示。

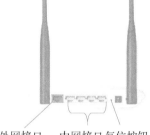

外网接口 内网接口 复位按钮

图 4-39 无线路由器

图 4-40 无线路由器设置主页面

⑤ 单击该页面中左边的"设置向导",单击"下一步"按钮,进入以太网接入方式,如果是宽带接入有固定 IP,则选择"静态 IP(网络服务商提供固定 IP 地址)",进行网络参数设置,如图 4‑41 所示。如果外网是 DHCP 动态分配 IP,选择"动态 IP(自动从网络服务商获取 IP 地址)",单击"下一步"按钮。

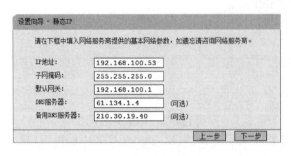

图 4‑41　静态 IP 设置

⑥ 如果是电话接入的 ADSL 上网,须选择"PPPoE(DSL 虚拟拨号)",输入服务商提供的用户名和密码,如图 4‑42 所示,单击"下一步"按钮。

图 4‑42　上网方式设置

⑦ 设置完上网方式后,进入到无线设置里面的基本设置界面,如图 4‑43 所示,设置无线网络的名称标识(SSID)等信息,单击"下一步"按钮,直至设置完成。

图 4‑43　无线网络基本设置界面

⑧ 单击如图 4-40 所示页面左侧的"IP 与 MAC 绑定",选择"ARP 映射表",在打开的界面中选择本机 MAC 地址对应的条目,单击"导入所选条目"按钮。

⑨ 选择如图 4-40 所示页面左侧的"IP 与 MAC 绑定",选择"静态 ARP 绑定",在打开的界面中单击"启用",在 MAC 地址列表中,选择本机 MAC 地址右侧的"编辑",选择"绑定"右侧的复选框,单击"保存"按钮。

⑩ 全部设置完后,接上外网,重启路由器,无线网络应该就可以使用了。

习题

一、选择题

1. 在( )中,每一台设备可以同时是客户机和服务器,网络中的所有设备可以直接访问数据、软件和其他网络资源。

    A. 对等网   B. 客户机/服务器网

    C. 浏览器/服务器网   D. 无盘工作站网

2. 组建计算机网络的最大目的是( )。

    A. 进行可视化通信   B. 资源共享

    C. 发送电子邮件   D. 使用更多的软件

3. 要想组建一个无线局域网,下列( )是必需的。

    A. 交换机   B. 路由器   C. 无线 AP   D. 防火墙

4. 无线局域网 WLAN 的传输介质是( )。

    A. 无线电波   B. 红外线   C. 载波电流   D. 卫星通信

5. 无线局域网的最初协议是( )。

    A. IEEE 802.11   B. IEEE 802.5   C. IEEE 802.3   D. IEEE 802.2

二、简答题

1. 对等网有什么特点?

2. 无线网络主要的应用有哪些? 组建无线局域网的设备主要有哪些?

3. 在对等网中,除了文件与目录可以共享之外,其他资源是否也可以共享?

三、操作题

某大学一学生宿舍里有 4 台计算机、一台打印机、一根电信宽带。将这 4 台计算机连接起来组建一个局域网,请给出组网方案。要求 4 台计算机之间能共享软硬件资源、一起联机召开网络会议、聊天、发送消息,并且能共用一根电信宽带访问 Internet。

模块 5　配置交换机和路由器

　　计算机网络从简单的小型局域网到复杂的大型广域网,都是通过各式各样的网络设备连接的。网络设备是构建计算机网络的基础,在计算机网络中起着基本物理连接的作用。对于一名计算机网络学习者,相关网络的组网结构以及网络设备的性能参数,安装、调试和使用方法是必须掌握的知识和学会的技能,通过本项目的学习,还可以掌握常见网络设备的作用及基本配置方法。

▶▶▶ 项目目标

【知识目标】

(1) 掌握交换机的类型及技术参数;

(2) 掌握路由器的类型及技术参数。

【技能目标】

(1) 学会交换机的基本配置;

(2) 学会路由器的基本配置;

(3) 学会三层交换机的基本配置。

▶▶▶ 职业素养宝典

学会沟通

　　"救火,救火!"电话里传来急促而恐慌的声音。

　　"在哪里?"消防队接线员问。

　　"在我家!"

　　"我是说失火的地点在哪?"

　　"在厨房!"

　　"我知道,可是我们该怎样去你家?"

　　"你们不是有救火车嘛?"

我们发现：如何清晰表达是沟通的要点，使对方明白你要表达的核心内容非常重要。

启示：沟通无处不在，有效沟通是达成目标的绿色通道！

任务 5.1　配置交换机

5.1.1　任务介绍

通过前面的学习，我们了解到交换机是组建网络的重要部件，那么，交换机是如何接入到网络中的呢？如何才能登录到交换机查看它的基本信息并进行配置呢？通过本任务，将学习登录到交换机的方法，并进行交换机的一些基本配置。

● 文本

华为虚拟仿真
软件eNSP介绍

5.1.2　实施步骤

常见登录交换机，并进行配置的方式有 4 种：通过 Console 端口对交换机进行初始化，通过 Telnet 对交换机进行远程配置，通过 Web 浏览器对交换机进行远程配置和通过 Stelnet 对交换机进行远程配置。

提示

通过 Console 端口对交换机进行配置是最常用、最基本的配置和管理交换机的方式。因为其他配置方式需要借助于 IP 地址、域名或设备名称才可以实现，新购买的交换机并没有内置这些参数，所以必须在通过 Console 端口进行基本配置后才能进行其他方式的配置。

1. 通过 Console 端口对交换机进行初始化

新购买的交换机一般没有内置的 IP 地址等参数，不能直接利用 Telnet 或 Web 浏览器对其进行配置，必须通过 Console 端口对其进行初始化。具体步骤如下。

① 交换机上一般都有一个 Console 端口，专门用于对交换机配置管理，如图 5-1 所示。用专门线缆将交换机的 Console 端口连接到计算机的串行口，然

图 5-1　交换机 Console 端口

图 5-2 "Windows PowerShell"窗口

后开启计算机和交换机的电源。

② 在"开始"菜单中选择"Windows PowerShell"文件夹,打开"Windows PowerShell"程序,弹出如图 5-2 所示窗口。如果连接正常,输入"en"按回车键就可以对交换机进行配置了。

2. 通过 Telnet 对交换机进行远程配置

远程网络配置方式必须在通过 Console 端口进行基本配置之后才能进行。Telnet 协议是一种远程访问协议,可以用它登录到远程计算机、网络设备或专用 TCP/IP 网络。Windows 系列操作系统、UNIX、Linux 等操作系统中内置有 Telnet 客户端程序,可用它来实现与远程交换机的通信。

在使用 Telnet 连接至交换机前,应确认已经做好了以下工作:在用于管理的计算机中安装有 TCP/IP,并已经配置好 IP 地址;在被管理的交换机上已经配置好 IP 地址,如果尚未配置 IP 地址,则必须通过 Console 端口进行配置;在被管理的交换机上建立具有管理权限的用户账户。

通过 Telnet 登录交换机的操作步骤如下。

① 执行"开始"→"Window 系统"→"命令提示符",打开命令提示符窗口,在提示符后输入"telnet"和交换机的 IP 地址,登录至远程交换机,如图 5-3 所示。

图 5-3 远程登录交换机

图 5-4 远程登录到交换机

② 连接到交换机后,要求对用户进行密码认证,如图 5-4 所示,输入密码后按回车键,即可连接到远程交换机。

③ 通过 Telnet 连接到交换机后,就可以像在本地一样对交换机进行配置操作,如查询交换机的相关版本信息。

3. 通过 Web 浏览器对交换机进行远程配置

当利用 Console 端口为交换机配置好 IP 地址,并启用 HTTP 服务后,即可通过支持 Java 的 Web 浏览器访问交换机,修改交换机的各种参数,以及对交换机进行管理配置。

☞ HTTP 服务是什么服务?

 提示

在利用 Web 浏览器访问交换机前,应确认已经做好了以下工作:在用于管理的计算机中安装了 TCP/IP,并且在计算机和被管理的交换机上都已经配置好 IP 地址;在用于管理的计算机中安装有支持 Java 的 Web 浏览器;在被管理的交换机上建立拥有管理权限的用户账户和密码,被管理交换机的 IOS 支持 HTTP 服务。

图片

交换机参数设置

通过 Web 浏览器登录交换机的操作步骤如下。

① 首先把计算机连接在交换机的一个普通端口上,并运行 Web 浏览器,在浏览器的地址栏中输入被管理交换机的 IP 地址或为其指定的名称,按回车键。在"用户名"和"密码"中输入拥有管理权限的用户名和密码。

② 单击"确定"按钮,即可建立与被管理交换机的连接,在 Web 浏览器中会显示交换机的管理界面。

☞ 通过 Web 浏览器对交换机进行远程登录,有什么优点?

4. 通过 Stelnet 对交换机进行远程配置

和 Telnet 登录方式相同,用户不能通过 Stelnet 方式直接登录设备,需要先通过 Console 端口本地登录,并确保终端和需要登录的设备之间路由可达。

 提示

通过 Stelnet 连接至交换机前同样应确认好准备工作,具体要求可参考使用 Telnet 连接交换机的方法。

用户通过 Stelnet 登录设备采用如下的配置思路:

① PC 端已安装登录 SSH 服务器软件。

② 在 SSH 服务器端生成本地密钥对,实现在服务器端和客户端进行安全的数据交互。

③ 在 SSH 服务器端配置 SSH 用户 client001。

④ 在 SSH 服务器端开启 Stelnet 服务功能。

⑤ 在 SSH 服务器端配置 SSH 用户 client001 服务方式为 Stelnet。

⑥ 用户 client001 以 Stelnet 方式登录 SSH 服务器。

具体操作步骤如下：

① 在服务器端生成本地密钥对。

```
<HUAWEI> system - view
[HUAWEI] sysname SSH_Server
[SSH_Server] dsa local - key - pair create
    Info：The key name will be：HUAWEI_Host_DSA.
    Info：The key modulus can be any one of the following：1024，2048.
    Info：If the key modulus is greater than 512, it may take a few minutes.
    Please input the modulus [default = 2048]：
    Info：Generating keys...
    Info：Succeeded in creating the DSA host keys.
```

② 在服务器端创建 SSH 用户。

```
# 配置 VTY 用户界面：

[SSH_Server] user - interface vty 0 4
[SSH_Server - ui - vty0 - 4] authentication - mode aaa
[SSH_Server - ui - vty0 - 4] protocol inbound ssh
[SSH_Server - ui - vty0 - 4] quit
```

```
# 新建用户名为 client001 的 SSH 用户，且认证方式为 Password：
[SSH_Server] aaa
[SSH_Server - aaa] local - user client001 password irreversible - cipher Huawei@123
[SSH_Server - aaa] local - user client001 privilege level 3
[SSH_Server - aaa] local - user client001 service - type ssh
[SSH_Server - aaa] quit
[SSH_Server] ssh user client001 authentication - type password
```

③ SSH 服务器端开启 Stelnet 服务功能。

```
[SSH_Server] stelnet server enable
```

④ 配置 SSH 用户 client001 的服务方式为 Stelnet。

```
[SSH_Server] ssh user client001 service - type stelnet
```

⑤ 验证配置结果。

5. 交换机的命令视图及简单配置

交换机的管理方式基本分为两种：带内管理和带外管理。通过交换机的 Console 端口管理交换机属于带外管理，不占用交换机的网络接口，其特点是需要使用配置线缆，近距离配置。第一次配置交换机时必须利用 Console 端口进行配置。

交换机的命令视图主要包括用户视图、全局视图、端口视图、协议视图等几种。

① 用户视图　进入交换机后得到的第一个操作视图，该视图下可以简单查看交换机的软、硬件版本信息，并进行简单的测试。用户视图提示符为<Huawei>。

② 全局视图　属于用户视图的下一级视图，该视图下可以配置交换机的全局性参数（如主机名、登录信息等）。在该视图下可以进入下一级的配置视图，对交换机具体的功能进行配置。全局视图提示符为[Huawei]。

③ 端口视图　属于全局视图的下一级视图，该视图下可以对交换机的端口进行参数配置。端口视图提示符为[Huawei-Ethernet 0/0/1]，此处按端口所在带宽来具体命名。

表 5-1 列出了命令视图、如何访问每个视图、视图的提示符。这里假定交换机的名字为默认的 Huawei。

表 5-1　命令视图

视　图	提　示　符	启　动　方　式
用户视图	<Huawei>	开机自动进入
全局视图	[Huawei]	<Huawei>system-view
VLAN 视图	[Huawei-vlan10]	[Huawei]vlan 10
端口视图	[Huawei-Ethernet 0/0/1]	[Huawei]interface vlanif10 （以 VLAN10 的三层端口为例）

交换机通过 Quit 命令退回到上一级视图，通过 Ctrl + Z 命令能从任何视图直接返回用户视图。交换机命令行支持获取帮助信息、命令的简写、命令的自动补齐、快捷键功能。用户在配置交换机的过程中，如果有记不住的命令，或者拼写不正确的命令，都可以随时在命令提示符下输入问号(?)，即可列出该命令视图下支持的全部命令列表。用户也可以列出相同字母开头的命令关键字，或者每个命令的参数信息。当然用户也可以使用 Tab 键，自动补齐剩余命令单词。

<Huawei>?　　//列出用户视图下所有命令
<Huawei>s?　　//列出用户视图下所有以 s 开头的命令
<Huawei>display ?　　//列出用户视图下 display 命令后附带的参数
<Huawei>display cur　<Tab>　　//自动补齐 cur 后剩余字母
<Huawei>display current-configuration ?　　//列出该命令的下一个关联的关键字

只需输入命令关键字的一部分字符,只要这部分字符足够识别唯一的命令关键字。例如 display configuration 命令可以写成:

```
<Huawei>display cur    //显示配置文件
```

几乎所有命令都有 undo 选项。通常使用 undo 选项来取消某项功能,执行与命令本身相反的操作。例如,端口配置命令 undo shutdown 执行关闭接口命令 shutdown 的相反操作,即打开端口。

```
[Huawei-Vlanif1]undo shutdown   //此命令适用于原本被手动关闭,后续需管理员手动
开启的端口
```

注:华为设备的端口在设备上电后默认为 UP 状态,无需手动开启。

(1) 交换机命令视图的进入

```
<Huawei>system-view      //进入全局视图
[Huawei]
[Huawei]interface GigabitEthernet 0/0/1    //进入交换机端口视图
[Huawei-GigabitEthernet0/0/1]
[Huawei-GigabitEthernet0/0/1]quit        //退回到上一级操作视图
[Huawei]
[Huawei-GigabitEthernet0/0/1]ctrl+z      //直接退回到用户视图
<Huawei>
```

(2) 交换机设备名称的配置

```
<Huawei>system-view       //进入全局视图
[Huawei]
[Huawei]sysname switch   //配置交换机的设备名称为 swicth
[switch]
```

(3) 交换机每日提示信息的配置

```
[Huawei]header shell information "Have a nice Day"   //输入描述信息
```

(4) 交换机端口参数的配置

```
<Huawei>system-view      //进入全局视图
[Huawei]interface GigabitEthernet 0/0/1      //进入交换机端口视图
```

```
[Huawei-GigabitEthernet0/0/1]undo negotiation auto        //关闭端口
自协商模式
[Huawei-GigabitEthernet0/0/1]speed 100        //配置端口速率为
100M
[Huawei-GigabitEthernet0/0/1]duplex full        //配置端口的双工模式
为全双工
```

☞什么是全双工模式?

(5) 在交换机上新建 VLAN10

```
<Huawei>system-view        //进入全局视图
[switch]vlan 10                //新建 VLAN10
[switch-vlan10]
[switch-vlan10]description test    //添加 VLAN 描述"test"
[switch-vlan10]
[switch-vlan10]quit                //退回到上一级操作视图
[switch]
```

☞ VLAN 有什么作用?

5.1.3 相关知识

1. 交换机的连接方式

前面介绍过交换机,是一种基于 MAC 地址识别,完成封装转发数据包功能的网络设备。交换机的详细配置过程比较复杂,而且具体的配置方法会因交换机的品牌不同、系列不同而有所不同。交换机拥有一条很高带宽的背板总线和内部交换矩阵,所有的端口都挂接在这条背板总线上。控制电路收到数据包以后,处理端口会查找内存中的地址对照表(NIC)挂接在哪个端口上。通过内部交换矩阵迅速将数据包传送到目的端口,目的 MAC 若不存在,才广播所有的端口,接收端口回应后交换机会"学习"新的地址,并把它添加入内部 MAC 地址表中。

随着网络中接入主机数量的增加,常常需要多台交换机实现网络扩充。交换机的组网结构是指网络中多台交换机的连接模式,常见的连接模式包括级联、端口聚合、堆叠、分层等。

(1) 级联方式

级联方式是常用的一种组网方式,它通过交换机上的级联口进行连接,需要注意的是,交换机不能无限制级联,超过一定数量的交换机级联最终会引起广播风暴,导致网络性能严重下降。级联方式的结构如图 5-5 所示。

☞级联方式有什么缺点?

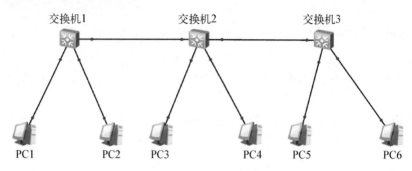

图 5－5　级联方式结构

（2）端口聚合方式

🕮端口聚合方式有什么优点?端口聚合是一种封装技术,它是一条点到点的链路,链路的两端可以都是交换机,也可以是交换机和路由器,还可以是主机和交换机或路由器。基于端口汇聚(trunk)功能,允许交换机与交换机、交换机与路由器、主机与交换机或路由器之间通过两个或多个端口并行连接同时传输以提供更高带宽、更大吞吐量,大幅度提供整个网络能力。此种方式相当于用多个端口同时进行级联,它提供了更高的互联带宽和线路冗余,使网络具有一定的可靠性。其结构如图 5－6 所示。

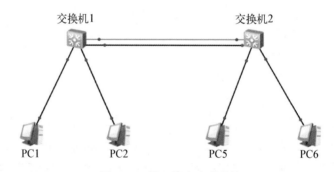

图 5－6　端口聚合方式结构

（3）堆叠方式

交换机的堆叠是扩展端口最快捷、最便利的方式,同时堆叠后的带宽是单一交换机端口速率的几十倍。但是,并不是所有的交换机都支持堆叠,这取决于交换机的品牌、型号;并且还需要使用专门的堆叠电缆和堆叠模块;最后还要注意,同一堆叠中的交换机必须是同一品牌。堆叠方式的结构如图 5－7 所示。

🕮堆叠方式一般要注意哪些事项?

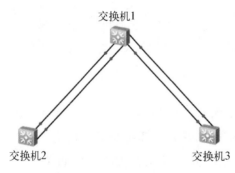

图 5－7　堆叠方式结构

（4）分层方式

这种方式一般应用于比较复杂的网络结构中，按照功能可划分为接入层、汇聚层、核心层。分层方式的结构如图 5-8 所示。

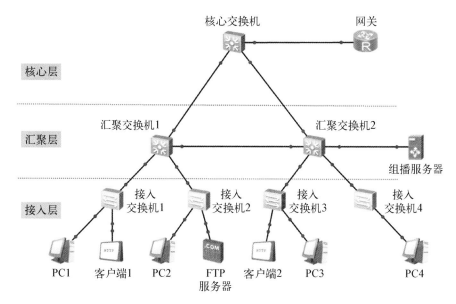

图 5-8 分层方式结构

2. 交换机的作用

交换机除了能够连接同种类型的网络之外，还可以在不同类型的网络（如以太网和快速以太网）之间起到互联作用。如今许多交换机都能够提供支持快速以太网或 FDDI（光纤分布数据接口）等高速连接端口，用于连接网络中的其他交换机或者为带宽占用量大的关键服务器提供附加带宽。

一般来说，交换机的每个端口都用来连接一个独立的网段，但是有时为了提供更快的接入速度，可以把一些重要的网络计算机直接连接到交换机的端口上。这样，网络的关键服务器和重要用户就拥有更快的接入速度，支持更大的信息流量。

最后简略地概括一下交换机的基本功能。

• 交换机提供了大量可供线缆连接的端口，这样可以采用星状拓扑布线。

• 当交换机转发帧时，交换机会重新产生一个不失真的方形电信号。

• 交换机在每个端口上都使用相同的转发或过滤逻辑。

• 交换机将局域网分为多个冲突域，每个冲突域都有独立的宽带，因此大大提高了局域网的带宽。

• 交换机能提供更先进的功能，如虚拟局域网（VLAN）并且具有更高的性能。

☞分层方式有什么优点？

☞交换机的主要作用是什么？

☞什么是虚拟局域网？

5.1.4 任务总结与知识回顾

```
                交换机的作用：物理编制、错误校验、帧序列、流量控制，支持虚拟局域网、链路汇聚的
                           作用
                            Console 端口登录：通过 Console 端口登录
                            远程登录：通过 Telnet 远程登录
                交换机的登录方式    Web 登录：通过 Web 浏览器登录
┌─────────┐            Stelnet 远程登录
│ ● 了解交换机 │            用户视图：提示符为＜Huawei＞
│ ● 登录交换机 │    交换机的命令视图  全局视图：提示符为［Huawei］
│ ● 配置交换机 │            端口视图：提示符为［Huawei-Ethernet 0/0/1］
└─────────┘            级联方式：会导致广播风暴
                            端口聚合方式：可以提高数据吞吐量、增大传输带宽
                交换机的连接模式    堆叠方式：提高端口传输速率
                            分层方式：应用于比较复杂的网络中
```

5.1.5 考核建议

考核评价表见表 5-2。

表 5-2 考核评价表

指标名称	指 标 内 容	考核方式	分值
工作任务的理解	是否了解工作任务、要实现的目标及要实现的功能	提问	10
工作任务功能实现	1. 能够使用不同方法登录到交换机 2. 能够进入交换机命令行操作视图 3. 能够给交换机配置设备名称及每日提示信息 4. 能够给交换机端口进行相关参数配置 5. 能够在交换机上创建 VLAN	抽查学生操作演示	30
理论知识的掌握	1. 交换机的命令视图 2. 交换机的连接模式 3. 交换机的主要作用	提问	30
文档资料	认真完成并及时上交实训报告	检查	20
其　他	保持良好的课堂纪律 保持机房卫生	班干部协助检查	10
总　　分			100

5.1.6 拓展提高

虚拟局域网技术

在局域网中，设备之间的通信可以有 3 种方式：单播、组播和广播。在广播通信中，局域网中的每台主机都会接收到广播帧。如果整个公司网络仅有一个广播域，会影响网络整体

的传输性能。网络内广播频率增加,网络传输效率会逐渐下降。因此在进行公司内部网络规划时,需要注意如何才能有效地分割广播,提高网络传输效率。虚拟局域网技术是解决网络内部广播,保证网络高效率、安全传输的关键技术。

VLAN(virtual local area network,虚拟局域网)是在一个物理网段内,进行逻辑划分,划分成若干个虚拟局域网。VLAN 最大的特性是不受物理位置的限制,可以进行灵活划分。VLAN 具备了一个物理网段所具备的特性。相同 VLAN 内的主机可以互相直接访问,不同 VLAN 间的主机之间互相访问必须经由路由设备进行转发。广播数据包只可以在本 VLAN 内进行传播,不能传输到其他 VLAN 中。

目前定义 VLAN 的方法很多,基于端口 VLAN 是划分虚拟局域网最简单和最有效的方法,网络管理员只需要把交换机端口划分成不同端口集合(这些端口被指定为相同 VLAN ID),就可以管理和配置交换机,而不管交换机端口连接什么设备。如图 5-9 所示,VLAN 从逻辑上把一个局域网按照交换机的端口划分成两个虚拟局域网,相应的终端系统划分为各自独立子网。

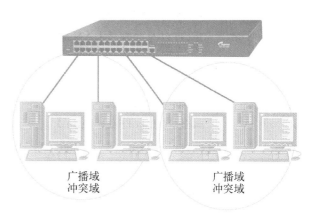

图 5-9 基于端口 VLAN 示例

如果在二层交换机上按照端口方式来划分 VLAN,需要在交换机上新建一个 VLAN,然后把指定的端口划分到新建的 VLAN 中,缺省情况下,华为 X7 系列交换机所有端口的 VLAN ID 均为 1。

(1)在交换机上新建 VLAN3

```
<Huawei>system-view     //进入全局视图
[switch]vlan 3          //新建 VLAN3
[switch-vlan3]
[switch-vlan3]description test   //添加 VLAN 描述"test"
[switch-vlan3]quit              //退回到上一级操作视图
```

(2)将交换机 G0/0/9 端口指定到 VLAN3

```
<Huawei>system-view     //进入全局视图
[Huawei]interface GigabitEthernet 0/0/9   //进入交换机端口视图
[switch-GigabitEthernet0/0/9]port link-type access //配置端口下的链路类型为
access 链路
```

```
[switch - GigabitEthernet0/0/9]port default vlan 3    //把该端口分配
到 VLAN3 中
[switch - vlan3]quit                      //退回到上一级操作视图
[switch]display vlan                      //查看 VLAN 配置信息
```

 提 示

华为交换机端口的默认模式为 hybrid,交换机默认的 VLAN 为 VLAN1,因此 VLAN1 也是一台交换机,默认管理 VLAN,但也可以改变,可以为管理 VLAN 配置交换机的管理地址。

☞某局域网中有 10 台主机,如何通过划分 VLAN 的方式使得 10 台主机之间均不能互相通信(10 台主机的 IP 地址处于同一网段)?

```
<Huawei>system - view       //进入全局视图
[switch]interface vlan 1      //打开交换机管理 VLAN1
[switch - vlanif1]ip address 192.168.1.1 255.255.255.0
                              //配置交换机管理地址
[switch - vlanif1]quit        //退回到上一级操作视图
```

任务 5.2 **配置路由器**

5.2.1 任务介绍

路由器是一种连接多个网络或网段的网络设备,它能将不同网络或网段之间的数据信息进行"翻译",以使它们能够相互"读"懂对方的数据,从而构成一个更大的网络。新购买的路由器必须经过配置才可以使用,那么如何才能登录到路由器进行配置?又如何配置路由器的基本信息呢?通过对本任务的学习,使学生掌握路由器的几种配置方式,以及学会如何对路由器基本信息进行配置。

5.2.2 实施步骤

1. 路由器的登录方法

常见的登录到路由器的方式有 3 种:控制台、Telnet 远程登录、利用 Web 浏览器登录。

通过控制台对路由器进行配置是最常用、最基本的配置和管理路由器的方式。因为 Telnet 远程登录和利用 Web 浏览器登录的配置方式需要设置路由器的管理 IP、设备名称才可以实现,新购买的路由器并没有这些内置参数,所以这两种配置方式必须在通过 Console 端口进行基本配置后才能进行。

如何登录到
路由器?

(1)通过控制台登录路由器

① 硬件连接:把 Console 线的一端连接在计算机的串行口上,另一端连接在路由器的 Console 端口上,如图 5-10 所示。

图 5-10 路由器配置连接

Console 线在购置网络设备时会提供,它是一条反转线,也可以用双绞线进行制作。不要把反转线连接在网络设备的其他接口上,这有可能导致设备损坏。

② 在"开始"菜单中选择"Windows PowerShell"文件夹,打开 Windows PowerShell 程序,就可以对网络设备进行配置了。

(2)通过 Telnet 登录路由器

和交换机一样,远程网络配置方式必须在通过 Console 端口进行基本配置之后才能进行。

在使用 Telnet 连接至路由器前,应确认已经做好了以下工作:路由器已经配置了 IP 地址、远程登录密码和特权密码;网络设备已经连入网络工作;计算机连入了网络,并且可以和网络设备通信。

通过 Telnet 登录路由器的操作步骤如下。

执行"开始"→"所有程序"→"附件"→"运行"命令,在"打开"文本框中输入"cmd"命令,打开命令提示符窗口,在提示符后输入"telnet"和路由器的 IP 地址,登录至远程路由器,输入登录密码就可以进入网络设备的命令配置模式。

(3)通过 Web 浏览器登录路由器

有些种类的路由器支持 Web 登录方式,可以在计算机上用浏览器访问路由器并配置,其登录方式和交换机使用 Web 浏览器登录方式一样。Web 配置方式具有较好的直观性,用它可观察到设备的连接情况。

2. 路由器的命令视图及基本配置

(1) 路由器的命令视图

📖路由器的命令视图和交换机的命令视图有什么区别?

路由器有两大典型功能,即数据通道功能和控制功能。数据通道功能包括转发决定、背板转发以及输出链路调度等,一般由特定的硬件来完成;控制功能一般用软件来实现,包括与相邻路由器之间的信息交换、系统配置、系统管理等。路由器的命令视图主要包括用户视图、全局视图、端口视图等几种。

① 用户视图　进入路由器后得到的第一个操作视图,该视图下可以简单查看路由器的软、硬件版本信息,并进行简单的测试。用户视图提示符为<Huawei>。

② 全局视图　属于用户的下一级视图,该视图下可以配置路由器的全局性参数(如主机名、登录信息等)。在该视图下可以进入下一级的配置视图,对路由器具体的功能进行配置。全局视图提示符为[Huawei]。

③ 端口视图　属于全局视图的下一级视图,该视图下可以对路由器的端口进行参数配置。

④ 其他配置视图。常见的几种命令视图如表5-3所示。

表5-3　常见的几种命令视图

视　图	提　示　符	启　动　方　式
用户视图	<Huawei>	开机自动进入
全局视图	[Huawei]	<Huawei>system-view
端口视图	[Huawei-GigabitEthernet0/0/1]	[Huawei]interface GigabitEthernet 0/0/1
路由配置视图	[Huawei-ospf-1]	[Huawei]ospf 1 router-id 1.1.1.1

(2) 配置路由器的基本设备信息

交换机一接电就能开始工作,实现所连接网络的连通。和交换机工作模式不同的是,路由器设备必须经过配置以后才能开始工作,需要赋予路由器设备的初始所连接网络端口地址。具体配置如下。

📖如何查看刚买来的路由器的相关信息?

① 配置路由器设备名称

```
<Huawei>
<Huawei>system-view    //进入全局视图
[Huawei]sysname Router    //把设备的名称修改为Router
[Router]
```

② 显示相关信息

[Router]display version   //查看版本信息
[Router]display current – configuration   //查看当前运行配置
[Router]display saved – configuration   //查看保存的配置文件
[Router]display interface brief   //查看端口信息
[Router]display ip routing – table   //查看路由信息
<Router>save   //保存当前配置到内存
The current configuration will be written to the device.
Are you sure to continue? [Y/N]y   //选择 Y,即为确定

☞路由器也有内存吗? 能存储什么数据?

③ 配置路由器端口参数

<Huawei>system – view   //进入全局视图
[Huawei]sysname Router   //把设备的名称修改为 Router
[Router]interface Serial 0/0/1
[Router – Serial0/0/1]ip address 1.1.1.2 255.255.255.0
[Router – Serial4/0/0]virtualbaudrate 9600
                                                     //配置端口的传输速率为 9600kbps

☞为什么要给路由器端口配置时钟频率?

④ 配置路由器密码命令

[Router]user – interface vty 0 4   //进入用户 vty 接口
[Router – ui – vty0 – 4]authentication – mode password   //配置认证模式
Please configure the login password (maximum length 16):huawei@123
                                                     //配置登录密码
[Router – ui – vty0 – 4]ctrl + z   //直接退回到用户视图
<Router>save   //保存配置
The current configuration will be written to the device.
Are you sure to continue? [Y/N]y   //选择 Y 表示确认

⑤ 配置路由器端口地址

<Huawei>system – view
[Huawei]sysname Router
[Router]interface Ethernet 0/0/1   //进入路由器 E0/0/1 端口

☞如何给路由器配置端口地址?

```
[Router-Ethernet0/0/1]ip address 192.168.1.1 255.255.255.0
                                        //配置端口地址
[Router]interface Serial 0/0/2          //进入路由器 s0/0/2 端口
[Router-Serial0/0/2]ip address 2.2.2.1 255.255.255.0
                                        //配置端口地址
[Router-Serial0/0/2]ctrl+z              //直接退回到用户视图
<Router>
```

提示

　　路由器设备加电激活后,需要通过配置计算机连接到路由器,为所有端口配置所在网络的端口地址。路由器的每个端口都必须单独占用一个网段,路由器经过配置地址信息后,将能够自动激活端口 IP 所在网段的直连路由信息,从而实现网段之间的连接。

5.2.3　相关知识

1. 路由器的主要功能

　　了解路由器首先要知道什么是路由。所谓"路由",是指把数据从一个地方传送到另一个地方的行为和动作。路由器(router)正是执行这种行为动作的机器,它连接多个网络或网段的网络设备,能"翻译"不同网络或网段之间的数据信息,以使它们能够相互"读懂"对方的数据,从而构成一个更大的网络。路由器是互联网络的枢纽、"交通警察"。目前路由器已经广泛应用于各行各业,各种不同档次的产品已成为实现各种骨干网内部连接、骨干网间互联和骨干网与互联网互联互通业务的主力军。简单地讲,路由器主要有以下几种功能。

☞"路由"到底是怎么回事?

　　● 网络互联。路由器支持各种局域网和广域网接口,主要用于互联局域网和广域网,实现不同网络互相通信。

☞路由器也可以进行数据流量控制吗?

　　● 数据处理。提供包括分组过滤、分组转发、优先级、复用、加密、压缩和防火墙等功能。

　　● 网络管理。路由器提供包括配置管理、性能管理、容错管理和流量控制等功能。

2. 路由器 CLI 命令的特点

☞路由器的命令区分大小写吗?

　　① 可以使用简写。命令中的每个单词只需要输入前几个字母。要求输入的字母个数足够与其他命令相区分即可。例如,configure terminal 命令可简写为 conf t。

　　② 用 Tab 键可简化命令的输入。如果不喜欢简写的命令,可以用 Tab 键

输入单词的剩余部分。例如,输入 conf(Tab) t(Tab) 命令可得到 configure terminal。

③ 可以调出历史来简化命令的输入。历史是指曾经输入过的命令,可以用"↑"键和"↓"键翻出历史命令,再回车就可执行此命令。

④ 编辑快捷键:Ctrl+A——光标移到行首。

⑤ 用"?"可帮助输入命令和参数。

5.2.4 任务总结与知识回顾

5.2.5 考核建议

考核评价表见表 5-4。

表 5-4 考核评价表

指标名称	指 标 内 容	考核方式	分值
工作任务的理解	是否了解工作任务、要实现的目标及要实现的功能	提问	10
工作任务功能实现	1. 能够使用不同方法登录到路由器 2. 能够进入路由器命令行操作视图 3. 能够给路由器配置设备名称及密码 4. 能够给路由器端口进行相关参数配置 5. 能够配置路由器接口地址	抽查学生操作演示	30
理论知识的掌握	1. 路由器的命令视图 2. 路由器的连接方式 3. 路由器的主要功能	提问	30
文档资料	认真完成并及时上交实训报告	检查	20
其 他	保持良好的课堂纪律 保持机房卫生	班干部协助检查	10
总 分			100

5.2.6 拓展提高

路由器的其他配置

1. 查看路由器配置文件

命令视图：用户视图。

查看运行配置文件：

```
<Router>display current-configuration
```

查看启动配置文件：

```
<Router>display startup
```

2. 保存路由器配置文件

保存配置文件就是把 current-config 保存为 saved-config。

命令视图：用户视图。

```
<Router>save
The current configuration will be written to the device.
Are you sure to continue? [Y/N] y
```

3. 删除路由器配置文件

删除配置文件就是把 NVRAM 中的 startup-config 删除。

命令视图：特权配置视图。

```
<Router>delete /unreserved flash:/huawei.txt
```

提示

huawei.txt 是配置文件在 NVRAM 中的文件名，它被删除后，再重启设备时会自动进入 setup 配置模式。有些设备没有 setup 配置模式，它在没有配置文件时会自动按照默认值启动。

任务5.3 配置三层交换机

5.3.1 任务介绍

在一般的二层交换机组成的网络中，VLAN 实现了网络流量的分隔，不同的 VLAN 间是不能相互通信的。如果要实现 VLAN 间的通信就必须要借助路由来实现。一种方法是利用路由器,另一种则是借助具有三层功能的交换机。通过本任务的学习,可以了解三层交换机的主要功能,以及学会其相关配置。如图 5 - 11 所示,PC2 与 PC3 属于不同 VLAN,现在要求进行相关配置,使 PC2 与 PC3 能够相互通信。

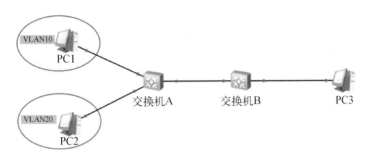

图 5 - 11　配置三层交换机拓扑结构

☞三层交换机
和二层交换机
有什么区别?

5.3.2　实施步骤

① 在 switchA 上创建 VLAN10,并将 G0/0/1 端口划分到 VLAN10 中。

```
<Huawei>system - view          //进入系统配置模式
[Huawei]sysname switchA         //修改交换机名称为 switchA
[switchA]vlan 10         //创建 VLAN10
[switchA - vlan10]quit    //退回到上一视图
[switchA]interface GigabitEthernet 0/0/1    //进入端口视图
[switchA - GigabitEthernet0/0/1]port link - type access    //将端口
链路类型改为 access
[switchA - GigabitEthernet0/0/1]port default vlan 10
                              //将 G0/0/1 划分进 VLAN10
```

② 在 switchA 上创建 VLAN20,并将 G0/0/2 端口划分到 VLAN20 中。

```
<Huawei>system - view          //进入系统配置模式
[switchA]vlan 20          //创建 VLAN20
[switchA - vlan20]quit      //退回到上一视图
[switchA]interface GigabitEthernet 0/0/2       //进入端口视图
[switchA - GigabitEthernet0/0/2]port link - type access    //将端口
链路类型改为 access
```

[switchA - GigabitEthernet0/0/2]port default vlan 20
//将 G0/0/2 划分进 VLAN20

③ 在 switchA 上将与 switchB 相连的 3 端口定义为 tag VLAN 模式。

☞为什么要把
3 端口定义为
tag VLAN 模式?

[switchA]interface GigabitEthernet0/0/3   //进入端口视图
[switchA - GigabitEthernet0/0/3]port link - type trunk   //将端口的
链路类型配置为 trunk 模式
[switchA - GigabitEthernet0/0/3]port trunk allow - pass vlan 20
//在 G0/0/3 端口配置允许通过列表,并允许 VLAN20 通过该端口

④ 在 switchB 上创建 VLAN10,并将 G0/0/5 端口划分到 VLAN10 中。

<Huawei>system - view   //进入全局视图
[Huawei]sysname switchB   //修改交换机名称为 switchB
[switchB]vlan 10   //创建 VLAN10
[switchB - vlan10]description sales   //配置 VLAN 描述信息
[switchB]interface GigabitEthernet 0/0/5   //进入端口配置模式
[switchB - GigabitEthernet0/0/5]port link - type access
//将端口链路类型改为 access
[switchB - GigabitEthernet0/0/5]port default vlan 10
//将 G0/0/5 划分进 VLAN10

⑤ 在 switchB 上将与 switchA 相连的 3 端口定义为 tag VLAN 模式。

[switchB]interface GigabitEthernet 0/0/3   //进入端口配置模式
[switchB - GigabitEthernet0/0/3]port link - type trunk
//将端口的链路类型配置为 trunk 模式
[switchB - GigabitEthernet0/0/3]port trunk allow - pass vlan 20
//在 G0/0/3 端口配置允许通过列表,并允许 VLAN20 通过该端口

⑥ 设置三层交换机 VLAN 间的通信。

☞如何实现
三层交换机
VLAN 间的
通信?

[switch]interface vlan 10   //创建虚拟端口 VLAN10
[switch - vlanif10]ip address 192.168.10.254 255.255.255.0
[switch - vlanif10]quit
[switch]interface vlan 20   //创建虚拟端口 VLAN20

```
[switch-vlanif20]ip address 192.168.20.254 255.255.255.0
[switch-vlanif20]quit
```

⑦ 将 PC1 和 PC3 的默认网关设置为 192.168.10.254，IP 地址为 192.168.10.x，将 PC2 的默认网关设置为 192.168.20.254，IP 地址为 192.168.20.x.，最后使用 ping 命令进行测试。

5.3.3 相关知识

三层交换机的特点

出于安全和管理方便的考虑，主要是为了减小广播风暴的危害，必须把大型局域网按功能或地域等因素划成一个个小的局域网，这就使 VLAN 技术在网络中得以大量应用，而各个不同 VLAN 间的通信都要经过路由器来完成转发。随着网间互访的不断增加，单纯使用路由器来实现网间访问，不但端口数量有限，而且路由速度较慢，从而限制了网络的规模和访问速度。基于这种情况，三层交换机便应运而生，三层交换机从本质上讲就是带有路由功能（三层）的交换机。第三层交换机就是将第二层交换机和第三层路由器两者的优势有机而智能化地结合起来，可在各个层次提供限速功能。这种集成化的结构还引进了策略管理属性，不仅使第二层和第三层关联起来，而且还提供了流量优化处理、安全访问机制以及其他多种功能。

在一台三层交换机内，分别设置了交换模块和路由模块，内置的路由模块与交换模块类似，也使用了 ASIC（专用集成电路）硬件处理路由。因此，与传统的路由器相比，可以实现高速路由。而且路由与交换模块是汇聚链接的，由于是内部连接，可以确保相当大的带宽。可以利用三层交换机的路由功能来实现 VLAN 间的通信。

总的来说，第三层交换具有以下突出特点：

- 有机的硬件结合使得数据交换加速；
- 优化的路由软件使得路由过程效率提高；
- 除了必要的路由决定过程外，大部分数据转发过程由第二层交换机处理。

除了上面的特点之外，三层交换机还具有一些传统的二层交换机没有的特性，这些特性可以给校园网和教育网的建设带来许多好处，列举如下。

高可扩充性 三层交换机在连接多个子网时，子网只是与第三层交换模块建立逻辑连接，不像传统外接路由器那样需要增加端口，从而保护了用户对校园网、城域教育网的投资。

高性价比 三层交换机具有连接大型网络的能力，功能基本上可以取代某些传统路由器，但是价格却接近二层交换机。

☞三层交换机有什么突出的特点？

● 互动练习

配置三层交换机自测

内置安全机制　三层交换机可以与普通路由器一样,具有访问列表的功能,如果在访问列表中进行设置,可以限制用户访问特定的 IP 地址,这样学校就可以禁止学生访问不健康的站点。

适合多媒体传输　教育网经常需要传输多媒体信息,这是教育网的一个特色。三层交换机具有 QoS(服务质量)的控制功能,可以给不同的应用程序分配不同的带宽。

计费功能　可以按流量计费,也可以按时间进行计费。

5.3.4　任务总结与知识回顾

- 了解三层交换机的主要作用
- 了解三层交换机的优势特性
- 配置三层交换机

主要优势特性
- 高可扩充性:可建立逻辑连接
- 高性价比:路由交换,性能优良,价格便宜
- 内置安全机制:具有访问控制列表的功能
- 适合多媒体传输:可分配带宽
- 计费功能:可按时间,流量计费

案例基本配置
- 设备连接:按照拓扑图进行设备连接
- VLAN 基本配置:创建 VLAN 并将端口划分到 VLAN
- 端口相关配置:创建虚拟端口并开启路由功能
- 测试配置结果:测试 PC 之间互通

5.3.5　考核建议

考核评价表见表 5-5。

表 5-5　考核评价表

指标名称	指　标　内　容	考核方式	分值
工作任务的理解	是否了解工作任务、要实现的目标及要实现的功能	提问	10
工作任务功能实现	1. 能够进入三层交换机端口配置模式 2. 学会将端口划分到 VLAN 3. 能够开启三层交换机路由功能 4. 能够在三层交换机上创建虚拟端口 5. 能够在三层交换机上给管理端口配置 IP 地址	抽查学生操作演示	30
理论知识的掌握	1. 三层交换机的特点 2. 三层交换机在校园网中的优点 3. 三层交换机的主要作用	提问	30
文档资料	认真完成并及时上交实训报告	检查	20
其　他	保持良好的课堂纪律 保持机房卫生	班干部协助检查	10
总　　分			100

5.3.6 拓展提高

三层交换机的其他配置

三层交换机本质上仍然是一台交换机设备,因此在默认状态下,其所有的连接端口和其他交换机一样,都还是交换 access 口。如果需要在三层交换机上启动其路由功能,就需要把三层交换机的交换端口转换为路由端口。三层交换机上开启端口的路由功能的配置命令如下:

```
<Huawei>system-view                //进入全局视图
[Huawei]sysname switch             //修改交换机名称为 switch
[switch-GigabitEthernet0/0/1]undo portswitch   //开启三层交换机路由功能
[switch-GigabitEthernet0/0/1]ctrl+z    //直接退回到用户视图
```

三层交换机的交换端口转换为路由端口后,就可以为一个 IP 子网提供网关端口,可以为其配置管理地址。配置命令如下:

```
<Huawei>system-view                //进入全局视图
[Huawei]sysname switch             //修改交换机名称为 switch
[switch]interface GigabitEthernet 0/0/1
[switch-GigabitEthernet0/0/1]ip address 192.168.1.1 255.255.255.0
[switch-GigabitEthernet0/0/1]ctrl+z    //直接退回到用户视图
```

把三层交换机路由端口还原为交换端口,关闭路由功能,则可以执行下面的命令:

```
<Huawei>system-view                //进入全局视图
[Huawei]sysname switch             //修改交换机名称为 switch
[switch]interface GigabitEthernet 0/0/1
[switch-GigabitEthernet0/0/1]portswitch
```

任务 5.4 配置静态路由信息

5.4.1 任务介绍

按照路由是否可变,可以把路由方式分为静态路由和动态路由两种。静态路由是在路由器中设置固定的路由表,除非网络管理员干预,否则静态路由不会发生变化。静态路由的优点是路由器的 CPU 没有管理开销,在路由器之间没有带宽占用,提高了安全性;缺点是网络管理员必须正确地了解所配置的网络，以及要知道每台路由器如何正确连接，从而正确地配置这些路由器。那么网络管理员如何手工添加路由表信息呢？通过本任务的学习可以掌握如何进行静态路由配置。如图 5 - 12 所示，计算机 PC1 通过一台路由器连接到另一台路由器上，现要在路由器上做适当的配置，实现 PC1 与 PC2 的相互通信。

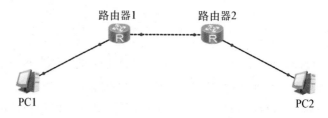

图 5 - 12　静态路由信息配置拓扑结构图

5.4.2　实施步骤

（1）按照拓扑图连接设备。

（2）配置路由器 Router1 的基本信息。

```
<Huawei>system - view                       //进入全局视图
[Huawei]sysname Router                       //把设备的名称修改为 Router
[Router]interface GigabitEthernet 0/0/1      //进入 G0/0/1 端口模式
[Router - GigabitEthernet0/0/1]ip address 172.16.1.1 255.255.255.0
                                             //配置端口地址
[Router]interface Serial 0/0/1               //进入 S0/0/1 端口模式
[Router - Serial0/0/1]ip address 172.16.21.1 255.255.255.0
                                             //配置端口地址
[Router]ip route - static 172.16.2.0 255.255.255.0 172.16.21.2
                                        //配置到达目的网段 172.16.2.0 网段
的静态路由，下一跳地址为 172.16.21.2
```

（3）配置路由器 Router2 的直连路由信息（此处配置格式同上，要注意接口对应的 IP 地址需修改）。

```
<Huawei>system - view                       //进入全局视图
[Huawei]sysname Router                       //把设备的名称修改为 Router
[Router]interface GigabitEthernet 0/0/1      //进入 G0/0/1 端口模式
```

〔Router‒GigabitEthernet0/0/1〕ip address 172.16.2.1 255.255.255.0
　　　　　　　　　　　　　　　　　　　　//配置端口地址

〔Router〕interface Serial 0/0/1　　　　　　//进入 S0/0/1 端口模式

〔Router‒Serial0/0/1〕ip address 172.16.21.2 255.255.255.0
　　　　　　　　　　　　　　　　　　　　//配置端口地址

〔Router〕ip route‒static 172.16.1.0 255.255.255.0 172.16.21.1
　　　　　　　　　　　　　　　//配置到达目的网段 172.16.1.0 网段
的静态路由,下一跳地址为 172.16.21.1

（4）在两台路由器上验证配置生效的结果。

使用 display ip routing-table 命令可以完成,以 Router1 路由器查看结果
为例：

如何查看路由器的配置信息?

〔Router〕display ip routing‒table　　//查看 Router 设备生成的路由表
信息

（5）测试网络连通性。

配置 PC1 的地址：172.16.1.100/24,网关：172.16.1.1。

配置 PC2 的地址：172.16.2.100/24,网关：172.16.2.1。

使用 ping 命令,测试网络连通性,PC1 和 PC2 能进行通信。

●→互动练习

配置静态
路由自测

提示

　　静态路由的一种特殊情况是默认路由,配置默认路由的目的是当所
有已知路由信息都查不到数据包如何转发时,路由器按默认路由的信息
进行转发。路由器如果配置了默认路由,则所有未明确指明目标网络的
数据包都按默认路由进行转发。

5.4.3　相关知识

路由表的产生方式

路由器是一种连接多个不同网络或子网段的网络互联设备。路由器中的
"路由"是指在相互连接的多个网络中,信息从源网络移动到目标网络的活动。
一般来说,数据包在路由过程中至少经过一个以上的中间节点设备。路由器
为经过其上的每个数据包寻找一条最佳传输路径,以保证该数据有效、快速地
传送到目的计算机。

为了完成这项工作,路由器保存着各种传输路径的地址信息表,俗称路由

表(routing table),供数据包路由时选择。路由表中保存着到达各子网的标识信息:路由标识、获得路由方式、目标网络、转发路由器地址和经过路由器的个数等内容。

路由器是根据路由表进行选路和转发的。而路由表就是由一条条的路由信息组成。路由表的产生方式一般有3种。

① 直连路由 给路由器端口配置一个 IP 地址,路由器自动产生本端口 IP 所在网段的路由信息。

② 静态路由 静态路由在拓扑结构简单的网络中,网络管理员通过手工的方式配置本路由器未知网段的路由信息,从而实现不同网段之间的连接。

③ 动态路由 通过动态路由协议学习产生的路由信息。在大规模的网络中,或网络拓扑相对复杂的情况下,通过在路由器上运行动态路由协议,路由器之间互相自动学习产生路由信息。

特别是静态路由技术,是通过网络管理人员,通过手工的方式在路由器中设置固定的路由表信息。除非网络管理员干预,否则静态路由不会发生变化。由于静态路由不能对网络的改变做出反应,一般用于网络规模不大、拓扑结构固定的网络中。静态路由的优点是简单、高效、可靠。在所有的路由中,直连路由优先级最高。

静态路由描述转发路径的方式有两种:指向本地端口(即从本地某端口发出)或者指向下一跳路由器直连端口的 IP 地址。配置静态路由用命令 ip route-static,系统视图下其命令格式如下:

```
ip route - static[目的网段][子网掩码][下一跳 IP 地址/对端端口编号]
```

注意:只有在 PPP/HDLC 链路中,下一跳的位置才能指定对端端口编号,而以太网链路下一跳的位置只能指定对端端口的 IP 地址。

5.4.4 任务总结与知识回顾

5.4.5 考核建议

考核评价表见表 5-6。

表 5-6　考核评价表

指标名称	指 标 内 容	考核方式	分值
工作任务的理解	是否了解工作任务、要实现的目标及要实现的功能	提问	10
工作任务功能实现	1. 能够进入路由器端口模式 2. 能够配置路由器端口地址 3. 学会配置静态路由信息 4. 学会查看路由表信息	抽查学生操作演示	30
理论知识的掌握	1. 路由表的作用 2. 路由表的产生方式 3. 静态路由的原理	提问	30
文档资料	认真完成并及时上交实训报告	检查	20
其 他	保持良好的课堂纪律 保持机房卫生	班干部协助检查	10
总　　分			100

5.4.6　拓展提高

常见路由协议简介

路由协议通过在路由器之间共享路由信息来支持可路由协议。路由信息在相邻路由器之间传递,确保所有路由器知道到其他路由器的路径。总之,路由协议创建了路由表,描述了网络拓扑结构;路由协议与路由器协同工作,执行路由选择和数据包转发功能。

根据路由算法,动态路由协议可分为距离向量路由协议和链路状态路由协议。距离向量路由协议基于 Bellman-Ford 算法,主要有 RIP、IGRP(IGRP 为 Cisco 公司的私有协议);链路状态路由协议基于图论中非常著名的 SPF 算法,即最短优先路径(shortest path first,SPF)算法,如 OSPF。根据路由器在自治系统(AS)中的位置,可将路由协议分为内部网关协议(IGP)和外部网关协议(EGP,也叫域间路由协议)。域间路由协议有两种:外部网关协议(EGP)和边界网关协议(BGP)。

(1) 路由信息协议(RIP)

路由信息协议(routing information protocol,RIP)是一种使用最广泛的内部网关协议(IGP),属于应用层协议,并使用 UDP 作为传输协议。路由信息协议的特点如下:

- "传闻式"路由,易产生环路。
- 以"跳楼"作为度量值,限制网络规模。
- 大型网络中,目前已逐渐被 OSPF 协议取代。
- 适用于小型网络,容易配置。

互动练习
RIP自测

（2）内部网关协议（IGP）

内部网关协议（interior gateway protocol，IGP）是一种专用于一个自治网络系统（比如某个当地社区范围内的一个自治网络系统）中网关间交换数据流转通道信息的协议。目前的 IGP 有 RIP、OSPF、IS－IS 等协议。

（3）内部网关路由协议/增强型内部网关路由选择协议（IGRP/EIGRP）

内部网关路由协议是在 20 世纪 80 年代中期开发的 Cisco 专有协议，帮助克服计算跳数的单一衡量标准等路由选择信息协议的缺陷。内部网关路由协议具有稳定的功能，还包括影响路由选择的机制和不等价均分负载。IGRP/EIGRP 的衡量标准有带宽、中继、可靠性、负载以及 MTU（信息传送单元）。

（4）开放式最短路径优先协议（OSPF）

►互动练习
OSPF自测

开放式最短路径优先协议（OSPF）协议是以互联网工程任务组为支持、以庞大的异构网络开发的 SPF 算法为基础的一种链路状态的内部网关协议（IGP）。链路状态通告（LSA）要发给所有的设备，从而引起路由器的大量通信。然后，OSPF 就开始高效率地工作了。这个协议使用了三个不同的数据库表记录邻居、链路状态和路由。

（5）边界网关协议（BGP）

边界网关协议（BGP）是运行于 TCP 上的一种自治系统的路由协议。BGP 是唯一一个用来处理像 Internet 大小的网络协议，也是唯一能够妥善处理好不相关路由域间的多路连接的协议。BGP 系统的主要功能是和其他的 BGP 系统交换网络可达信息，网络可达信息包括列出的自治系统（AS）的信息，这些信息有效地构造了 AS 互联的拓扑图并由此清除了路由环路，同时在 AS 级别上可实施策略决策。

习题

一、选择题

1. 在（　　）模式下可以对交换机的配置文件进行管理，查看交换机的配置信息，进行网络的测试和调试等。

   A. 用户视图　　　　　　　　　　B. 协议视图

   C. 全局视图　　　　　　　　　　D. 端口视图

2. （　　）方式具有高带宽、大吞吐量，可以大幅度提供整个网络能力，而且提供了更高的互联带宽和线路冗余，使网络具有一定的可靠性。

   A. 级联方式　　　　　　　　　　B. 端口聚合方式

   C. 堆叠方式　　　　　　　　　　D. 分层方式

3. 查看路由器版本及引导信息使用的命令是(　　　)。

    A. display version   B. display running-config

    C. display startup-config   D. display ip interface brief

4. 使用(　　)命令可以查看路由器生成的路由表信息。

    A. display ip routing-table   B. display version

    C. display startup-config   D. display running-config

5. 在大规模的网络中或网络拓扑相对复杂的情况下,通过在路由器上运行(　　　)协议,路由器之间互相自动学习产生路由信息。

    A. 直连路由   B. 静态路由   C. 动态路由   D. 三层交换

二、简答题

1. 一般配置和访问交换机的方式有哪几种?

2. 什么是 VLAN? LAN 中定义 VLAN 有什么好处?

3. 三层交换机与二层交换机的主要区别是什么?

三、操作题

    按下面拓扑图所示,在路由器上进行静态路由配置,使 PC1、PC2、PC3 能够相互通信。

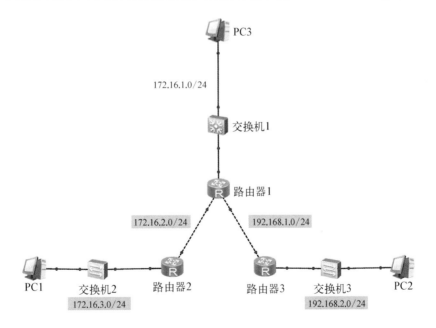

模块 6 安装配置常用网络服务

建设计算机网络的最终目标就是能够为用户提供丰富多彩的网络服务。本模块将在前面已经搭建好的计算机网络的基础上，进行基于 Windows Server 2019 的网络基本设置，然后介绍各种常见网络服务，包括活动目录、DHCP、Web 和 E-mail 等。

▶▶▶ 项目目标

【知识目标】

(1) 掌握活动目录的概念及功能；

(2) 掌握各种网络服务的功能。

【技能目标】

(1) 能熟练安装和管理活动目录；

(2) 能熟练配置 DHCP 服务器；

(3) 能熟练安装配置 Web 服务器；

(4) 能熟练安装配置 E-mail 服务器。

▶▶▶ 职业素养宝典

团队协作

女排精神是中国女子排球队顽强战斗、勇敢拼搏精神的总概括。女排姑娘们在世界排球比赛中，凭着顽强战斗、勇敢拼搏的精神，五次蝉联世界冠军，为国争光，为人民建功。女排精神始终代代相传，极大地激发了中国人的自豪、自尊和自信，为我们在新征程上奋进提供了强大的精神力量。

2021 年 9 月，中国共产党中央委员会批准了中央宣传部梳理的中国共产党人精神谱系第一批伟大精神，女排精神被纳入。定义为"祖国至上、团结协作、顽强拼搏、永不言败"。

启示：永远记得自己是团队的一分子，团队的力量远远超越个人。

任务 6.1 **安装与管理活动目录服务**

6.1.1 任务介绍

在某一个网络项目中,配置有多台服务器,分别提供不同的服务,为了网络安全,每种服务都会设置用户验证,以禁止非法用户访问。若各服务分别设置各自的验证账户,当网络管理人员访问时,需要分别记住不同服务所设置的用户账户,不仅难以管理,而且非常烦琐。为了解决这些问题,可以在 Windows Server 2019 服务器上安装活动目录,在当前网络中配置域,通过活动目录的配置和管理,统一规划管理所有用户。

☞活动目录还可以解决什么样的其他问题?

6.1.2 实施步骤

1. 任务准备

① 以系统管理员的身份登录系统。

② 右键单击要安装活动目录的磁盘分区,在弹出的快捷菜单中选择"属性"命令,在打开的"常规"选项卡中查看该分区的文件系统格式。

> **提示**
>
> Windwos Server 2019 所在的分区必须是 NTFS 文件系统,活动目录必须安装在 NTFS 分区。

③ 在"此电脑"图标上单击鼠标右键,在弹出的快捷菜单中选择"属性"命令,在打开的窗口中选择"设备管理器",打开"设备管理器"窗口,查看是否正确安装了网卡驱动程序。

④ 在"网络"图标上单击鼠标右键,在弹出的快捷菜单中选择"属性"命令,选择"更改适配器设置",查看"以太网",在打开的"以太网 属性"对话框中查看网络协议的安装情况及 TCP/IP 协议的配置参数,如 IP 地址、子网掩码等。在本次任务中,计算机的 IP 地址为 219.246.16.151,子网掩码为 255.255.255.128,默认网关为 219.246.16.254,首选 DNS 为 219.246.16.61。

☞为什么要确保正确配置网络协议才能安装活动目录?

⑤ 从网络管理员处获取一个完整的 DNS 域名,如 newland.net。

2. 安装活动目录

① 以系统管理员身份登录,单击"开始"→"服务器管理器",打开"服务器管理器"窗口,单击"添加角色和功能",如图 6-1 所示。

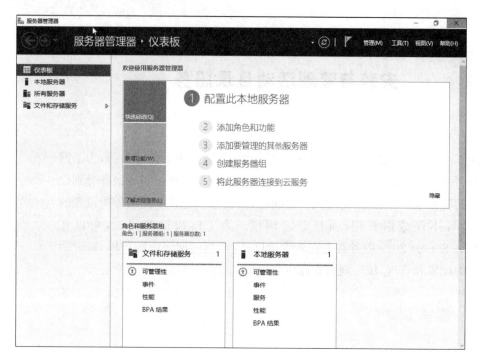

图 6-1　服务器管理器

②　弹出"添加角色和功能向导",显示"开始之前"提示信息,如图 6-2 所示,单击"下一步"按钮。

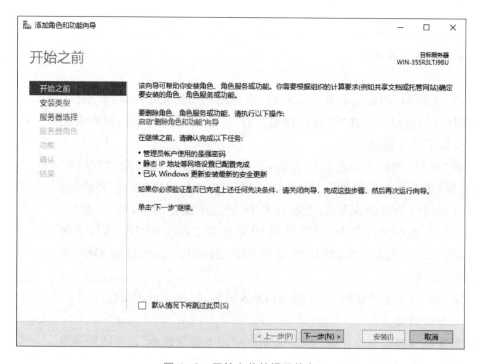

图 6-2　开始之前的提示信息

③ 切换到"安装类型"选择对话框,选择"基于角色或基于功能的安装"选项,如图 6-3 所示,单击"下一步"按钮。

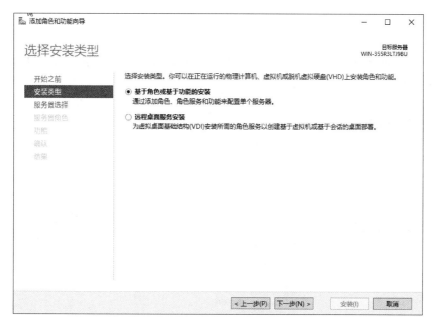

图 6-3 选择安装类型

④ 切换到"服务器选择"对话框,单击选中"从服务器池中选择服务器",在列表中选择服务器即可,如图 6-4 所示,单击"下一步"按钮。

图 6-4 选择目标服务器

在简单环境中,网络服务器一般只有一台,也就是安装 AD 域服务的这台,选择默认即可;若网络中存在多台服务器,一定要根据实际服务部署环境进行目标服务器选择。

⑤ 切换到"服务器角色"对话框,单击选中"Active Directory 域服务"和"DNS 服务器",如图 6-5 所示,单击"下一步"按钮。

图 6-5　选择服务器角色

 提 示

建议安装"Active Directory 域服务"的同时安装"DNS 服务器",使用 DNS 域名系统进行域的解析,如果此处不安装"DNS 服务器",那么系统将使用"NetBIOS"进行域的解析,后续配置过程不太一样,可自行尝试。

⑥ 切换到"功能"对话框,默认即可,如图 6-6 所示,单击"下一步"按钮。

⑦ 切换到"AD DS"对话框,提示安装注意事项,如图 6-7 所示,单击"下一步"按钮。

⑧ 切换到"DNS 服务器"对话框,提示安装注意事项,如图 6-8 所示,单击"下一步"按钮。

⑨ 切换到"确认"对话框,勾选"如果需要,自动重新启动目标服务器",如图 6-9 所示,单击"下一步"按钮。

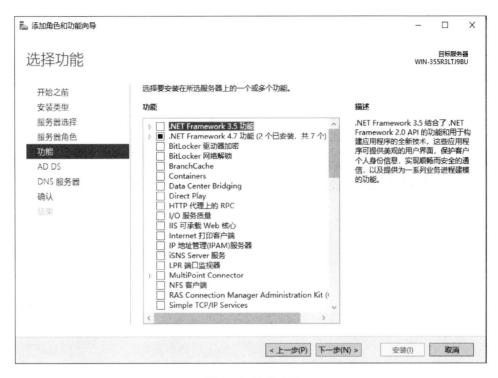

图 6-6　选择功能

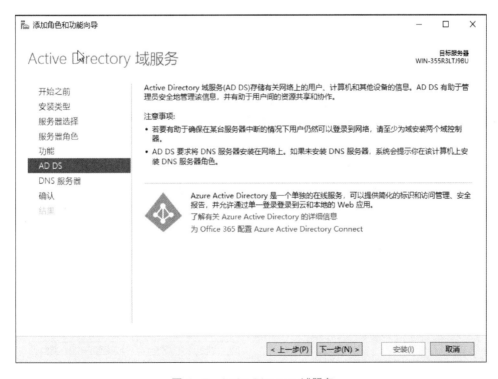

图 6-7　Active Directory 域服务

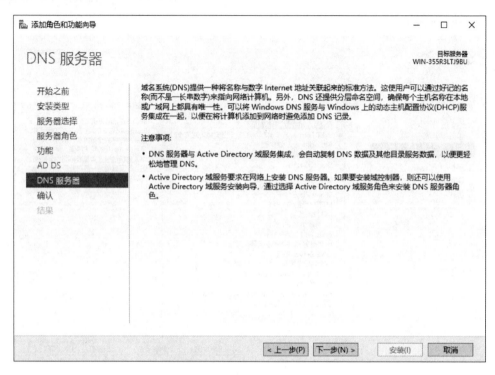

图 6 - 8　DNS 服务器

图 6 - 9　确认安装所选内容

⑩ 单击"安装"按钮,开始相关网络服务的安装,安装成功后,单击"关闭"按钮,关闭"添加角色和功能向导"。

3. 升级域控制器

☞为什么要将本服务器设置为域控制器?

① 单击"开始"→"服务器管理器",打开"服务器管理器"窗口,单击左侧"AD DS",右侧上方出现黄色警告条,单击"更多...",如图 6-10 所示,弹出"所有服务器 任务详细信息"对话框,单击"将此服务器提升为域控制器",开始升级域控制器,如图 6-11 所示。

图 6-10 服务器管理器配置 AD DS

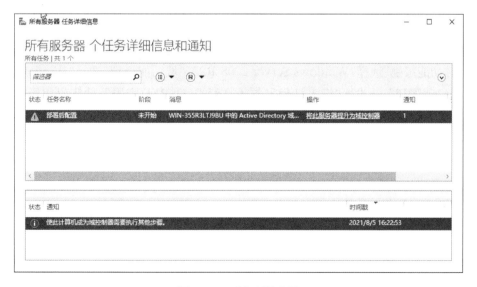

图 6-11 升级域控制器

② 弹出"Active Directory 域服务配置向导",在"选择部署操作"对话框中选中"添加新林",在"根域名"文本框中输入事先得到的 DNS 域名 newland.net,如图 6‑12 所示,单击"下一步"按钮。

如果网络中已有域控制器,可选择"将新域添加到现有林"。

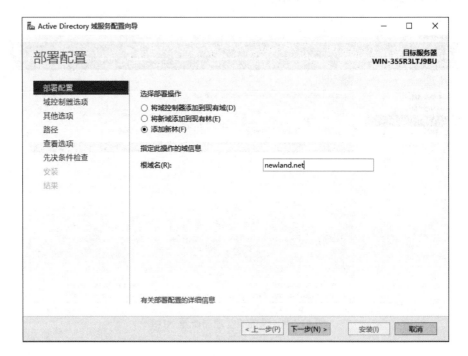

图 6‑12　添加新林

③ 向导切换到"域控制器选项",设置"林功能级别"和"域功能级别",此处"林功能级别"选择"Windows Server 2008 R2","域功能级别"选择"Windows Server 2016",并设置"键入目录服务还原模式(DSRM)密码",此密码用于目录服务的还原,如图 6‑13 所示,单击"下一步"按钮。

"林功能级别"和"域功能级别"应该根据网络中存在的最低 Windows Server 版本来选择。

④ 向导切换到"DNS 选项",单击选择"创建 DNS 委派",单击"下一步"按钮,开始检查 DNS 配置,并弹出警告框,提示没有找到父区域,无法创建 DNS 服务器的委派,如图 6‑14 所示,单击"确定"即可。

图 6 – 13 配置林和域功能级别

图 6 – 14 DNS 选项

☞如果要卸载域控制器,又要怎么做呢?

⑤ 后续步骤选择默认即可,直到域控制器升级安装成功。

4．管理域中用户

在活动目录中,最重要的就是对用户账户的管理,无论是登录域还是使用域中的资源,都使用域用户账户进行验证。但是网络中的用户较多,且职能不同,为了便于管理,可以利用组织单元、用户组等方式来管理不同权限的用户,为赋予相同权限的用户或用户组设置统一的组策略。

当 AD 域服务安装完成之后,域控制器上原有的本地用户账户都将变成域用户账户,可以在域中使用,但是域中还有可能要添加新的用户。

☞当服务器升级为域控制器后,该服务器还可以添加本地用户吗?

（1）添加用户

① 以系统管理员身份登录,单击"开始"→"Windows 管理工具"→"Active Directory 用户和计算机",打开"Active Directory 用户和计算机"窗口。

② 展开左侧目录树中的"newland．net",右键单击"Users",在弹出的快捷菜单选择"新建"→"用户",如图 6－15 所示,打开"新建对象-用户"对话框。

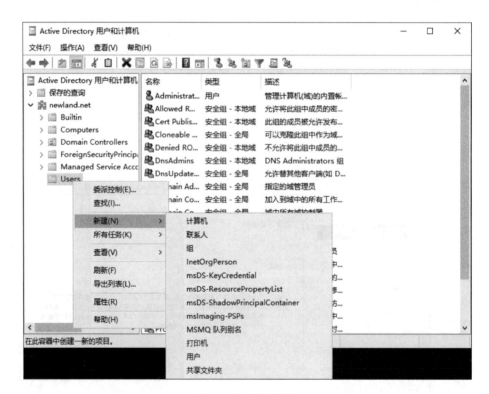

图 6－15　新建用户

☞域用户和本地用户有什么区别?

③ 在"新建对象-用户"对话框的"用户登录名"文本框中输入要创建的用户名称（如 yangije）,然后再其他文本框中输入用户的个人信息,如图 6－16 所示,单击"下一步"按钮。

图 6 - 16　设置用户信息

④ 在随后打开的设置密码对话框中,在"密码"和"确认密码"文本框中重复输入用户密码。为了提高系统和账户安全性,建议勾选"用户下次登录时须更改密码"复选框,要求用户在第一次正确登录时即修改密码,如图 6 - 17 所示,单击"下一步"按钮。

图 6 - 17　设置用户密码

> **提示**
>
> Windows Server 2019 默认采用强密码策略,若密码过于简单,在创建用户密码之后,会弹出提示框,表明"密码不满足密码策略的要求",需要"检查最小密码长度、密码复杂性和历史密码的要求"。

⑤ 在弹出的对话框中会显示创建的用户全称、用户登录名,以及用户登录时的基本设置信息,单击完成按钮。在"Active Directory 用户和计算机"窗口中可以看到刚才创建的用户。

☞ 新建的用户拥有什么属性?

(2) 设置用户的属性

① 在"Active Directory 用户和计算机"窗口中,展开左侧目录树中的"newland.net",单击"Users",在右侧窗口中右键单击刚刚创建的新用户,在弹出的快捷菜单中选择"属性"命令,如图 6-18 所示,打开设置用户属性的对话框。

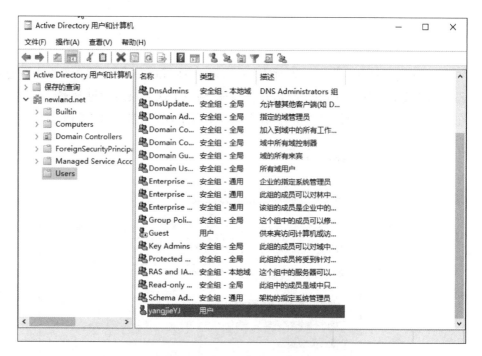

图 6-18　打开用户"属性"对话框

☞ 还能设置哪些用户属性?

② 在"常规"选项卡中设置用户的常用信息,如姓名、电话号码等。

③ 单击"隶属于"选项卡,设置该用户账户所属的组。默认情况下,所有新建用户账户都会自动添加到"Domain Users"组中。单击选项卡中的"添加"按钮,可以通过弹出的"选择组"对话框中的"高级"按钮"立即查找"域中的所有的用户组,选择需要添加的组即可,如图 6-19 所示。

图 6 - 19   设置用户隶属的组

（3）新建组

在图 6 - 15 所示的级联菜单中选择"新建"→"组"，打开"新建对象-组"对话框，如图 6 - 20 所示。输入组名，在"组作用域"中选择组的作用域，在"组类型"中选择组的类型。"组作用域"选项组中的"本地域"表示可以添加其他域的账户，但是只能访问此类组所在的资源；"全局"表示只能添加该组所在域的用户账

将用户加入组有什么用处？

新建对象 - 组

创建于：   newland.net/Users

组名(A)：

schools

组名(Windows 2000 以前版本)(W)：

schools

组作用域

○ 本地域(O)

● 全局(G)

○ 通用(U)

组类型

● 安全组(S)

○ 通讯组(D)

确定   取消

图 6 - 20   新建对象-组

户,不能添加其他域的账户,但是可以访问其他域的资源对象;"通用"表示可以添加任何域的用户账户,可以访问任何域的资源对象。"组类型"选项中的"安全组"则用于与对象权限分配有关的场合;"通讯组"用于与安全无关的场合。

> 用户组创建成功之后,默认没有任何成员。管理员需要将要设置相同权限的用户账户添加到组中,通过为组设置权限,实现为组中的所有对象设置统一权限。

6.1.3 相关知识

1. 活动目录的作用

活动目录在 Windows Server 网络操作系统中又称为 Active Directory 域服务,用来管理网络中的用户和资源,如计算机、打印机或应用程序。

活动目录中存储了所有用户的信息,并负责目录数据库的保存、新建、删除、修改与查询等服务,可以让用户很容易地在目录内找到所需要的数据,从而简化管理人员的工作,并增加网络的性能、安全性及可靠性。

域是指网络服务器和其他计算机的一种逻辑分组,凡是在共享域逻辑范围内的用户都使用公共的安全机制和用户账户信息,每个使用者在域中只拥有一个账户,每次登录的是整个域。

活动目录用于将域中的资源分层次地组织在一起。每个域都包含一个或多个域控制器。域控制器就是运行 Windows Server 2019 的计算机,它存储域目录的一份完整的副本。为了简化管理,域中的所有域控制器都是对等的,在任意一台控制器上修改的内容都将被复制到该域中的所有其他域控制器。活动目录提供一个单一的入口来登录所有网络资源,管理人员可以登录任意一台计算机并管理网络中任何计算机上的对象。

活动目录集成了登录身份验证及目录对象的访问控制。通过单点网络登录,管理员可以管理分散在网络各处的目录数据和组织单位,经过授权的网络用户可以访问网络任意位置的资源,而未经过授权的用户则无法访问。

活动目录通过对象访问控制列表及用户凭据保护其存储的用户账户和组信息,因为活动目录不但可以保存用户凭据,而且可以保存访问控制信息,所以登录到网络上的用户既能获得身份验证,也可以获得访问系统资源所需的权限。例如在用户登录到网络时,安全系统首先会利用存储在活动目录中的信息验证用户的身份,然后在用户试图访问网络服务时,系统会检查在服务的自由访问控制列表中所定义的属性。

由于活动目录允许管理员创建组账户,管理员可以更加有效地管理系统

📱活动目录可以管理哪些对象?

📱什么是活动目录?什么是域控制器?

- 互动练习 -
活动目录自测1

的安全性。通过控制权限,即可控制组成员的访问操作。

活动目录是 Windows Server 2019 网络体系结构必不可少、不可分割的重要组件。作为非常关键的服务,它与许多协议和服务有着非常紧密的关系,并涉及整个操作系统的结构和安全。

2. 活动目录的对象

活动目录对象,是指域控制器中包含相同属性的实体组成的集合,如计算机、用户、打印机,或者是用户、组等。每个对象都有相应的属性,用来描述目录对象可以标识的数据,例如,用户的属性包括用户名和电子邮件地址等。

在安装活动目录的过程中会自动创建默认的容器对象,这些容器对象中包括一组属性相似的活动目录对象,它们通常用来存储常用的网络资源。例如图 6-15 中的 Builtin 容器,主要用于保存本地安全组的子对象,不同默认组的成员权限也不同,如 Account Operators 默认用户组,该组成员可以创建、修改和删除位于"Users"或"Computers"容器中的用户、组和计算机账户以及该域中的组织单位;而 Network Configuration Operators 默认用户组可以更改 TCP/IP 设置并续订和发布该域中域控制器上的 TCP/IP 地址。

 提示

由于 Builtin(内建)容器中所有用户组都是系统默认创建的,因此,对于域控制器非常重要的,操作时应当非常谨慎。

除了默认创建的对象之外,用户也可以在活动目录中创建各种对象,用于实现不同的功能。主要有以下几种:计算机、联系人、组、组织单位、打印机、用户和共享文件夹。联系人是一个没有任何安全权限的账户,不能以联系人的身份登录到域,通常用于 E-mail 联系。组是一个容器对象,可以容纳用户、计算机等对象。组织单位也是一个容器对象,用来把其他活动目录容器和对象逻辑地组织在一起,就像是 Windows 资源管理器中的文件夹。打印机是一个用户对象,是活动目录中的安全主体,所以客户端都必须凭有效的用户名和密码登录到域控制器中,并且可以为不同的用户分配不同的访问权限。

在域控制器中如何创建其他对象?

互动练习
活动目录自测2

3. 组策略

组策略(GP,group policy)是 Windows 中的一套系统更改和配置管理工具的集合,可以帮助管理员配置计算机或用户设置,更改的结果保存在注册表中。组策略基于组织单位,并应用于组织单位中的用户。配置组策略有以下两种方式:

- 在域中创建组策略,然后将组策略应用于制定的账户或组。
- 在组织单位上直接创建组策略,对该组策略的设置将直接应用于该组织单位。

6.1.4 任务总结与知识回顾

```
┌ 安装活动目录        ┌ 活动目录的作用 ┌ 分布式的目录服务来管理网络中的各种资源
│ 升级域控制器        │              │ 存储了网络中的所有用户信息
│ 管理域中用户        │              │ 将域中的资源分层次地组织在一起
└                    │              └ 集成了登录身份验证及目录对象的访问控制
                     └ 活动目录的对象 ┌ 默认容器对象
                                    │ 活动目录对象
                                    └ 活动目录组件
```

6.1.5 考核建议

考核评价表见表 6-1。

表 6-1 考核评价表

指标名称	指 标 内 容	考核方式	分值
工作任务的理解	是否了解工作任务、要实现的目标及要实现的功能	提问	10
工作任务功能实现	1. 能完成任务的前期准备工作 2. 能实现活动目录的安装 3. 能创建用户,并将其添加至某一个组 4. 能创建组织单位	抽查学生操作演示	30
理论知识的掌握	1. 活动目录的作用 2. 活动目录的对象 3. 组策略的功能	提问	30
文档资料	认真完成并及时上交实训报告	检查	20
其 他	保持良好的课堂纪律 保持机房卫生	班干部协助检查	10
总 分			100

6.1.6 拓展提高

DNS 服务的配置与管理

域名系统(DNS, domain name system)用于注册计算机名及其 IP 地址,其最主要的用途和最重要的价值是,通过它可以由主机名找到与之匹配的 IP 地址,并且能在需要时输出相应的信息。DNS 是在 Internet 环境下研制和开发的,目的是使任何地方的主机都可以通过计算机名字而不是它的 IP 地址找到另一台计算机。DNS 的数据文件中存储着主机名和与之匹配的 IP 地址。从某种意义上说,域名系统类似于存储用户名以及与此相匹配的电话号码的电话号码服务系统。

使用 DNS 可使存储在数据库中的主机名分布在不同的服务器上,从而减少对某一台服务器的负载,并且提供了以区域为基础的对主机名系统的分布式管理能力。

主机名和 IP 地址必须注册。注册就是将主机名和 IP 地址记录在一个列表或者目录中。注册的方法可以是人工的或者自动的、静态的或者动态的。人工注册是手动从键盘输入的。动态的主机注册是由 DHCP 服务器发出完成的,或者直接由具有动态 DNS 更新能力的主机完成。

只要进行了注册,主机名就可以被解析。解析是一个客户端过程,目的是查找已注册的主机名或者服务器名,以便得到相应的 IP 地址。客户端得到了目标主机的 IP 地址后,就可以直接在本地网上通信,或者通过一个或几个路由器在远程网上通信。

显然,一个 DNS 服务器可以有许多已注册的主机。解析注册在同一台 DNS 服务器上的其他主机名应该是比较快的。一个具有上千台主机的企业只需要少数几台 DNS 服务器。

并不是一台单独的 DNS 服务器就包含了全世界的主机名,这是不可能的。主机名分布于许多 DNS 服务器中。主机名的分布解决了 DNS 服务器负载的问题,但这对客户机又提出了另一个问题,客户机如何得知向哪一台 DNS 服务器查询。域名系统通过使用自顶向下的域名树来解决这个问题,每一台主机是树中某一个分支的叶子,而每个分支具有一个域名。每一台主机都和一个域相关联。从理论上来说,域名树的每一个分支需要一台 DNS 服务器。

Internet 域名系统是由 Internet 上的域名注册机构来管理的,它们负责向组织和国家(或地区)开放顶级域名,这些域名遵循 ISO 3166 国际标准。表 6-2 中列出了现有的组织顶级域名和国家(或地区)顶级域名的缩写。

表 6-2 顶级域名的缩写

DNS 顶级域名	组 织 类 型
com	商业公司
edu	大学或学院
org	非营利机构
net	大的网络中心
gov	美国非军事联邦政府组织
mil	军事机构
num	电话号码簿
arpa	反向 DNS
xx	两个字母的国家(或地区)代码(例如,CN 中国)

当域控制器安装成功之后,DNS 服务器也随之安装完成,并创建了默认的 DNS 区域,用户可以根据需要再添加其他的 DNS 域名,而不需要单独安装 DNS 服务器。不过为了使 DNS 服务器能够为网络提供域名解析功能,还要为网络中其他服务器添加相应的资料记录,使用户可以通过资源访问相应的服务器。

为了使服务器中的域名能够被网络中的用户所解析,就需要在 DNS 服务器上添加正向查找区域。一台 DNS 服务器可以添加多个正向查找区域,同时为多个域名提供解析服务。具体方法是:通过"DNS 管理器"控制台,新建区域向导,选择区域类型,在"区域名称"文本框中输入在域名服务机构申请的正式域名,如"newland. net"。域名名称用于指定 DNS 名称空间的部分,可以是域名或者子域名。设置更新方式完成正向查找区域的添加。

> **提示**
>
> 选择区域类型时,如果要直接在当前服务器创建 DNS 区域,则选择"主要区域";如果要在其他服务器上创建,则选择"辅助区域";如果创建只含有名称服务器(NS)、起始授权机构(SOA)和粘连主机(A)记录的区域,则选中"存根区域"。

完成 DNS 配置后,要为所属的域提供域名解析服务,还必须先向 DNS 域中添加各种 DNS 记录,如 Web、FTP 等使用 DNS 域名的网站等,都需要添加 DNS 记录来实现域名解析。主机记录的作用是将主机名和对应的 IP 地址添加到 DNS 服务器中,Web、FTP 等服务器的域名就是一个主机记录,类似于 www. sohu. com 等。添加主机记录的方法是在 DNS 控制台中右击鼠标,选择"新建主机",输入主机名称和 IP 地址。

任务 6.2　安装及配置 DHCP 服务

6.2.1　任务介绍

☞ DHCP 服务主要解决了什么问题?

在某一个网络项目中,由于计算机数量比较多,如果使用手动方式分配 IP 地址将非常麻烦,还容易出错。因此,需要部署 DHCP(dynamic host configuration protocol,动态主机配置协议)服务器,为网络中的客户端计算机自动分配 IP 地址。本任务通过安装和配置 DHCP 服务器,让学生掌握 DHCP 服务器的作用及安装配置的方法。

6.2.2　实施步骤

1. 任务准备

由于在使用 DHCP 功能时,网络中的客户端都是自动从 DHCP 服务器获得 IP 地址,因此,需要事先规划好要分配的 IP 地址范围。在本任务中,为网络提供 IP 地址段 192.168.1.x,规划如下:

● 预留 IP 地址段 192.168.1.1～192.168.1.20,用于为服务器配置静态 IP 地址,不分配给客户端,其中,192.168.1.1 作为 DHCP 服务器的地址,也就是给 DHCP 分配静态地址。

● 客户端使用 IP 地址段 192.168.1.21～192.168.1.254,子网掩码为 255.255.255.0,网关为 192.168.1.2,首选 DNS 服务器为 192.168.1.3,备用 DNS 服务器为 192.168.1.4。

● 对于 DHCP 客户端来说,首先要确保其操作系统是支持 DHCP 的,比如 Windows Server 2019 等,然后要启用 DHCP 客户端。

2.安装 DHCP 服务

① 单击"开始"→"服务器管理器",打开"服务器管理器"窗口,单击"添加角色和功能",在左侧向导步骤内单击"服务器角色",如图 6-21 所示,勾选 "DHCP 服务器",弹出"添加角色和功能向导",提示安装响应功能组件,单击 "添加功能"按钮。

☞为什么要预留一部分 IP? 什么是静态的 IP 地址? 什么是动态的 IP 地址?

图 6-21　选择服务器角色对话框

② 单击"下一步"按钮,切换到"功能"选择向导,默认即可,单击"下一步"按钮,切换到"DHCP 服务器"安装提示信息,阅读后,单击"下一步"按钮,切换到"确认"信息,确认安装信息无误后,单击"安装"按钮,DHCP 服务安装成功。

③ 单击"开始"→"服务器管理器",打开"服务器管理器"窗口,单击左侧 "DHCP",右侧上方出现黄色警告条,单击"更多...",弹出"所有服务器 任务详

细信息"对话框,单击"完成 DHCP 配置",开始 DHCP 服务器配置,如图 6‒22 所示。也可以通过单击"开始"→"服务器管理器",打开"服务器管理器"窗口,单击右侧工具栏中的"工具"下拉菜单,单击"DHCP"开始 DHCP 服务器配置如图 6‒23 所示。

图 6‒22 启动 DHCP 配置

图 6‒23 开始 DHCP 服务器配置

3. 授权与绑定 DHCP 服务

① 如图 6-23 所示,打开"DHCP"控制台,在左侧目录树的"DHCP"上右击,在弹出的快捷菜单中选择"管理授权的服务器"命令,如图 6-24 所示,打开"管理授权的服务器"对话框,单击"授权"按钮,在弹出的对话框中输入 DHCP 服务器的主机名或 IP 地址,单击"确定"按钮即可。

☞为什么要绑定服务器?为什么要授权服务器?它们两者之间有何异同?

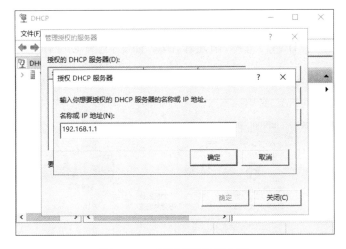

图 6-24 授权 DHCP 服务器

② 打开"DHCP"控制台,在左侧目录树的"win-xxxxxxx"(服务器名称)上右击,选择"添加/删除绑定",弹出"服务器绑定 属性"对话框,如图 6-25 所示,按要求配置完成后,单击"确定"按钮即可。

图 6-25 服务器绑定

☞什么情况下，需要添加多个作用域？

4. 添加 DHCP 作用域

作用域中配置向客户端提供的 IP 地址范围及相关配置参数。当网络中的客户端计算机向 DHCP 服务器请求 IP 地址时，DHCP 服务器首先从定义好的作用域地址池中选择一个尚未被租用的 IP 地址分配给客户端。如果网络中存在多个不同网段的 IP 地址分配需求，就需要分配不同的 IP 地址，因此需要创建多个作用域。

① 打开"DHCP"控制台，左键双击左侧目录树的"win-xxxxxxx"（服务器名称），右键单击"IPv4"，选择"新建作用域"命令，打开创建作用域向导，如图 6-26 所示。

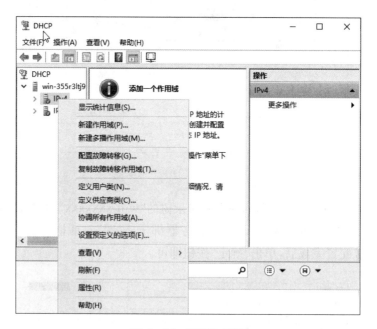

图 6-26　新建作用域

② 弹出"新建作用域向导"对话框，输入作用域的"名称"和"描述"，如图 6-27 所示，单击"下一步"按钮。

③ 弹出"IP 地址范围"对话框，在其中设置作用域涵盖的 IP 地址范围和子网掩码，如图 6-28 所示。

④ 弹出"添加排除和延迟"对话框，在其中设置要排除的起始和结束 IP 地址，单击"添加"按钮，如图 6-29 所示，单击"下一步"按钮。

⑤ 弹出"路由器（默认网关）"对话框，在其中设置客户端使用的路由器的 IP 地址，单击"添加"按钮，如图 6-30 所示，单击"下一步"按钮。

⑥ 弹出"域名称与 DNS 服务器"对话框，在其中设置 DNS 域名和 DNS 服务器地址，单击"添加"按钮，添加 DNS 服务器地址，如图 6-31 所示，单击"下一步"按钮。

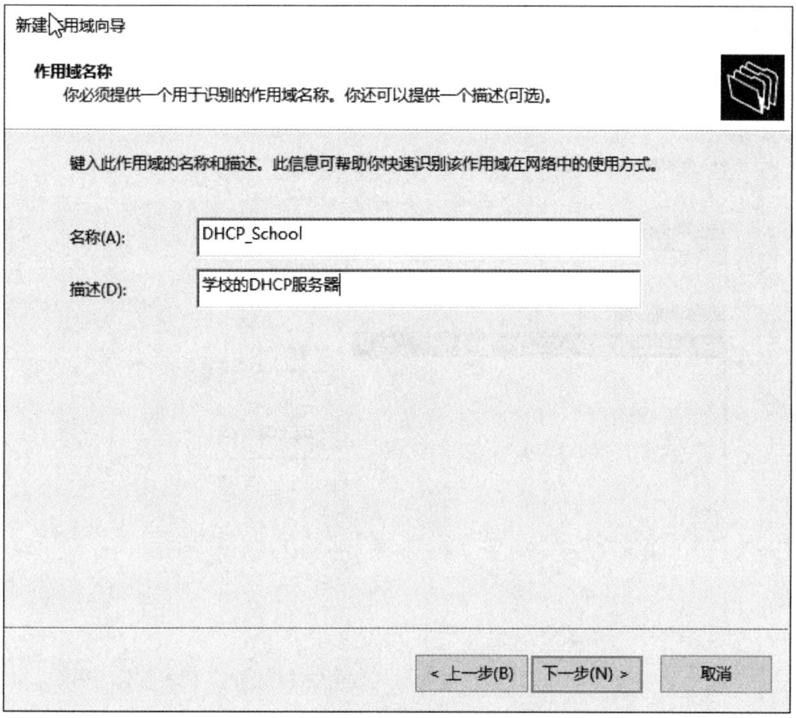

新建作用域向导

作用域名称
你必须提供一个用于识别的作用域名称。你还可以提供一个描述(可选)。

键入此作用域的名称和描述。此信息可帮助你快速识别该作用域在网络中的使用方式。

名称(A):　　　 DHCP_School

描述(D):　　　 学校的DHCP服务器

< 上一步(B)　　下一步(N) >　　取消

图 6 - 27　设置作用域名称和描述信息

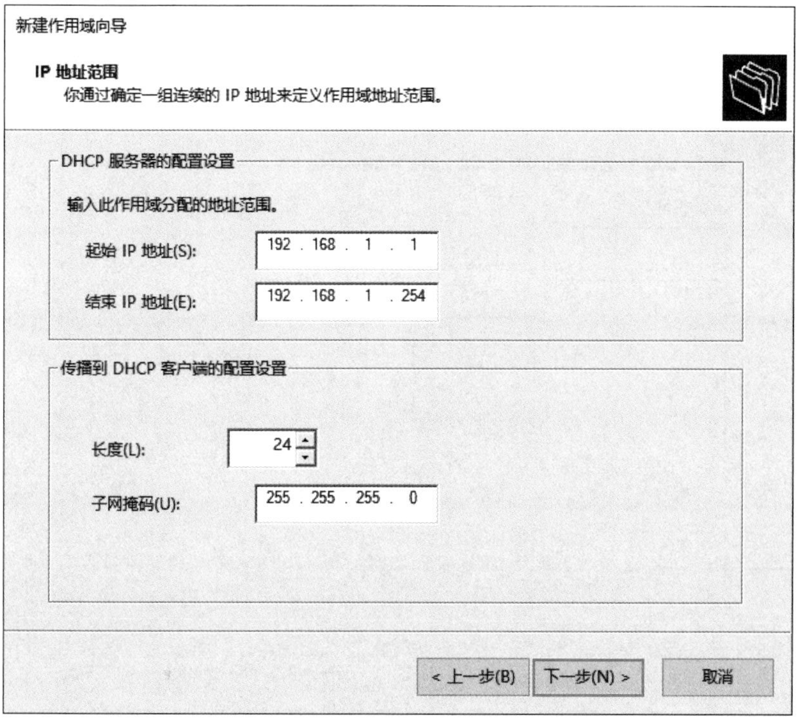

新建作用域向导

IP 地址范围
你通过确定一组连续的 IP 地址来定义作用域地址范围。

DHCP 服务器的配置设置

输入此作用域分配的地址范围。

起始 IP 地址(S):　　192.168.1.1

结束 IP 地址(E):　　192.168.1.254

传播到 DHCP 客户端的配置设置

长度(L):　　　24

子网掩码(U):　　255.255.255.0

< 上一步(B)　　下一步(N) >　　取消

图 6 - 28　设置 IP 地址范围和子网掩码

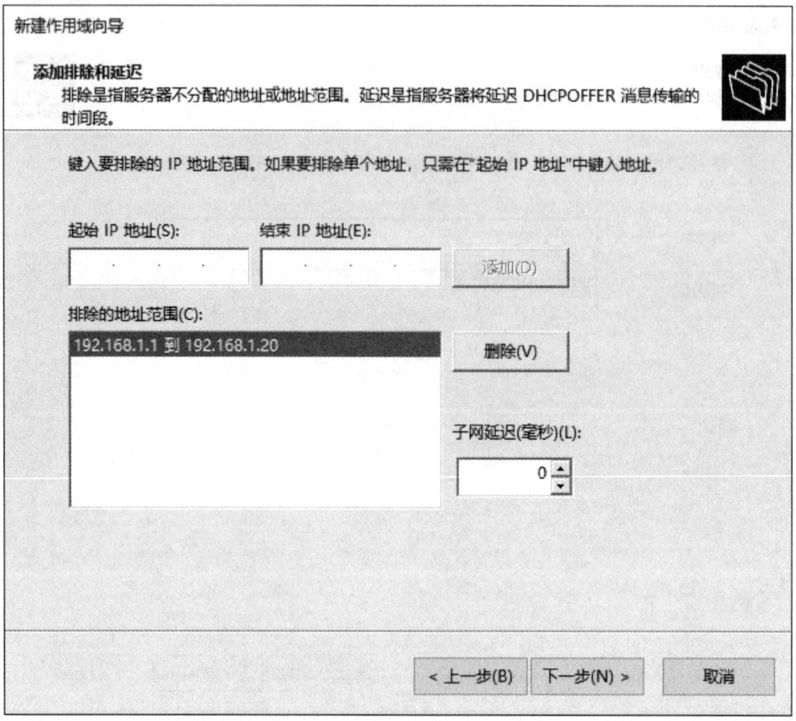

图 6－29　设置排除 IP 地址范围

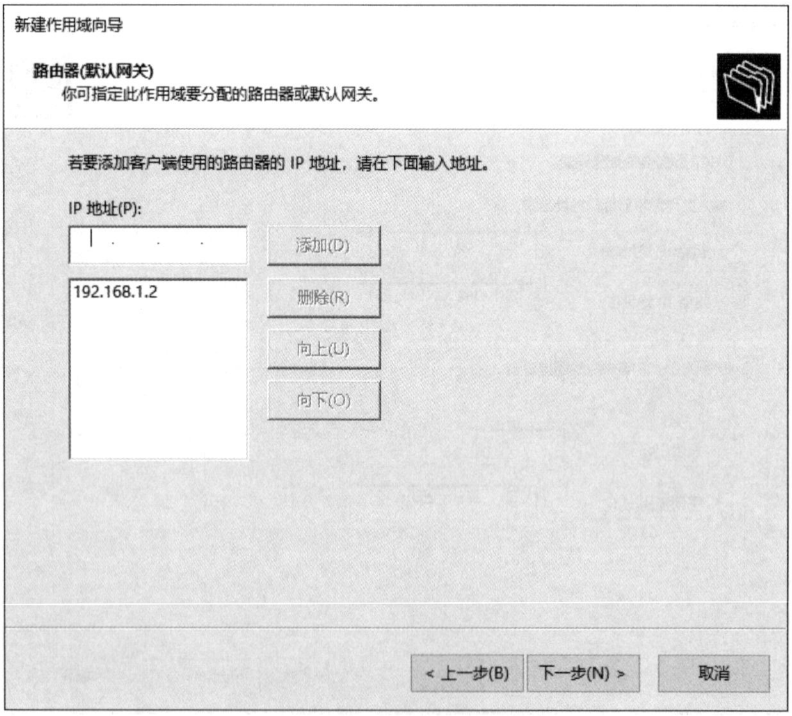

图 6－30　设置默认网关

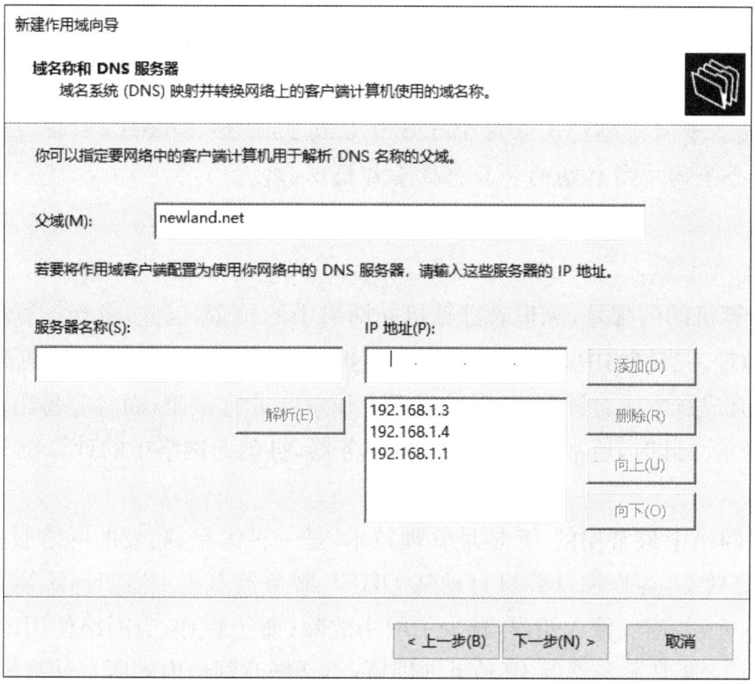

新建作用域向导

域名称和 DNS 服务器
域名系统 (DNS) 映射并转换网络上的客户端计算机使用的域名称。

你可以指定要网络中的客户端计算机用于解析 DNS 名称的父域。

父域(M): newland.net

若要将作用域客户端配置为使用你网络中的 DNS 服务器，请输入这些服务器的 IP 地址。

服务器名称(S):   IP 地址(P):

[解析(E)]

192.168.1.3
192.168.1.4
192.168.1.1

[添加(D)]
[删除(R)]
[向上(U)]
[向下(O)]

[< 上一步(B)] [下一步(N) >] [取消]

图 6–31 设置 DNS 域名和 DNS 服务器地址

⑦ 单击"完成"按钮，成功创建作用域。

 提示

无论是否处于域中，授权后，DHCP 向网络中的客户端提供 IP 地址分配功能，如果其他网络需要与 DHCP 结合使用，就需要将网络加入域中。

6.2.3 相关知识

1. 内部分配常用的 IP 段

常用的内部 IP 地址段有以下 3 类：

- 小型网络：192.168.0.0～192.168.255.255，子网掩码：255.255.255.0。
- 中型网络：172.16.0.0～172.31.255.255，子网掩码：255.255.255.0。
- 大型网络：10.0.0.0～10.255.255.255，子网掩码：255.0.0.0。

互动练习

DHCP自测1

 提示

小型网络应尽量避免使用 192.168.0.0 和 192.168.1.0 段。因为某些网络设备（如宽带路由器或无线路由器）或应用程序（如 ICS）拥有

自动分配 IP 地址功能,而且默认的 IP 地址池往往位于这两个地址段,容易导致 IP 地址冲突。在大、中型网络中,可选用 10.0.0.1～10.255.255.254 或 172.16.0.1～172.32.255.254 段。子网掩码建议采用 255.0.0.0 或 255.255.255.0,以获得更多的 IP 网段,并使每个子网中所容纳的计算机数量都较少。

2. DHCP 服务的作用

IP 地址相当于计算机的门牌号,标识着计算机在网络中的位置,因此,每台计算机都需要配置至少一个 IP 地址。当网络中只有少数几台计算机时,可以手动为每台计算机配置 IP 地址。但如果网络中有成百上千台计算机,手动配置工作就会非常繁重,而且容易出现输入错误,影响网络正常通信。此时,通常会利用 DHCP 服务器,自动为网络中的计算机分配 IP 地址,而且不会出错。

DHCP 是大中型网络中最常用的 IP 地址管理技术,是一种简单、高效的网络服务。主要具有以下优点:提高效率,客户端计算机自动从 DHCP 服务器获得 IP 地址,不需要手动设置,可以提高工作效率,并避免输入错误,减少了网络故障;便于管理,当网络使用的 IP 地址段改变时,只需修改 DHCP 服务器的 IP 地址池即可,不必修改网络内的所有计算机;节约 IP 地址资源,使用 DHCP 服务器时,只有当客户端请求时才提供 IP 地址,当关机后又会自动释放该 IP 地址。通常情况下,网络内的计算机并不都是同时开机,因此,即使 IP 地址数量较少,也能够满足较多计算机的需求。

提示

如果 DHCP 服务器设置有误或出现故障,将会导致网络中所有 DHCP 客户端无法正常获得 IP 地址。因此,通常要在一个网络中配置两台以上的 DHCP 服务器。如果要在一个由多网段组成的网络中使用 DHCP,就必须在每个网段上各安装一台 DHCP 服务器,或者保证路由器具有前向自举广播的功能。

3. DHCP 服务器与客户端

DHCP 服务器上配置了可以向 DHCP 客户端分配的 IP 地址信息,包括 IP 地址段、租约期限,以及 DNS 服务器、路由器等地址。客户端从 DHCP 服务器获取到 IP 地址后会自动配置,并用来连接网络。而当客户端计算机关机或者租约到期以后,就会释放 IP 地址或者重新续租,以保证其他计算机也可获取 IP 地址。

（1）DHCP 的租借过程

当作为 DHCP 客户端的计算机启动时,将会连接 DHCP 服务器,并获取 TCP/IP 配置信息及租期。租期是指 DHCP 客户端从 DHCP 服务器获得完整的 TCP/IP 配置后,对该 TCP/IP 配置的使用时间。DHCP 客户端从 DHCP 服务器获得 IP 地址信息的整个分配过程需要经历 IP 租用请求、IP 租用提供、IP 租用选择和 IP 租用确认 4 个阶段。

当 DHCP 客户端第一次启动网络组件时,如果客户端发现本机上没有任何 IP 地址等相关参数,它会向网络上发出一个 DHCP Discover 数据包。这个数据包的源地址为 0.0.0.0,而目的地址则为 254.254.254.255,然后再加上 DHCP Discover 的信息,向整个网络进行广播。这就是 IP 租用请求过程。

☞ 租期长短对 DHCP 服务有什么影响?

当网络中的任何一个 DHCP 服务器收到 DHCP Discover 广播后,它会从可用地址中选择最前面的 IP,连同其他 TCP/IP 设定(包括子网掩码、网关地址、DNS 地址、WINS 服务器地址等参数),回应给客户端一个 DHCP Offer 包,这个包中会包含一个租约期限的信息。这就是 IP 租用提供的过程。

■ 互动练习

DHCP 自测2

如果客户端收到网络上多台 DHCP 服务器的回应,则会从中选择一个 DHCP Offer(通常是最先到达的那个),并且会向网络上发送一个 DHCP Request 广播数据包,告诉所有 DHCP 服务器它将指定接收哪一台服务器提供的 IP 地址。同时,客户端还会向网络发送一个 ARP(address resolution protocol,地址解析协议)包,查询网络上面有没有其他机器使用该 IP 地址;如果发现该 IP 已经被占用,客户端则会送出一个 DHCP Decline 数据包给 DHCP 服务器,拒绝接受其 DHCP Offer 包,并重新发送 DHCP Discover 信息。这就是 IP 租用选择过程。

当 DHCP 服务器接收到客户端的 DHCP Request 广播数据包之后,会向客户端发出一个 DHCP ACK 回应,以确认 IP 租约正式生效,也就是 IP 租用确认过程。

提 示

如果所有信息的传播是以广播方式进行的,那么网络中每一个子网都需要安装一台 DHCP 服务器,如果想使用一台 DHCP 服务器为所有子网的工作站分配 IP 地址,则每个子网中需要配置 DHCP 中继服务器。

(2) IP 租约的更新与释放

当 DHCP 客户端租到 IP 地址后,不可能长期占用,而是有一个使用期,也就是租期。当 IP 地址使用时间达到租期的一半时,将向 DHCP 服务器发送一个新的 DHCP 请求,若服务器在接收到该信息后,便回送一个 DHCP 应答信息,以续订并重新开始一个租用周期。该过程就像是续签租赁合同,只是续约时间必须在合同期的一半时进行。当 IP 地址的租期达到一半的时间时,若续租失败,该客户端仍然可以使用原有 IP,但在租期到 87.5% 时再次发送一个 DHCP 请求信息,以便找到一台可以继续提供租期的 DHCP 服务器,若仍然续租失败,则放弃正在使用的 IP 地址,以便重新向 DHCP 服务器获得一个新的 IP 地址。

☞ 为什么要有 IP 租约的续租?

客户机租约到期并从网络上断开后,服务器数据库中仍然保留数据大约一天的时间。

(3) DHCP 的作用域

DHCP 作用域就是子网中分配给客户端的 IP 地址范围。为了防止两个不同的 DHCP 服务器分配相同的 IP 地址,在 DHCP 作用域内,所有特定 IP 地址只能归一台 DHCP 服务器所有。

为了提高 DHCP 的工作效率,可以使用 80/20 规则。这个规则是在任意一个网络子网中使用两台 DHCP 服务器,即 DHCP 分离-作用域技术。在两台 DHCP 上配置相同的作用域,但是创建一个排除范围,以便在主 DHCP 服务器上分配作用域的 80%,而在备用的 DHCP 服务器上分配剩余的 20%。这样可以避免 DHCP 分配统一作用域的地址。

6.2.4 任务总结与知识回顾

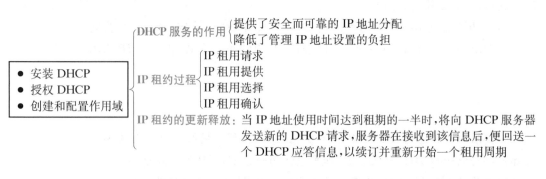

6.2.5 考核建议

考核评价表见表 6-3。

表 6-3 考核评价表

指标名称	指 标 内 容	考核方式	分值
工作任务的理解	是否了解工作任务、要实现的目标及要实现的功能	提问	10
工作任务功能实现	1. 能完成任务的前期准备工作 2. 能实现 DHCP 的安装 3. 授权 DHCP 服务 4. 配置作用域	抽查学生操作演示	20

续 表

指标名称	指 标 内 容	考核方式	分值

理论知识的掌握	1. 内部分配常用 IP 段
	2. DHCP 的作用
	3. DHCP 服务器与客户端,包括:
	    ● DHCP 租约过程
	    ● DHCP 数据库的管理
	    ● DHCP 的作用域
		提问	40

文档资料	认真完成并及时上交实训报告	检查	20
其 他	保持良好的课堂纪律 保持机房卫生	班干部 协助检查	10
总 分			100

6.2.6 拓展提高

DHCPv6 基础

IPv6 动态主机配置协议 DHCPv6(dynamic host configuration protocol for IPv6)采用客户端/服务器通信模式,针对 IPv6 编址方案为主机分配 IPv6 地址和其他网络配置参数的协议。DHCPv6 服务器与客户端之间使用 UDP 协议来交互 DHCPv6 报文,客户端使用的 UDP 端口号是 546,服务器使用的 UDP 端口号是 547。DHCP 设备唯一标识符 DUID (DHCPv6 unique identifier),每个服务器或客户端有且只有一个唯一标识符,服务器使用 DUID 来识别不同的客户端,客户端则使用 DUID 来识别服务器。

DHCPv6 有两种模式:有状态和无状态。有状态模式,主机直接从 DHCPv6 服务器获取全部的地址信息及其他配置信息;无状态模式,主机从路由宣告信息中获取地址信息,并从 DHCPv6 服务器获取其他配置信息。

DHCPv6 有状态地址分配过程:DHCPv6 客户端发送 Solicit 报文,请求 DHCPv6 服务器为其分配 IPv6 地址和网络配置参数;DHCPv6 服务器回复 Advertise 报文,该报文中携带了为客户端分配的 IPv6 地址以及其他网络配置参数;DHCPv6 客户端如果接收到了多个服务器回复的 Advertise 报文,则会根据 Advertise 报文中的服务器优先级等参数来选择优先级最高的一台服务器,并向所有的服务器发送 Request 组播报文;被选定的 DHCPv6 服务器回复 Reply 报文,确认将 IPv6 地址和网络配置参数分配给客户端使用。

DHCPv6 无状态地址分配过程:DHCPv6 客户端以组播方式向 DHCPv6 服务器发送 Information－Request 报文,该报文中携带 Option Request 选项,用来指定 DHCPv6 客户端需要从 DHCPv6 服务器获取的配置参数;DHCPv6 服务器收到 Information－Request 报文后,为 DHCPv6 客户端分配网络配置参数,并单播发送 Reply 报文,将网络配置参数返回给 DHCPv6 客户端;DHCPv6 客户端根据收到的 Reply 报文中提供的参数完成 DHCPv6 客户端无状态配置。

DHCPv6 中继代理,负责转发来自客户端方向或服务器方向的 DHCPv6 报文,协助 DHCPv6 客户端和 DHCPv6 服务器完成地址配置功能。一般情况下,DHCPv6 客户端通过本地链路范围的组播地址与 DHCPv6 服务器通信,以获取 IPv6 地址/前缀和其他网络配置参数。如果服务器和客户端不在同一个链路范围内,则需要通过 DHCPv6 中继代理来转发报文,这样可以避免在每个链路范围内都部署 DHCPv6 服务器,便于进行集中管理。

任务 6.3　安装及配置 Web 服务

6.3.1　任务介绍

为了宣传和交流互动,现在一般的机构都需要搭建一个 Web 网站。该网站要面向 Internet 提供访问服务。同时,由于也需要支持机构的各分支,所以 Web 网站还可能需要包含多个子网站。要实现这样的功能,需要配置 Web 服务,以支持机构的网站运行。

Web 服务器是 Windows Server 2019 自带的服务,安装简单,安装完成之后只需将网页文件放到默认主目录中,就能够实现 Web 网站。根据网络实际需要的不同,还要设置 IP 地址和端口、默认文档、主目录等。

☞目前在网络上运行的网站一般是动态的,还是静态的?

6.3.2　实施步骤

1. 任务准备

在安装 Web 服务器之前,应当事先做好如下准备:

● 为 Web 网站申请一个域名,并在域名注册机构注册,如 www.corp.net。同时,注册到本地的 DNS 服务器。

● 为 Web 服务器设置静态 IP 地址,如果需要创建多个网站并且分别使用不同的 IP 地址,则需要为服务器绑定多个静态地址。

● 为了便于标识,将 Web 服务器的计算机名设置为 Web,并加入域。

☞怎样在 DNS 服务器中添加主机记录?

● 在 DNS 服务器中为 Web 网站添加主机记录 www,使用户能够使用域名 www.corp.net 访问网站,也可继续添加其他域名,用来创建二级域名网站,例如 bbs.corp.net 等。

● 确定网站首页名为 first.asp。

2. 安装 Web 服务

① 单击"开始"→"服务器管理器",打开"服务器管理器"窗口,单击"添加角色和功能",在左侧向导步骤内单击"服务器角色",如图 6-32 所示,勾选"Web 服务器(IIS)"和"DNS 服务器"。

☞什么是 IIS?

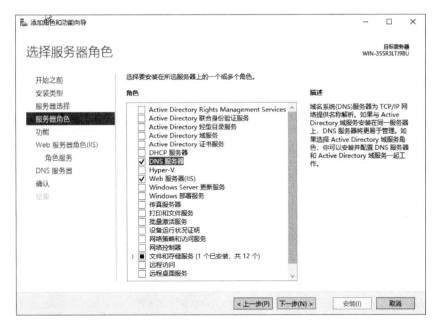

图 6 - 32　选择角色服务

②　单击"下一步"按钮，切换到"功能"向导步骤，列出了系统的功能组件，用户可手动勾选，如图 6 - 33 所示。例如，要安装 ASP.NET 功能，可选中"ASP.NET 4.7"复选框。

图 6 - 33　选择服务器功能

③　单击"下一步"按钮，切换到"Web 服务器角色（IIS）"的"角色服务"向导步骤，列出了Web 服务器所包含的所有角色服务组件，用户可根据需要手动选择，如图 6 - 34 所示。

图 6 - 34　选择角色服务

④ 单击"下一步",进行默认安装即可,安装完成后,弹出"安装成功"对话框,单击"关闭"按钮即可。

⑤ 单击"开始"→"Windows 管理工具"→"Internet 信息服务(IIS)管理器",打开 IIS 管理器,即可看到已安装的 Web 服务器。在安装完成后,会默认创建一个站点"Default Web Site",如图 6 - 35 所示。

图 6 - 35　Internet 信息服务(IIS)管理器

⑥ 安装完成后,在计算机上打开浏览器,在地址栏中输入 Web 服务器的 IP 地址,若打开默认网站页面,说明安装成功;否则,说明安装不成功,需重新检查。

⑦ 用户将自己做好的网页文件放在 C:\inetpub\wwwroot 文件夹中,并且将首页命名为 index.html 或 index.htm,就可以访问该 Web 网站。

3. 配置 IP 地址和端口

默认情况下,Web 站点会自动绑定本地计算机中的所有 IP 地址,端口为 80,用户使用 Web 服务器上的任何一个 IP 地址均可访问,因此需要为 Web 站点指定唯一的 IP 地址及端口。

① 用右键单击如图 6 - 35 所示的"Default Web Site",选择"编辑绑定"命令,弹出如图 6 - 36 所示的"网站绑定"对话框,默认端口为 80,IP 地址为 "＊",表示绑定所有的 IP 地址。

☞修改网站的 IP 地址到底有什么用处?

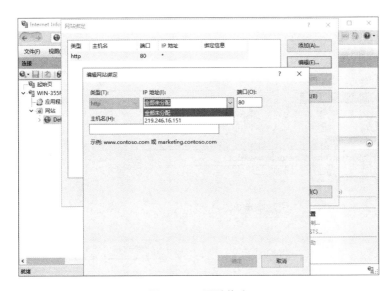

图 6 - 36　网站绑定

② 选中默认站点"Default Web Site",单击"编辑",弹出"编辑网站绑定"对话框,"IP 地址"中默认为"全部未分配"。在"IP 地址"下拉列表中选择要指定的 IP 地址;在"端口"文本框中可以设置 Web 站点的端口号,但不能为空,使用"80"即可,如图 6 - 36 所示。

 提示

使用默认端口值 80 时,用户访问该网站不需要输入端口号,如 http://219.246.16.151。若端口号被修改,不是默认的 80,如将端口号修改为 8080,那么访问 Web 网站时就必须提供端口号,如 http://219.246.16.151:8080。

③ 设置完成后,单击"确定"按钮保存配置,单击"关闭"按钮,此时,用户只能使用指定的 IP 地址和端口号访问 Web 网站。

4. 配置主目录

☞如何将主目录设置为另一台计算机上的共享目录?

主目录是网站的根目录,保存着网站的页面等相关数据,即 Web 网站所处的文件夹(位置),默认路径是 C:\inetpub\wwwroot 文件夹。用户在进行网站存放时,除了可以将网站存放在默认文件夹中,也可以存放在本地计算机的任意文件夹中,甚至是网络中的其他服务器的存储位置,只要为 Web 站点设置正确的网站目录即可。

打开 Internet 信息服务(IIS)管理器,选择相应的 Web 站点,在右侧窗格中单击"基本设置",弹出"编辑网站"对话框。在其中的"物理路径"文本框中输入 Web 网站的新主目录路径,或单击"浏览"按钮,选择新主目录路径,单击"确定"按钮即可,如图 6-37 所示。

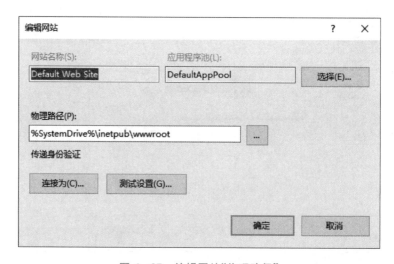

图 6-37　编辑网站"物理路径"

5. 配置默认文档

☞如何新建一个 Web 站点?

通常一个网站是由很多网页构成的,在访问某一网站时,通常只需要输入网站域名即可,且每次打开的第一页都是一样的,那么 Web 服务器是如何知道选择哪一个网页返回给用户浏览的。Web 服务器通过设置"默认文档",为网站设置首页,当用户使用 IP 地址或域名访问且没有输入网页名称时,Web 服务器就会显示默认文档的内容。网站管理人员可以修改默认文档。

在"Default Web Site"主页窗格中双击"默认文档",显示系统可默认识别的五种默认文档名称,单击"添加"按钮,弹出"添加默认文档"对话框,在其中输入"first. asp",单击"确定"按钮后,即可添加该默认文档,如图 6-38 所示。新添加的默认文档自动排列在最上方,也可以通过"上移"或"下移"来调整各个默认文档的顺序。

图 6-38　设置默认文档

当设置多个默认文档时，Web 服务将按照排列的前后顺序依次调用这些文档。当第一个文件存在时，将直接把它显示在用户的浏览器上，而不再调用后面的文档；当第一个文件不存在时，则将第二个文件显示给用户，以此类推。若欲将某文件名作为网站首选的默认文档，需要将之调整至顶端。

6. 创建 Web 虚拟网站

对于公司网站的子网站来说，若访问量不是特别多，可以创建虚拟网站。利用虚拟网站，可以在一台服务器上搭建多个网站。在一台服务器上创建多个虚拟网站，有三种方式，分别是 IP 地址法、端口法和主机头名法。

☞为什么要创建虚拟网站?

① 使用 IP 地址创建。只要服务器绑定多个 IP 地址，就可以为每个虚拟网站分配一个独立的 IP 地址，用户可以通过访问 IP 地址来访问相应网站。

若是 Web 服务器只是为内部服务，则可只绑定一个内部分配的私有 IP 地址；若同时为网内和网外服务，则要同时绑定一个公用 IP 地址和一个私有 IP 地址。

② 使用端口号创建。如果服务器只有一个 IP 地址,就可以使用同一个 IP 地址、不同的 TCP 端口来创建虚拟网站。用户在 IP 地址后加上相应的端口号才能访问。

③ 使用主机头名创建。这种方法是最常用的方法,最便于用户的访问。如果服务器上只有一个 IP 地址,即可添加多个不同主机头名的网站,用户访问时仍使用 DNS 域名访问。

在 Windows Server 2019 中的 IIS 管理器中,选择"网站"选项,显示"网站"窗格,在此处即可创建虚拟网站,所有新建的虚拟网站也都会显示在该窗格中。

> **提示**
>
> 虚拟网站既可以建立在默认网站之下,也可以直接建立在其他虚拟网站之下,甚至可以建立在 IIS 服务器之下。

7. 创建虚拟目录

当原有的磁盘空间不足时,可通过添加虚拟目录的方式将其他硬盘甚至是其他服务中的内容挂接到当前网站。另外,在调整网站结构时,也可以通过创建虚拟目录方式,将不同的内容分布到相关的网站中。

> **提示**
>
> 虚拟目录作为网站的组成部分,其基本属性与虚拟网站的属性类似。各方面的操作也是类似的。

6.3.3 相关知识

1. Web 服务

互动练习

Web 自测 1

Web 服务即 WWW(world wide web,万维网)服务,是网络中最重要的服务,可以用来搭建 Web 服务器,创建 Web 网站,使客户端可以通过 Web 浏览器来浏览网站内容。Web 服务不仅可以用来搭建静态网站,还可以搭建 ASP、ASP. NET、JSP 等动态网站,并且 Web 网站可能用到的功能非常多。

2. IIS

互动练习

Web 自测 2

IIS(internet information services,Internet 信息服务)可以启用 Web 应用程序和 XML Web 服务,用来搭建 Web 网站,同时为 Intranet 和 Internet 提供信息发布功能。IIS 不仅支持各种语言的动态网站,而且完全以"随需定制"的模式展现,管理员可以只安装所需要的组件,由于安装的组件减少,安全性也越来越高。

3. Web 动态网站

默认情况下,IIS 中的 Web 网站支持静态网站。静态网站只能运行静态的 HTML 网页,Web 网站只能将存储了 HTML 文本文件和图像的静态网页发送给客户端浏览器,但无法完成访问数据库、与用户进行交互等功能。于是,动态网站出现了。动态网站是指服务器和客户端浏览器之间能够进行数据交互的网站。动态网站一般都配置了用于数据处理的 Web 应用程序,能够根据用户的请求动态地改变浏览器显示的 HTML 内容,并可以实现 Web 数据库查询、网页内容调用等功能。目前,Internet 中有很多种动态网站技术,如 ASP、ASP. NET、CGI、PHP、JSP 等,需要分别安装相应的动态网站应用程序来实现。

ASP 和 ASP. NET 是微软公司推出的一种动态网站技术,提供了建立和部署企业级 Web 应用程序所必需的服务。ASP 是最常见的 IIS 应用程序,而 ASP. NET 则是 ASP 的升级产品,并且提供了全新编程模型和网络应用程序,能够创建更安全、更稳定、更强大的动态网站。

PHP(hypertext preprocessor,超文本预处理器)是一种服务器端的脚本语言,脚本在服务器上执行,支持 Windows、Linux、UNIX 等大部分的主流操作系统。PHP 是一个开源的软件,可免费下载使用,支持多种数据库,常用的方式是与灵活小巧且免费的 MySQL 数据库组合使用。

JSP 是由 Sun Microsystems 公司倡导,由许多公司一起参与并建立的一种动态网页技术标准。JSP 使用 Java 编程语言编写,与 ASP 技术很相似,在传统的 HTML 网页文件中插入 Java 程序段(scriptlet)和 JSP 标记(tag),从而形成 JSP 文件。用 JSP 开发的 Web 应用是跨平台的,既能在 Linux 下运行,也能在其他操作系统上运行。

4. 虚拟网站技术

公司若需要多个 Web 网站,但有些网站的访问量很小,并且服务器数量也比较少,此时就可以利用 IIS 的虚拟网站功能,实现在一台服务器上搭建多个网站,同时每个虚拟网站还可以分别拥有独立的 IP 地址或域名,从而节省设备投资,便于集中管理,是中小型企业理想的网站搭建方式。

虚拟网站主要具有以下特点:节约投资,多个虚拟 Web 站点运行在同一台服务器上,节约了软件与硬件的投资,便于管理。

5. Web 虚拟目录管理

虚拟目录也就是网站的子目录,用户可以像访问网站一样访问。一个 Web 网站可以创建多个虚拟目录,可以实现一台服务器发布多个网站的目的。虚拟目录也可以设置主目录、默认文档、身份验证等,但不能指定 IP 地址和端口。

动态网站与静态网站相比有哪些优势?

6.3.4　任务总结与知识回顾

- 安装 Web 服务
- 管理 Web 服务
- 搭建 Web 虚拟网站

Web 动态网站技术：Internet 中有很多种动态网站技术，如 ASP、ASP. NET、CGI、PHP、JSP 等，需要分别安装相应的动态网站应用程序来实现

虚拟网站技术：实现在一台服务器上搭建多个网站，同时每个虚拟网站还可以分别拥有独立的 IP 地址或域名，从而节省投资，便于集中管理，是中小型企业理想的网站搭建方式

虚拟目录：一个 Web 网站可以创建多个虚拟目录，可以实现一台服务器发布多个网站的目的

6.3.5　考核建议

考核评价表见表 6-4。

表 6-4　考核评价表

指标名称	指 标 内 容	考核方式	分值
工作任务的理解	是否了解工作任务、要实现的目标及要实现的功能	提问	10
工作任务功能实现	1. 能完成任务的前期准备工作 2. 能实现 Web 的安装 3. 进行 Web 管理 4. 配置虚拟网站、虚拟目录	抽查学生操作演示	30
理论知识的掌握	1. 动态网站的特点 2. 虚拟网站的原理 3. 虚拟目录的原理	提问	30
文档资料	认真完成并及时上交实训报告	检查	20
其　他	保持良好的课堂纪律 保持机房卫生	班干部协助检查	10
总　分			100

6.3.6　拓展提高

网站规划简介

网站(web site)是一个存放在网络服务器上的完整信息的集合，它包含多个页面，这些页面以一定方式链接在一起，成为一个整体，用来描述一组完整的信息或达到某种期望的宣传效果。网站规划是指在网站建设前对市场进行分析、确定网站的目的和功能，并根据需要对网站建设中的技术、内容、费用、测试、维护等做出规划。网站规划对网站建设起到计划和指导的作用，对网站的内容和维护起到定位作用。

专业的网站建立在合理的网站规划之下，网站规划既有战略性的内容，也包含战术性的内容，网站规划应站在网络营销战略的高度来考虑，战术是为战略服务的。网站规划是网站

建设的基础和指导纲领,决定了一个网站的发展方向,同时对网站推广也具有指导意义。网络营销计划侧重于网站发布之后的推广,网站规划侧重于网站建设阶段的问题,但网站建设的目的是为了满足网络营销的需要,因此应该用全局的观点来看待网站规划,在网站规划阶段就将计划采用的营销手段融合进来,而不是等待网站建成之后才考虑怎么去做营销。网站规划的内容对网络营销计划同样具有重要意义,具有与网络营销计划同等重要的价值,二者不可互相替代。网站规划的主要意义就在于树立网络营销的全局观念,将每一个环节都与网络营销目标结合起来,增强针对性,避免盲目性。

网站规划要进行的主要任务是:

① 制定网站的发展战略。网站服务于组织管理,其发展战略必须与整个组织的战略目标协调一致。制定网站的发展战略,首先要调查分析组织的目标和发展战略,评价现行网站的功能、环境和应用状况。在此基础上确定网站的使命,制定网站统一的战略目标及相关政策。

② 制定网站的总体方案,安排项目开发计划。在调查分析组织信息需求的基础上,提出网站的总体结构方案。根据发展战略和总体结构方案,确定系统和应用项目开发次序及时间安排。

③ 制定网站建设的资源分配计划。提出实现开发计划所需要的硬件、软件、技术人员、资金等资源,以及整个系统建设的概预算,进行可行性分析。

网站的规划阶段是一个管理决策过程,它要应用现代信息技术有效地支持管理决策的总体方案。它是管理与技术结合的过程,规划人员对管理和技术发展的见识、开创精神、务实态度是网站规划成功的关键因素。

任务 6.4 安装及配置 E-mail 服务

6.4.1 任务介绍

E-mail 服务是网络中一个最重要的服务。Internet 上很多网站也提供了免费或收费的电子邮箱,但是大多对邮箱进行了容量限制。若本机构网络中有足够的服务器,并且所申请的 Internet 带宽也比较充足,这就可以安装配置 E-mail 服务。

☞你有自己的电子邮箱吗?登录电子邮箱,看看它的基本功能是什么。

6.4.2 实施步骤

1. 前期准备

在配置邮件服务器时,需要做好如下准备:

● 将邮件服务器加入域。

● 准备好域中的用户账户,为每一个账户都创建一个邮箱。

• 若欲实现电子邮件的 Internet 收发,必须向域名服务机构申请正式国际或国内域名,并且在 DNS 上正确设置 MX 邮件记录,将 E-mail 解析为欲安装邮件服务的计算机的 IP 地址。

2. 安装 SMTP 服务

① 以系统管理员身份登录,单击"开始"→"服务器管理器",打开"服务器管理器"窗口,单击"添加角色和功能",在左侧向导步骤内单击"功能",如图 6-39 所示,勾选"SMTP 服务器",提示需要添加 SMTP 服务器所需要的角色服务和功能,要求安装必要的 IIS 6.0 组件,如图 6-40 所示。

☞ 为什么要安装 IIS 6.0?

图 6-39 选择功能窗口

图 6-40 安装 IIS 6.0 组件

② 单击"添加功能",确认选择安装"SMTP 服务器",单击"下一步"按钮,添加"Web 服务器(IIS)",继续单击"下一步"按钮,其余步骤均选择默认即可,单击"安装"按钮,开始相关组件安装,最终提示功能"安装成功",如图 6‑41 所示。

图 6‑41 安装完成

3. 配置邮件服务相关参数

① 单击"开始"→"Windows 管理工具"→"Internet 信息服务(IIS)6.0",打开如图 6‑42 所示的窗口。

图 6‑42 Internet 信息服务(IIS)6.0 管理器

② 在左侧目录树中右键单击"SMTP Virtual Server ♯1",在弹出的快捷菜单选择"属性"命令,打开属性对话框,如图 6‑43 所示,在其中设置当前邮件服务器的 IP 地址。

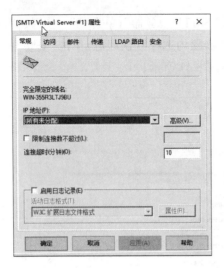 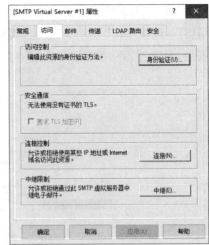

图 6-43　设置邮件服务器的 IP 地址　　图 6-44　"访问"选项卡

☞为什么要进行身份验证?

③ 单击"访问"选项卡,如图 6-44 所示,在其中设置"中继限制",也就是设置"允许或拒绝通过此 SMTP 虚拟服务器中继电子邮件",单击"中继"按钮,进行"中继限制"设置,在打开的对话框中选择"以下列表除外"。在"访问"选项卡中还需设置"身份验证"对话框,在其中选择"匿名访问""基本身份验证"和"集成 Windows 身份验证"。选择"集成 Windows 身份验证"之后,SMTP 的账号验证就是 Windows 操作系统的账号。

④ 单击"邮件"选项卡,如图 6-45 所示,在其中设置邮件传递信息,例如邮件大小、每封邮件的收件人数等。

⑤ 单击"传递"选项卡,在其中设置邮件发送失败重发的频率等,如图 6-46 所示。

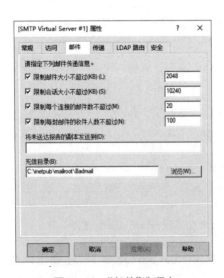 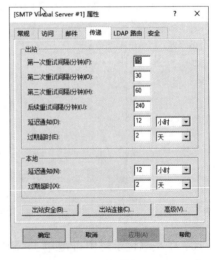

图 6-45　"邮件"选项卡　　　　　图 6-46　"传递"选项卡

6.4.3 相关知识

1. 邮件服务简介

邮件服务并不是一个单独的网络服务,而是由 SMTP 服务和 POP 服务组成的。其中,SMTP 服务器使用协议 SMTP,用于发送和中转电子邮件;POP 服务器使用协议 POP,用于接收电子邮件。电子邮件客户端则是帮助用户收发自己的电子邮件。

POP3(post office protocol 3)即邮局协议的第 3 个版本,POP3 服务是一种检索电子邮件的服务,管理员可以使用 POP3 服务存储及管理邮件服务器上的电子邮件账户。根据 POP3,允许用户对自己账户的邮件进行管理,例如下载到本地计算机或从邮件服务器删除等。

SMTP(simple mail transfer protocol)即简单邮件传输协议,它是一组用于由源地址到目的地址传送邮件的规则,用来控制信件的中转方式。SMTP 属于 TCP/IP 协议簇,可帮助计算机在发送或中转信件时找到下一个目的地。通过 SMTP 所指定的服务器,就可以把 E-mail 寄送到收信人的服务器上了。SMTP 服务器则是遵循 SMTP 的发送邮件服务器,用来发送或中转发出的电子邮件。

配置好邮件服务器以后,用户就可以收发邮件。当发送电子邮件时,必须先知道对方的邮件地址,就如同现实生活中写信时,需要写上收信人姓名、收信人地址等。电子邮件的格式为:用户名@邮件服务器。用户名就是在邮件服务器上使用的用户登录名,而邮件服务器则是邮件服务器的域名,例如 hxw@corp.net。

互动练习

E-mail 自测

2. WebEasyMail

WebEasyMail 是一款基于 Windows 平台并服务于中、小型网站的 Internet 和 Intranet 高性能 Web 邮件服务器。除支持各种邮件客户端软件外,如 OutLook、FoxMail 等,还可以通过 Web 方式进行系统和用户设置以及收、发电子邮件。在未注册时的唯一限制是不能超过 25 个用户数,除此之外,没有任何功能上或者时间上的限制。因此,完全可以满足小型企业网络的使用。WebEasyMail 安装完毕,任务栏的系统托盘区域会自动产生一个"E"字图标,用鼠标右键单击该图标,可以选择其中的菜单项进行相关设置。

3. Exchange Server 2019

Exchange Server 2019 也是用来搭建邮件服务器的软件,与邮件系统在组织中通常的部署和分配方式对应,旨在为各种规模的客户提供全面、集成和灵活的邮件解决方案。使用 Exchange Server 2019,整个组织中的用户可以通过各种设备,在任何位置访问电子邮件、语音邮件、日历和联系人。

Exchange Server 2019 支持安装在 Windows Server(Core) 核心版,但是必须是 Windows Server 2016 或者 Windows Server 2019 的核心板,当然也可以安装在 Windows Server 2016 或 2019 的 GUI 版本中。

Exchange Server 2019 一方面支持最大 48 核 CPU 和最大 256G 的内存,这一点对于大的企业算是一种福利,因为它们不再需要多台 Exchange 去平衡服务器的性能了。第二方面表现在使用必应的技术,重新设计了 Exchange 的搜索功能,使其更快和提供更准确的结果。第三方面就是虽然 SSD 速度很快,Exchange Online 使用的基本都是 SSD,但是 Exchange Server 2019 现在对 SATA 的存储还是支持的。

6.4.4 任务总结与知识回顾

● 安装 SMTP 服务 ● 配置 E-mail ● 实现 E-mail 的 Web 访问	E-mail 的作用:基本的网络通信工具 POP3:为用户提供邮件检索下载服务 SMTP:提供发送邮件和在服务器间传递邮件的服务 第三方软件:实现邮件在 Web 上的访问,提供全面、集成和灵活的邮件解决方案

6.4.5 考核建议

考核评价表见表 6-5。

表 6-5　考核评价表

指标名称	指　标　内　容	考核方式	分值
工作任务 的理解	是否了解工作任务、要实现的目标及要实现的功能	提问	10
工作任务 功能实现	1. 能够安装 SMTP 服务 2. 可以进行 E-mail 服务的配置 3. 能够创建用户邮箱	抽查学生 操作演示	30
理论知识 的掌握	1. E-mail 服务的作用 2. POP3 的功能 3. SMTP 的功能	提问	30
文档资料	认真完成并及时上交实训报告	检查	20
其　他	保持良好的课堂纪律 保持机房卫生	班干部 协助检查	10
总　　分			100

6.4.6 拓展提高

FTP 服务器

随着网络的发展,各种文件传输软件层出不穷,而且大多都非常好用。不过,FTP 仍以其使用方便、安全可靠等特点长期占据着一席之地。利用 FTP 功能,可以将文件从 FTP 服务器下载到客户端,也可将文件上传到 FTP 服务器,而且可以与 NTFS 配合使用,设置严格的访问权限。在需要维护 Web 网站、远程上传文件的服务器中,FTP 服务通常以其安全、方便的特点作为首选工具。

FTP(file transfer protocol)即文件传输协议,不仅可以像文件服务一样在局域网中传输文件,而且可在 Internet 中使用,还可以作为专门的下载网站,为网络提供软件下载。虽然 Web 服务也可以提供文件下载功能,但是 FTP 服务的效率更高,而且可以与 NTFS 相结合,设置更加严格的权限。

同时,FTP 可以控制文件的双向传输,既可以将文件从 FTP 服务器传输到客户端,也可以从客户端传输到 FTP 服务器。FTP 的使用和管理都非常简单,不像其他网络服务一样需要复杂的配置。它属于 TCP/IP 协议栈,无论是 Windows 系统还是 UNIX 系统,只要操作系统支持 TCP/IP,就可以在不同类型的计算机之间传输文件。

在早些年,FTP 曾作为主要的下载服务,为大量网站所应用。但近年来,随着 Web 网站的流行,以及其他专用下载软件的推出,人们已经很少使用 FTP 进行下载。但是,FTP 强大的上传功能却是不能为其他软件所代替的,尤其是在更新 Web 网站时,更是少不了 FTP。当用户需要向远程计算机上存放文件时,FTP 也通常被作为首选。

习题

视频

安装配置常用
网络服务总结

一、选择题

1. 实现搭建动态网站环境的网络服务是(　　)。

    A. DNS　　　　　B. FTP　　　　　C. SMTP　　　　　D. WEB

2. 安装网络服务时,为区分各种网络服务,首先要选择(　　)。

    A. 配置服务器　　　　　　　　　　B. 管理工具

    C. 服务器角色　　　　　　　　　　D. "开始"菜单

3. 当 DHCP 客户计算机第一次启动或初始化 IP 时,将是(　　)消息广播发送给本地子网。

    A. DHCP Discover　　　　　　　　B. DHCP Request

    C. DHCP Offer　　　　　　　　　　D. DHCPP Ack

4. 邮件服务使用的协议是(　　)。

    A. POP3　　　　　B. SMTP　　　　　C. HTTP　　　　　D. FTP

5. 若某用户的 E-mail 地址是 lzshxk@lzpcc.edu.cn,下面(　　)是该用户的用户名。

    A. lzshxk　　　　　B. lzpcc　　　　　C. edu　　　　　D. cn

二、简答题

1. 简述 DHCP 的工作原理。

2. 为什么要对 IP 进行动态管理？

3. 如何安装和配置 Web 服务？

三、操作题

在局域网中选取一台系统为 Windows Server 2019 的计算机，进行活动目录的安装，再在活动目录中创建若干域用户账户。

模块 7　管理计算机网络

为了能够使已经设计和组建好的计算机网络高效地运行,需要对它进行有效的管理。

本模块主要学习利用一些网络命令和网络管理软件对计算机网络进行管理,提升网络使用的效能。

▶▶▶ **职业素养宝典**

视频

心态调整和
抗压能力

工作效率与心情

工作效率往往与心情密切相关。快乐的人拥有更好的人际关系,能更有效地工作;而压力和焦虑则会影响心情,进而影响到你的工作。当你有压力或焦虑时,应该主动获取一些正面的情绪来缓解,如和朋友出去散步、一起喝杯咖啡或吃一顿午餐,也可以出去做一些快步走或骑行等运动,挑选一本好书进行阅读同样是不错的选择。同时,还需要仔细思考,到底是什么让自己烦恼不安、感到困扰,进而找到克服这些不良情绪的方法和途径,这样才能把自己的心情调整到最好的状态来迎接工作中的挑战。

启示:保持积极乐观的情绪,是取得胜利的保证。

任务 7.1　应用常用网络命令

7.1.1　任务介绍

网络管理员在对网络的日常管理中,熟练掌握一些基本的网络命令会使得一些基本的网络环境管理和调试更快捷,本任务主要通过使用几个常用网络命令,来观察它们的用法以及它们在网络管理中的作用。

☞常见的网络命令有哪些?

7.1.2　实施步骤

1. 使用 ipconfig 命令查看本机网络配置信息

① 打开"开始"菜单→"Windows 系统"→"命令提示符"窗口。

② 在命令行界面中输入"ipconfig"命令,查看该计算机的网络配置信息,如图 7-1 所示,观察显示结果。

☞使用 ipconfig 命令可以查看哪些信息?

图 7-1　ipconfig 命令的运行结果

☞使用 ipconfig/all 命令可以查看哪些信息?

③ 在命令行界面输入"ipconfig/all"命令,查看显示结果,如图 7-2 所示。

☞请思考 ipconfig 和 ipconfig/all 命令有什么不同?

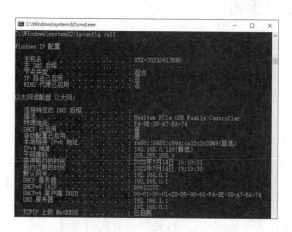

图 7-2　ipconfig/all 命令的运行结果

2. 使用 ping 命令查看计算机网络的连通性

① 打开命令行界面,输入命令: ping 127.0.0.1(回送地址),验证是否在本机上正确安装并配置了 TCP/IP,如图 7-3 所示,观察显示结果。

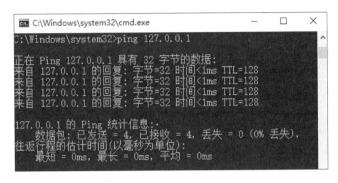

图 7-3　ping 127.0.0.1 的运行结果

☞ 使用 ping 命令时,如何查看数据包的丢失率?

② 输入命令: ping 59.76.147.188(本机 IP 地址),验证是否已将 IP 地址正确添加到网络中,是否有重复 IP 地址,观察显示结果。

③ 输入命令: ping 119.96.200.240(搜狐主机地址),验证路由器是否正常工作,从而确定是否可以通过路由器与其他网络上的主机进行通信,观察显示结果。

④ 输入命令: ping www.sohu.com(搜狐域名),验证 DNS 服务器是否正常工作,从而确定是否可以解析远程主机名,观察并记录显示结果。

☞ 使用 ping 命令的时候,什么状态表示可以连通,什么状态表示不可以连通?

3. 利用 arp 命令查看本机 ARP 列表中存储的内容

在命令行界面输入命令"arp -a",查看本机 ARP 缓存列表中存储的内容,如图 7-4 所示,记录显示结果。

图 7-4　arp -a 命令的运行结果

☞ ARP 缓存列表中有哪些信息? 为什么要存储这些信息?

4. 使用 route 命令显示路由表中的当前项目

在命令行界面输入命令"route print",查看当前网络中与本主机相连的路由器中路由表的当前项目,如图 7-5 所示,记录显示结果。

☞ 路由表中存储了哪些信息? 这些信息有什么作用?

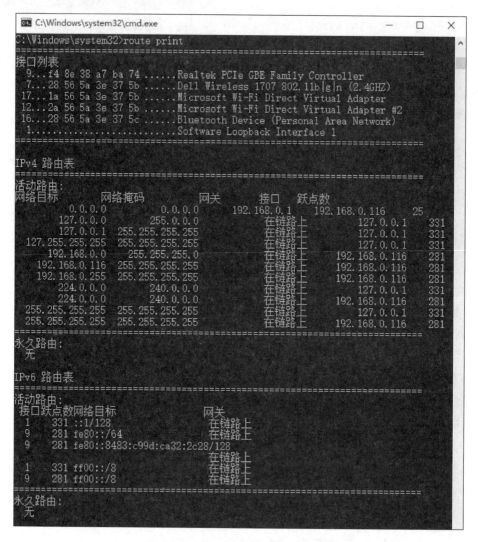

图 7 - 5　route print 命令的运行结果

7.1.3　相关知识

1. ipconfig 命令

发现和解决 TCP/IP 网络问题时，先检查出现问题的计算机上的 TCP/IP 配置。可以使用 ipconfig 命令获得主机 TCP/IP 配置信息，包括 IP 地址、子网掩码和默认网关。命令格式为 ipconfig/options，其中 options 选项如下。

- /?：显示帮助信息。
- /all：显示全部配置信息。
- /release：释放指定网络适配器的 IP 地址。
- /renew：刷新指定网络适配器的 IP 地址。
- /flushdns：清除 DNS 解析缓存。

- /registerdns：刷新所有 DHCP 租用和重新注册 DNS 名称。
- /displaydns：显示 DNS 解析缓存内容。

使用带/all 选项的 ipconfig 命令时，将给出所有接口的详细配置报告，包括任何已配置的串行端口。使用 ipconfig/all 可以将命令输出重定向到某个文件，并将输出粘贴到其他文档中，也可以用该输出确认网络上每台计算机的 TCP/IP 配置，或者进一步调查 TCP/IP 网络问题。例如，若计算机配置的 IP 地址与现有的 IP 地址重复，则子网掩码显示为 0.0.0.0。

 提 示

如果计算机和所在的局域网使用了动态主机配置协议（DHCP），使用 ipconfig/all 命令显示的信息更加实用。

互动练习

网络命令自测1

2. ping 命令

（1）ping 命令的语法格式

ping 命令主要用于测试主机间的连通性，其语法格式如下：

ping [-t] [-a] [-n count] [-l length] [-f] [-i ttl] [-v tos] [-r count] [-s count] [-j host-list] [-k host-list] [-w timeout] destination-list

☞如果网络连接不通，将显示什么提示信息?

- -t 在默认情况下，ping 命令只发送 4 个数据包，如果要发送多个包可使用 t 参数，将持续不断地向指定计算机发送数据包，直到按 Ctrl + C 组合键中断，如 ping 192.168.168.12 -t。
- -a 解析主机的 NetBIOS 主机名，如果想知道所 ping 的计算机名则要加上这个参数，如 ping -a 192.168.168.12。
- -n count 默认情况下发送 4 个数据包，也可以使用-n count 指定发送数据包的个数为 count，如 ping -n 10 192.168.168.12。
- -l length 定义所发送缓冲区的数据包的大小，在默认的情况下，Windows 的 ping 发送的数据包大小为 32 Byte，也可以自己定义，但有一个限制，就是最大只能发送 65 500 Byte，如 ping 192.168.168.12 -l 1024。
- -f 在数据包中发送"不要分段"标志，一般所发送的数据包都会通过路由分段再发送给对方，加上此参数以后路由就不会再分段处理。
- -i ttl 指定 TTL 值在对方的系统里停留的时间，此参数同样可帮助检查网络运转情况。
- -v tos 将"服务类型"字段设置为"tos"指定的值。
- -r count 在"记录路由"字段中记录传出和返回数据包的路由。一般情况下发送的数据包是通过一个个路由才到达对方的，但到底经过了哪些路由呢？通过此参数就可以设定想探测经过的路由的个数，不过限制在了 9 个，也就是说只能跟踪到 9 个路由。

- -s count 指定"count"指定的跃点数的时间戳,此参数和-r差不多,只是这个参数不记录数据包返回所经过的路由,最多也只记录 4 个。

- -j host-list 利用"host-list"指定的计算机列表路由数据包,连续计算机可以被中间网关分隔 IP 允许的最大数量为 9。

- -w timeout 指定超时间隔,单位为毫秒。

- destination-list 是指要测试的主机名或 IP 地址。

(2)用 ping 命令测试网络的步骤

计算机网络的连通问题是由许多原因引起的,如本地配置错误、远程主机协议失效等,当然还包括设备等造成的故障。

使用 ping 检查连通性有五个步骤:

- 使用 ipconfig/all 观察本地网络设置是否正确。

- ping 127.0.0.1,127.0.0.1 回送地址,是为了检查本地的 TCP/IP 协议有没有设置好。

- ping 本机 IP 地址,这样是为了检查本机的 IP 地址是否设置有误。

- ping 本网网关或本网 IP 地址,这样的是为了检查硬件设备是否有问题,也可以检查本机与本地网络连接是否正常(在非局域网中这一步骤可以忽略)。

- ping 外部网络地址,这样是为了判断是否与外部网络能够正常连通,判断内外网的连通性。

> **提示**
>
> ping 就是对一个网址发送测试数据包,看对方网址是否有响应并统计响应时间,以此测试网络。

3. arp 命令

ARP 协议是"address resolution protocol"(地址解析协议)的缩写,是根据 IP 地址获取物理地址的一个 TCP/IP 协议。ARP 原理:某机器 A 要向主机 B 发送报文,会查询本地的 ARP 缓存表,找到 B 的 IP 地址对应的 MAC 地址后就会进行数据传输。如果未找到,则广播 A 一个 ARP 请求报文(携带主机 A 的 IP 地址 Ia——物理地址 Pa),请求 IP 地址为 Ib 的主机 B 回答物理地址 Pb。网上所有主机包括 B 都收到 ARP 请求,但只有主机 B 识别自己的 IP 地址,于是向 A 主机发回一个 ARP 响应报文。其中就包含有 B 的 MAC 地址,A 接收到 B 的应答后,就会更新本地的 ARP 缓存。接着使用这个 MAC 地址发送数据(由网卡附加 MAC 地址)。因此,本地高速缓存的这个 ARP 表是本地网络流通的基础,而且这个缓存是动态的。

使用 arp 命令能够查看本地计算机或另一台计算机的 ARP 高速缓存中

互动练习

网络命令自测2

如果没有 IP 地址对应的 MAC,该如何处理?

的当前内容。此外,使用 arp 命令,也可以用人工方式输入静态的网卡物理/IP 地址对。

ARP 表可以包含动态(dynamic)和静态(static)表项,用于存储 IP 地址与 MAC 地址的映射关系。动态表项随时间推移自动添加和删除。而静态表项则一直保留在高速缓存中,直到人为删除或重新启动计算机为止。

(1) arp -a 或 arp -g

用于查看高速缓存中的所有项目。-a 和-g 参数的结果是一样的,多年来,-g 一直是 UNIX 平台上用来显示 ARP 高速缓存中所有项目的选项,而 Windows 用的是 arp -a(-a 可被视为 all,即全部的意思),但它也可以接受比较传统的-g 选项。arp -g 命令的执行结果如图 7-6 所示。

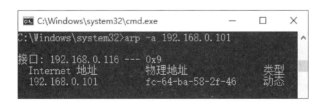

图 7-6 arp -g 命令的执行结果

(2) arp -a IP

如果有多个网卡,那么使用 arp -a 加上接口的 IP 地址,就可以只显示与该接口相关的 ARP 缓存项目。arp -a IP 命令的执行结果如图 7-7 所示。

图 7-7 arp -a IP 命令的执行结果

4. route 命令

当网络上拥有两个或多个路由器时,就不一定只依赖默认网关了。比如让某些远程 IP 地址通过某个特定的路由器来传递,而其他的远程 IP 则通过另一个路由器来传递。

互动练习

网络命令自测3

在这种情况下,需要相应的路由信息,这些信息储存在路由表中,每个主机和每个路由器都配有自己独一无二的路由表。大多数路由器使用专门的路由协议来交换和动态更新路由器之间的路由表。但在有些情况下,必须人工将项目添加到路由器和主机上的路由表中。route 就是用来显示、人工添加和修改路由表项的。

（1）route print

本命令用于显示路由表中的当前项目在单路由器网段上的输出。由于用 IP 地址配置了网卡,因此所有的这些项目都是自动添加的。

☞如何添加路由信息?

（2）route add

使用本命令,可以将新路由项目添加给路由表。例如,如果要设定一个到目的网络 209.98.32.33 的路由,其间要经过 5 个路由器网段,首先要经过本地网络上的一个路由器,路由器 IP 为 202.96.123.5,子网掩码为 255.255.255.224,那么应该输入以下命令:

route add 209.98.32.33 mask 255.255.255.224 202.96.123.5 metric 5

（3）route change

可以使用本命令来修改数据的传输路由,不过,不能使用本命令来改变数据的目的地。下面这个例子可以将数据的路由改到另一个路由器,它采用一条包含 3 个网段的更直的路径:

route change 209.98.32.33 mask 255.255.255.224 202.96.123.250 metric 3

☞什么情况下需要删除路由信息?

（4）route delete

使用本命令可以从路由表中删除路由,如 route delete 209.98.32.33。

7.1.4　任务总结与知识回顾

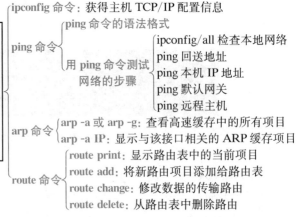

- 使用 ipconfig 命令参看本机网络配置信息
- 使用 ping 命令查看计算机网络的连通性
- 利用 arp 命令查看本机 ARP 列表中存储的内容
- 使用 route 命令显示路由表中的当前项目

ipconfig 命令: 获得主机 TCP/IP 配置信息

ping 命令
ping 命令的语法格式
用 ping 命令测试网络的步骤
  ipconfig/all 检查本地网络
  ping 回送地址
  ping 本机 IP 地址
  ping 默认网关
  ping 远程主机

arp 命令
arp -a 或 arp -g: 查看高速缓存中的所有项目
arp -a IP: 显示与该接口相关的 ARP 缓存项

route 命令
route print: 显示路由表中的当前项目
route add: 将新路由项目添加给路由表
route change: 修改数据的传输路由
route delete: 从路由表中删除路由

7.1.5 考核建议

考核评价表见表 7 - 1。

表 7 - 1 考核评价表

指标名称	指 标 内 容	考核方式	分值
工作任务的理解	是否了解工作任务、要实现的目标及要实现的功能	提问	10
工作任务功能实现	1. 能够使用 ipconfig 命令参看本机网络配置信息 2. 能够使用 ping 命令查看计算机之间的连通性 3. 能够利用 arp 命令查看本机 ARP 列表中存储的内容 4. 能够使用 route 命令显示路由表中的当前项目	抽查学生操作演示	30
理论知识的掌握	1. iponfig 命令的功能、语法格式及使用方法 2. ping 命令的功能、语法格式及使用 ping 测试网络的一般步骤 3. arp 命令的功能、语法格式及使用方法 4. route 命令的功能、语法格式及使用方法	提问	30
文档资料	认真完成并及时上交实训报告	检查	20
其 他	保持良好的课堂纪律 保持机房卫生	班干部协助检查	10
总 分			100

7.1.6 拓展提高

其他网络命令

1. netstat

（1）功能

netstat 命令的功能是显示网络连接、路由表和网络接口信息，可以让用户得知目前都有哪些网络连接正在运作。

（2）语法格式

netstat 命令的语法格式如下：

netstat［-a］［-e］［-n］［-s］［-p protocol］［-r］［interval］

参数说明如下：

● -a -a 选项显示一个所有的有效连接信息列表，包括已建立的连接（ESTABLISHED），也包括监听连接请求（LISTENING）的那些连接。

● -e -e 选项用于显示关于以太网的统计数据。它列出的项目包括传送的数据包的总字节数、错误数、删除数、数据包的数量和广播的数量。这些统计数据既有发送的数据包数量，也有接收的数据包数量。使用这个选项可以统计一些基本的网络流量。要显示以太网信息，如发送和接收字节、数据包等执行"netstat -e -s"命令，结果如图 7 - 8 所示。

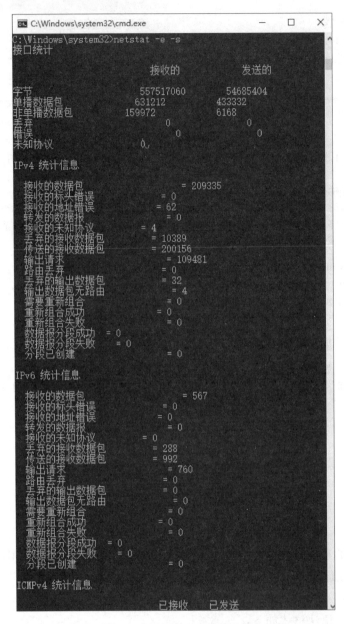

图 7-8 显示以太网信息

● -n 显示所有已建立的有效连接，以数字格式显示地址和端口号。

● -s -s 选项能够按照各个协议分别显示其统计数据。这样就可以看到当前计算机在网络上存在哪些连接，以及数据包发送和接收的详细情况等。如果应用程序（如 Web 浏览器）运行速度比较慢，或者不能显示 Web 页之类的数据，那么可以用本选项来查看一下所显示的信息。仔细查看统计数据的各行，找到出错的关键字，进而确定问题所在。

● -p protocol 显示由 protocol 指定的协议的连接。protocol 可以是 TCP 或 UDP。如果与-s 选项并用显示每个协议的统计，protocol 可是 TCP、UDP、ICMP 或 IP。

● -r   -r 选项可以显示关于路由表的信息,类似使用 route print 命令时看到的信息。除了显示有效路由外,还显示当前有效的连接。

● interval   重新显示所选的统计,在每次显示之间暂停 interval 秒。按 Ctrl + B 组合键停止,重新显示统计。如果省略该参数,netstat 将打印一次当前的配置信息。

当前最为常见的木马病毒通常是基于 TCP/UDP 协议进行 Client 端与 Server 端之间的通信,既然利用这两个协议,就不可避免要在 Server 端(就是感染了木马病毒的机器)打开监听端口来等待连接。可以利用 netstat 命令查看本机开放端口的方法来检查自己的计算机是否感染了木马病毒或其他黑客程序。进入到命令行下,使用 netstat 命令的-a 和-n 两个参数的组合,如图 7 – 9 所示。其中参数-a 用于显示所有的 socket,包括正在监听的;参数-n 以网络 IP 地址代替名称,显示出网络连接情形。

图 7 – 9   netstat 命令运行结果

2. tracert

(1) 功能

这个应用程序主要用来显示数据包到达目的主机所经过的路径。通过执行一个 tracert 到对方主机的命令之后,结果返回数据包到达目的主机前所经历的路径详细信息,并显示到达每个路径所消耗的时间。

这个命令同 ping 命令类似,但它所看到的信息要比 ping 命令详细得多,它能反馈送出的到某一站点的请求数据包所走的全部路由,以及通过该路由的 IP 地址,通过该 IP 的时间是多少。tracert 命令还可以用来查看网络在连接站点时经过的步骤或采取哪种路线,如果网络出现故障,就可以通过这条命令来查看问题出现在哪里。例如运行 tracert www.sohu.com 就将看到网络在经过几个连接之后所到达的目的地,也就知道网络连接所经历的过程。

路由分析诊断程序 tracert 通过向目的地发送具有不同生存时间的 ICMP 回应报文,以确定至目的地的路由。也就是说,tracert 命令可以用来跟踪一个报文从一台计算机到另一台计算机所走的路径。

(2) 语法格式

tracert 命令的语法格式如下:

tracert [-d] [-h maximum_hops] [-j host-list] [-w timeout] target_name

参数说明如下:

- -d 不进行主机名称的解析。
- -h maximum_hops 最大的到达目标的跃点数。
- -j host-list 根据主机列表释放源路由。
- -w timeout 设置每次回复所等待的毫秒数。

比如用户在上网时,想知道从自己的计算机如何"走到"网易主页,可在命令行下输入命令 tracert www.163.com,如图 7 - 10 所示。

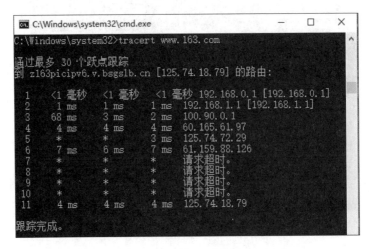

图 7 - 10 tracert 命令

左边的数字称为"hops",是该路由经过的计算机数目和顺序。"10 ms"是向经过的第一个计算机发送报文的往返时间,单位为 ms。由于每个报文每次往返时间不一样,tracert 将显示三次往返时间。如果往返时间以" * "显示,而且不断出现"Request timed out"的提示信息,则表示往返时间太长,此时可按下 Ctrl + C 组合键离开。要是看到四次"Request timed out"信息,则极有可能遇到拒绝 tracert 询问的路由器。在时间信息之后,是计算机的名称信息,是便于人们阅读的域名格式,也有 IP 地址格式。它可以让用户知道自己的计算机与目的计算机在网络上距离有多远,要经过几步才能到达。

tracert 最多会显示 30 段"hops",上面会同时指出每次停留的响应时间,以及网站名称和沿路停留的 IP 地址。一般来说,连接上网速率是由连接到主机服务器的整个路径上所有相应事物的反应时间总和决定的,这就是为什么一个经过 5 段跳接的路由器 hops,如果需要 1 s 来响应的话,会比经过 9 段跳接但只需要 200 ms 响应的路由器 hops 来得糟糕。通过 tracert 所提供的资料,可以精确指出到底连接哪一个服务器比较划算。但是,tracert 是一个运行得比较慢的命令(如果用户指定的目标地址比较远),每个路由器用户大约需要给它 15 s 来发送报文和接收报文。

互动练习

网络命令自测4

任务7.2 安装网络管理软件

7.2.1 任务介绍

网络爬虫它是一种程序,它就如同一只大蜘蛛。将网络上全部的链接和内容进行检索,建立相关的数据库并引入。爬虫软件的质量往往决定搜索引擎的质量。

目前市面上比较常用的网络爬虫抓包工具有聚生网管软件、Charles、Fiddler、Mitmproxy 和 Anyproxy 等。

为了最佳地利用和管理计算机网络,我们利用一款国内比较流行的聚生网管软件的安装和配置过程,让学生了解网络管理软件一般具备的功能,以及它能在网络管理中起到的作用。

1. 聚生网管软件

聚生网管软件是国内一款专注于上网行为管理和上网内容监控的抓包工具软件。

2. Charles

Charles 是 macOS 上的一款抓包分析工具,也支持 Windows 和 Linux,界面简洁,http、https 都是它的基本功能。这款软件是付费软件,也可以免费试用。

3. Fiddler

Fiddler 是 Windows 上一款强大的抓包工具。可以通过 C♯修改脚本,自己定义规则,尤其适用于抓取特定网站数据。

4. Mitmproxy

Mitmproxy 是支持 SSL、基于 Python 的一款命令行交互和跨平台工具。它包括三种工具:mitmproxy、mitmdump、libmproxy。

5. Anyproxy

Anyproxy 是阿里巴巴开源、基于 Node. js 实现的一款抓包工具,如果了解 js,那它将是一个不错的选择。

7.2.2　实施步骤

1. 安装聚生网管软件

① 利用搜索引擎,从网络上下载聚生网管软件安装包。

② 运行安装包中的 WinPcap.exe 安装聚生网管软件,如图 7-11 所示。

图 7-11　安装聚生网管软件过程

③ 安装完成,单击"关闭"按钮。单击"开始"菜单中的"聚生网管"图标,启动软件,如图 7-12 所示。

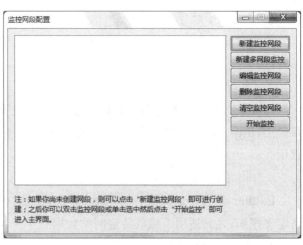

图 7-12　启动聚生网管软件　　　　图 7-13　新建网络配置

为什么在安装网络管理软件之前要安装抓包软件?

2. 配置聚生网管软件

① 新建监控网段。第一次启动软件,系统会提示新建监控网段,单击"新建监控网段",如图 7-13 所示,按照向导提示输入网段名称、选择网卡、设置网络配置信息、设置网络接入方式等,最后单击"完成"按钮。

② 选中刚刚建立的监控网段,单击"启动监控"按钮,进入聚生网管软件的主界面,如图 7-14 所示。

图 7-14　聚生网管软件主界面

 提 示

可以使用同样的方法建立多个网段。如果想监控第二个网段,则需要重新打开一个聚生网管的窗口,选择第二个网段,然后单击"启动监控"按钮。

3. 使用聚生网管软件

(1) 显示主机的上、下行带宽

单击主界面左侧的"主机列表"选项,单击"全部控制"按钮后单击"应用控制设置"按钮,如图 7-15 所示。

上、下行带宽表征网络的什么性能?

IP地址(打勾控制)	主机名(点击修改)	(总)上行(0.00 KB/S)	(总)下行(0.00 KB/S)	连接状态
172.16.0.111 控制机		0.00	0.00	连接正常
172.16.0.121 WINDOWS-VS...		0.00	0.00	连接正常
172.16.0.134 WIN7-64		0.00	0.00	连接正常
172.16.0.188 WIN-KOMDGI...		0.00	0.00	连接正常
172.16.0.100 CHEN-PC		0.00	0.00	连接正常

图 7-15　显示主机的上、下行宽带

(2) 新建控制策略

单击"配置策略"选项,弹出"策略编辑"对话框,单击"新建策略"按钮,弹出"策略名"对话框,在文本框中输入"工作策略",单击"确定"按钮,如图 7 - 16 所示。

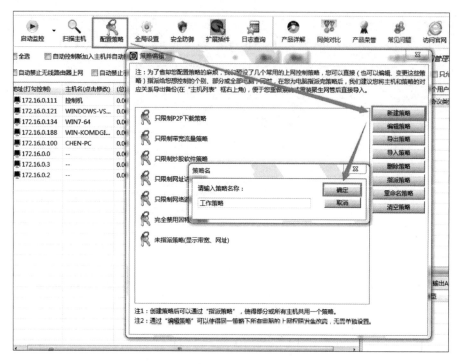

图 7 - 16　新建控制策略

选择"IP - MAC 绑定",可以启用 IP - MAC 地址绑定并进行手工添加和删除绑定等操作;选择"网内其他运行记录",可以显示局域网内其他运行聚生网管的主机的机器名、网卡等信息;选择"网络安全检测工具",可以检测当前对局域网危害最为严重的"局域网终结者""网络剪刀手"和"网络执法官"三大工具。

☞还能设置哪些控制项目?

在弹出的"编辑策略[工作策略]的内容"对话框中,根据控制需要可以进行网络限制、带宽限制、下载限制、流量限制、游戏限制、股票限制、聊天限制、时间设置等控制项目的详细设置,完成后单击"确定"按钮,如图 7 - 17 所示。

也可以单击"编辑策略""删除策略""重命名策略""导入策略""导出策略"等按钮对控制策略进行修改、删除、导入导出等操作。

图 7-17　组策略选择

（3）应用控制策略

单击主界面左侧的"主机列表"选项，在窗口的主机列表中右键单击某个主机，在弹出的快捷菜单中选择"为选中主机指派策略"命令，在打开的"重新指派策略"对话框中选择刚创建的"工作策略"，单击"确定"按钮，则将"工作策略"应用到选中的主机上，如图 7-18 所示。

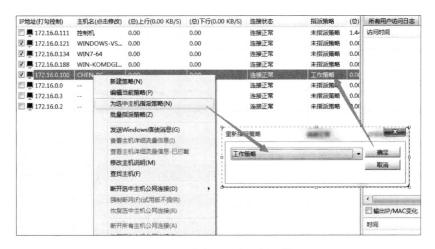

图 7-18　在主机上应用控制策略

（4）查看监控日志

首先在被控计算机前打勾并为其指派上网策略，策略中选择"启用 WWW 访问历史网址记录",这时就可以在右侧日志表中看到详细的监控记录,如图 7‐19 所示。

图 7‐19 选择"启用 WWW 访问历史网址记录"

也可以单击软件主界面中的"日志查询",在弹出的"日志查询"对话框的"系统日志"选项卡中,通过"查询条件"组中的选项来查看所需监控日志,如图 7‐20 所示。

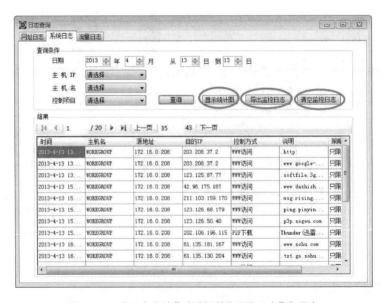

图 7‐20 "日志查询"对话框的"系统日志"选项卡

7.2.3 相关知识

1. 网络管理的概念

网络管理是指监督、控制网络资源的使用和网络的各种活动,从而使网络性能达到最稳定的过程,即对网络的配置、运行状态和计费等所从事的全部操作和维护性活动。它包括提供了对网络进行规划、设计、操作运行、监视、控制、协调、分析、测试、评估和扩展等各种手段,维护整个网络系统正常、高效地运行,使网络资源得到更加有效的利用,且当网络出现故障时能及时报告和处理。网络管理分为:计算机网络管理、电信网络管理、现代网络管理。

2. 网络管理的目标

对网络资源进行合理分配和控制,以满足业务提供者的要求和网络用户的需要,使网络资源得到最大限度的利用,使整个网络更加经济地运行,并同时能够提供连续、可靠和稳定的服务。

3. 网络管理的内容

(1)运行(operation)

针对向用户提供的服务而进行的、面向网络整体进行的管理活动,如用户质量管理和用户的计费等。

(2)管理(administration)

针对向用户提供的有效服务,为满足服务质量要求而进行的管理活动,如对网络流量的管理。

(3)维护(maintenance)

针对保障网络及其设备的正常、可靠、连续运行而进行的管理活动,如故障的检测、定位和恢复等。

(4)提供(provision)

针对网络资源的服务而进行的管理活动,如安装软件、配置参数等。

4. 网络管理的基本功能

网络管理的基本功能主要包括:故障管理、配置管理、性能管理、安全管理、计费管理五个方面:

(1)故障管理

● 故障管理是收集、过滤和归并网络事件,有效地发现、确认、记录和定位网络故障,分析故障原因并给出排错建议与排错工具,形成故障发现、故障告警、故障隔离、故障排除和故障预防的一整套机制。

● 故障并非指一般的差错,而是指网络已无法正常运行,或出现了过多的差错。

● 首要任务是在出现故障的情况下恢复网络服务,其次应找出故障的原因,并及时、有效地修复故障。

故障管理的功能:

① 故障检测和报警功能

a. 记录网络系统出错的情况,定期访问运行日志记录;

b. 代理主动向有关管理站发送出错事件报告。

② 故障预测功能

对各种可能引起故障的参数建立门限值并监视参数值变化。

③ 故障诊断和定位功能

进行故障诊断,追踪故障点,确定故障性质。

④ 业务恢复功能

a. 利用迂回路由或备用资源等手段继续提供业务的功能;

b. 维修、排除对象故障,恢复正常网络服务。

(2) 配置管理

- 配置管理是最基本的网络管理功能。
- 作用是管理网络的建立、扩充和开通。
- 关键是如何定义管理信息和通过网络对其进行读取和修改。
- 管理信息定义和操作的一致性和互通性。

配置管理的功能:

① 资源清单管理功能;

② 资源提供功能,如发行软件;

③ 业务提供功能;

④ 网络拓扑服务功能。

(3) 性能管理

- 采集、分析网络以及网络设备的性能数据,以便发现网络或网络设备的性能是否产生偏差或下降并进行矫正,同时统计网络运行状态信息,对网络的服务质量做出评测、估计,为网络进一步规划与调整提供依据。
- 目的是维护网络服务质量和网络运营效率。

典型的网络性能管理分为两部分:

① 性能监测:网络工作状态信息的收集和整理;

② 网络控制:为改善网络设备的性能而采取的动作和措施。

性能管理的功能:

① 性能检测功能;

② 性能分析功能;

③ 性能管理控制功能;

④ 网络性能的测评方法;

⑤ 网络性能指标。

(4) 安全管理

- 提供信息的保密、认证和完整性保护机制,使网络中的服务、数据和系统免受侵扰和破坏。
- 理论基础是密码学。
- 并不能杜绝所有对网络的侵扰和破坏。

安全管理的功能:

① 风险分析功能;

② 安全服务功能;

③ 告警、日志和报告功能;

④ 网络管理系统的保护功能。

(5) 计费管理

正确地计算和收取用户使用网络服务的费用,以及进行网络资源利用率的统计和网络的成本效益核算。

互动练习

网络管理自测

对以下 4 种网络资源的使用情况进行计算:

① 硬件资源类;

② 软件资源类;

③ 系统资源类;

④ 网络服务与网络设施的额外开销。

计费管理的功能:

① 费率管理功能;

② 账单管理功能。

5. 网络管理软件

网络管理软件就是能够完成网络管理功能的网络管理系统,简称网管系统。使用网管系统最大的优点在于方便网管员快速、直观、有效地查看和管理局域网系统。

(1) 网络管理软件的分类

根据网络管理软件的发展历史,可以将网络管理软件划分为三代。

命令行网络管理软件 就是使用最常用的命令并结合简单的网络监测工具对计算机网络进行管理。要求使用者精通网络的原理及概念,还要求使用者了解不同厂商的不同网络设备的配置方法。

图形化界面网络管理软件 有着良好的图形化界面,用户通过图形化界面对多台设备同时进行配置和监控,可以大大提高工作效率,但也会因为人为因素造成设备配置、操作不当,影响网络正常运行。

想一想网络管理软件能否替代网络管理人员?

智能化网络管理软件 真正将网络和管理进行有机结合的软件系统,具有"自动配置"和"自动调整"功能。对网络管理人员来说,只要把用户情况、设备情况以及用户与网络资源之间的分配关系输入网络管理系统,系统就能自动地建立图形化的人员与网络的配置关系,并自动鉴别用户身份,分配用户所需的资源。

(2) 常见的网络管理软件

商业化的网络管理软件必须支持 SNMP 标准,在国际知名的网络管理软件中具有代表性的国内网络管理系统有网强网络管理软件 ITMASTER、聚生网管软件,国外有 HP 公司的 HP Open View、IBM 公司的 Net View、ZOHO 公司的 Manage Engine、Cisco 公司的 Cisco Works、SUN 公司的 SUN Manager、Novell 公司的 NetWare Manage Wise 和代表未来智能网络管理方向的 Cabletron 公司的 SPECTRUN。这些网络管理系统在支持本公司网络管理方案的同时,均可通过 SNMP(simple network management protocol,简单网络管理协议)对网络设备进行管理。还有一些网络公司的网络管理产品基本上都是网络管理代理,可作为 SNMP 代理接受管理者的管理。

提 示

简单网络管理协议(SNMP)由一组网络管理的标准组成,包含一个应用层协议(application layer protocol)、数据库模型(database schema)和一组资料物件。该协议能够支持网络管理系统,用于监测连接到网络上的设备是否有引起管理上关注的情况。

通过安装和使用网络管理软件,可以直观了解用户在工作中如何使用计算机、数据和互联网;网络管理软件提供的详实报告更能帮助制定合理的 IT 策略并付诸实施,防范敏感数据泄漏,引导局域网内员工合理使用计算机和互联网,提升网络的应用效率。

7.2.4　任务总结与知识回顾

- 安装聚生网管软件
- 配置聚生网管软件
- 应用聚生网管软件

网络管理的概念:指网络管理员通过网络管理程序对网络上的资源进行集中化管理的操作

网络管理的功能:
- 故障管理:迅速查找到故障并及时排除,确保网络正常运行
- 配置管理:初始化网络,并配置网络,以使其提供网络服务
- 性能管理:监视和分析被管网络及其所提供服务的性能机制
- 安全管理:保证网络系统不被入侵,网络数据不被窃取
- 计费管理:记录网络资源的使用,控制和监测网络操作的成本

网络管理软件:能够完成网络管理功能的网络管理系统

7.2.5　考核建议

考核评价表见表 7－2。

表 7－2　考核评价表

指标名称	指　标　内　容	考核方式	分值
工作任务的理解	是否了解工作任务、要实现的目标及要实现的功能	提问	10
工作任务功能实现	1. 能够成功下载并安装聚生网管软件 2. 能够熟练配置聚生网管软件 3. 能够根据计算机网络管理的具体需求熟练应用聚生网管软件	抽查学生操作演示	30

续 表

指标名称	指 标 内 容	考核方式	分值
理论知识 的掌握	1. 网络管理的概念 2. 网络管理的功能,包括: ● 故障管理 ● 配置管理 ● 性能管理 ● 安全管理 ● 计费管理 3. 常见的网络管理软件	提问	30
文档资料	认真完成并及时上交实训报告	检查	20
其 他	保持良好的课堂纪律 保持机房卫生	班干部 协助检查	10
总 分			100

7.2.6 拓展提高

常见的网络管理协议

1. SNMP 协议

简单网络管理协议(SNMP)是在简单网关监控协议(SGMP)的基础上发展而来的。SGMP 给出了监控网关(OSI 第三层路由器)的直接手段,SNMP 则是在其基础上发展而来的,SNMP 是流传最广,应用最多,获得支持最广泛的一个网络管理协议。它最大的一个优点就是它的简单性,比较容易在大型网络中实现。它代表了网络管理系统实现的一个很重要的原则,即网络管理功能的实现对网络正常功能的影响越小越好。扩展性是 SNMP 的又一个优点。由于其简单化的设计,用户可以很容易地对其进行修改来满足其特定的需要。SNMP v2(version 2,版本 2)的推出就是 SNMP 具有良好扩展性的一个体现。SNMP 的扩展性还体现在它对 MIB(management information base,管理信息库)的定义上。各厂商可以根据 SNMP 制定的规则,很容易地定义自己的 MIB,并据此使自己的产品支持 SNMP。

SNMP 经历了两次版本升级,现在的最新版本是 SNMP v3(version 3,版本 3)。在前两个版本中,SNMP 的功能都得到了极大的增强,而在最新的版本中,SNMP 在安全性方面有了很大的改善,SNMP 缺乏安全性的弱点正逐渐得到克服。

2. CMIS/CMIP 协议

公共管理信息服务/公共管理信息协议(CMIS/CMIP)是 OSI 提供的网络管理协议簇。CMIS 定义了每个网络组成部分提供的网络管理服务,这些服务在本质上是很普通的,CMIP 则是实现 CMIS 服务的协议。

OSI 网络协议旨在为所有设备在参考模型的每一层提供一个公共网络结构,而 CMIS/

CMIP 正是这样一个用于所有网络设备的完整网络管理协议簇。出于通用性的考虑,CMIS/CMIP 的功能与结构跟 SNMP 不相同,SNMP 是按照简单和易于实现的原则设计的,而CMIS/CMIP 则能够提供支持一个完整网络管理方案所需的功能。

CMIS/CMIP 的整体结构是建立在使用 ISO 网络参考模型的基础上的,网络管理应用进程使用 ISO 参考模型中的应用层。也在这层上,公共管理信息服务单元提供了应用程序使用 CMIP 协议的接口。同时该层还包括了两个 ISO 应用协议:联系控制服务元素和远程操作服务元素,其中联系控制服务元素在应用程序之间建立和关闭联系,而远程操作服务元素则处理应用之间的请求/响应交互。另外,值得注意的是,OSI 没有在应用层之下特别为网络管理定义协议。

3. RMON 协议

RMON 是远程监控的简称,是用于分布式监视网络通信的工业标准,RMON 和RMON2 是互为补充的关系。RMON MIB 由一组统计数据、分析数据和诊断数据构成。利用许多供应商开发的标准工具可显示出这些数据,因而它具有远程网络分析功能。RMON探测器和 RMON 客户机软件结合在一起,就可以在网络环境中实施 RMON。这样就不需要管理程序不停地轮询,才能生成一个有关网络运行状况的趋势图。当一个探测器发现一个网段处于一种不正常状态时,它会主动与在中心网络控制台的 RMON 客户应用程序联系,并将描述不正常状况的信息转发。

RMON 监视下两层即数据链路和物理层的信息,可以有效监视每个网段,但不能分析网络全局的通信状况,如站点和远程服务器之间应用层的通信瓶颈,因此产生了 RMON2 标准。RMON2 标准使得对网络的监控层次提高到网络协议栈的应用层。因而,除了能监控网络通信与容量外,RMON2 还提供有关各应用所使用的网络带宽量的信息。

4. AgentX(扩展代理)协议

人们已经制定了各组件的管理信息库,如为接口、操作系统及其相关资源、外部设备和关键的软件系统等制定相应的管理信息库。用户期望能够将这些组件作为一个统一的系统来进行管理,因此需要对原先的 SNMP 进行扩展:在被管设备上安置尽可能多的成本低廉的代理,以确保这些代理不会影响设备的原有功能,并且给定一个标准方法,使得代理与上层元素(如主代理、管理站)进行互操作。

AgentX 协议是由 Internet 工程任务组在 1998 年提出的标准。AgentX 协议允许多个子代理来负责处理 MIB 信息,该过程对于 SNMP 管理应用程序是透明的。AgentX 协议为代理的扩展提供了一个标准的解决方法,使得各子代理将它们的职责信息通告给主代理。每个符合 AgentX 的子代理运行在各自的进程空间里,因此比采用单个完整的 SNMP 代理具有更好的稳定性。另外,通过 AgentX 协议能够访问它们的内部状态,进而管理站随后也能通过 SNMP 访问到它们。随着服务器进程和应用程序处理的日益复杂,最后一点尤其重要。通过 AgentX 技术,可以利用标准的 SNMP 管理工具来管理大型软件系统。

☞什么是域用
户? 和本地用
户有什么区别?

任务 7.3　设置磁盘配额

7.3.1　任务介绍

可以为服务器系统添加很多的域用户,每个用户都可以使用一定的用户磁盘空间,但是如果某个用户过度使用磁盘空间,则会造成其他用户无法正常工作,甚至影响整个服务器系统的正常运行。因此,需要对服务器管理中的这项功能——磁盘配额进行设置,用于限制用户的磁盘使用空间。本任务通过磁盘配额的设置,了解磁盘配额的功能及配置方法。

磁盘配额是计算机中指定磁盘的储存限制,就是管理员可以为用户所能使用的磁盘空间进行配额限制,每一用户只能使用最大配额范围内的磁盘空间。

磁盘配额可以限制指定账户能够使用的磁盘空间,这样可以避免因某个用户的过度使用磁盘空间造成其他用户无法正常工作甚至影响系统运行。在服务器管理中此功能非常重要,但对单机用户来说意义不大。

7.3.2　实施步骤

1. 对服务器中共享给用户的磁盘分区进行属性设置

在"此电脑"窗口中右键单击共享文件夹所在的磁盘分区,选择"属性"命令,打开磁盘属性对话框。然后切换到"配额"选项卡,单击"显示配额设置",弹出该磁盘的配额设置对话框,如图 7 – 21 所示。保持"启用配额管理"和"拒绝将磁盘空间给超过配额限制的用户"复选框的选中状态。单击"配额项"。

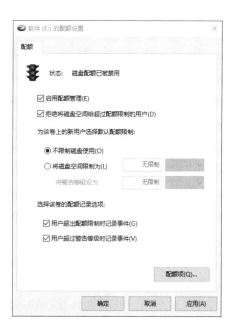

图 7 – 21　磁盘的"配额设置"对话框

 提示

建议同时选中"用户超出配额限制时记录事件"和"用户超过警告等级时记录事件"两个复选框,以便将配额警告记录到日志中。

2. 为目标账户进行配额属性分配

打开本地磁盘的"配额项"对话框,依次单击"配额"→"新建配额项"菜单命令,在打开的"选择用户"对话框中查找并选中目标用户,如图 7‑22 所示,单击"确定"按钮。

图 7‑22　为指定账户配置磁盘配额

3. 设置磁盘配额空间的大小

在打开的"添加新配额项"对话框中选中"将磁盘空间限制为"单选按钮,并设置空间大小为 100 MB。接着在"将警告等级设为"编辑框中设置空间大小为 95 MB,如图 7‑23 所示,单击"确定"按钮使设置生效。

如何确定目标用户磁盘空间的大小?

图 7‑23　磁盘配额限制设置

4. 对其他用户使用磁盘配额设置

返回本地磁盘的配额项窗口,重复上述步骤针对其他用户新建配额项,设置完毕关闭该窗口,返回磁盘属性对话框后单击"确定"按钮。

7.3.3　相关知识

1. 磁盘文件系统格式

目前在 Windows 系列中，只有 Windows 2000 及以后版本并且使用
NTFS 文件系统才能实现磁盘配额的功能。这里简单介绍一下磁盘文件系统。工厂生产的硬盘必须经过低级格式化、分区和高级格式化（本书均简称为格式化）三个处理步骤后，计算机才能利用它们存储数据。其中磁盘的低级格式化通常由生产厂家完成，目的是划定磁盘可供使用的扇区和磁道并标记有问题的扇区；而用户则需要使用操作系统所提供的磁盘工具（如 fdisk 程序、format 命令等）进行硬盘"分区"和"格式化"。常见的磁盘格式化方法有使用 fdisk 命令、使用磁盘管理工具、使用第三方分区格式化软件（如 PQ 硬盘分区魔术师、分区助手、硬盘格式化工具等）。根据目前流行的操作系统来看，常用的分区格式有三种，分别是 FAT16、FAT32 和 NTFS。

互动练习

文件系统自测1

不同的分区格式对存储的文件有什么影响？

提　示

传统磁盘低级格式化时间一般较长，会对硬盘寿命造成影响，一般只在磁盘出现坏道或者有问题的扇区导致磁盘无法正常使用时，才使用低级格式化。

（1）FAT16

这是 MS－DOS 和最早期的 Windows 95 操作系统中最常见的磁盘分区格式。它采用 16 位的文件分配表，能支持最大为 2 GB 的分区，是目前应用最为广泛和获得操作系统支持最多的一种磁盘分区格式，几乎所有的操作系统都支持这一种格式，从 MS－DOS、Windows 95、Windows 97 到 Windows 98、Windows NT、Windows 2000，甚至火爆一时的 Linux 都支持这种分区格式。在 FAT16 分区格式中，有一个最大的缺点：磁盘利用效率低。因为在 MS－DOS 和 Windows 系统中，磁盘文件的分配是以簇为单位的，一个簇只分配给一个文件使用，不管这个文件占用整个簇容量的多少。这样，即使一个文件很小，它也要占用一个簇，剩余的空间便全部闲置，形成了磁盘空间的浪费。由于分区表容量的限制，FAT16 支持的分区越大，磁盘上每个簇的容量也越大，造成的浪费也越大。所以为了解决这个问题，微软公司在 Windows 97 中推出了一种全新的磁盘分区格式 FAT32。

（2）FAT32

这种格式采用 32 位的文件分配表，使其对磁盘的管理能力大大增强，突破了 FAT16 对每一个分区的容量只有 2 GB 的限制。但在 Windows 2000 及 Windows XP 系统中，由于系统限制，单个分区最大容量为 32 GB。由于现在的硬盘生产成本下降，其容量越来越大，运用 FAT32 的分区格式后，可以将一

个大硬盘定义成一个分区而不必分为几个分区使用，大大方便了对磁盘的管理。而且，FAT32 具有一个最大的优点：在一个不超过 8 GB 的分区中，FAT32 分区格式的每个簇容量都固定为 4 KB，与 FAT16 相比，可以大大地减少磁盘的浪费，提高磁盘利用率。目前，支持这一磁盘分区格式的操作系统有 Windows 97、Windows 98 和 Windows 2000。但是，这种分区格式也有它的缺点，首先是采用 FAT32 格式分区的磁盘，由于文件分配表的扩大，运行速度比采用 FAT16 格式分区的磁盘要慢。另外，由于 MS-DOS 不支持这种分区格式，所以采用这种分区格式后，就无法再使用 MS-DOS 系统。此外还有一点，FAT32 格式分区不支持容量为 4 GB 及以上文件，已经不能满足现今应用的需求。

提示

由于 FAT32 格式分区不支持单个文件的存储容量超过 4 GB，所以一般较大的文件（大于等于 4 GB）要选择 NTFS 格式的分区。

（3）NTFS

它的优点是安全性和稳定性极其出色，在使用中不易产生文件碎片。它能对用户的操作进行记录，通过对用户权限进行非常严格的限制，使每个用户只能按照系统赋予的权限进行操作，支持文件加密，充分保护了系统与数据的安全。

☞哪些文件必须存储在 NTFS 格式的分区中？

NTFS 是一个可恢复的文件系统。在 NTFS 分区上用户很少需要运行磁盘修复程序。NTFS 通过使用标准的事务处理日志和恢复技术来保证分区的一致性。发生系统失败事件时，NTFS 使用日志文件和检查点信息自动恢复文件系统的一致性。NTFS 支持对分区、文件夹和文件的压缩。任何基于 Windows 的应用程序对 NTFS 分区上的压缩文件进行读写时不需要事先由其他程序进行解压缩，当对文件进行读取时，文件将自动进行解压缩；文件关闭或保存时会自动对文件进行压缩。

••••互动练习

文件系统自测2

NTFS 采用了更小的簇，可以更有效率地管理磁盘空间，能够很好地支持大硬盘，且硬盘分配单元非常小，从而减少了磁盘碎片的产生。在 Windows 2000 的 FAT32 文件系统的情况下，分区大小在 2～8 GB 时簇的大小为 4 KB；分区大小在 8～16 GB 时簇的大小为 8 KB；分区大小在 16～32 GB 时，簇的大小则达到了 16 KB。而 Windows 2000 的 NTFS 文件系统，当分区的大小在 2 GB 以下时，簇的大小都比相应的 FAT32 簇小；当分区的大小在 2 GB 以上时（2 GB～2 TB），簇的大小都为 4 KB。相比之下，NTFS 可以比 FAT32 更有效地管理磁盘空间，最大限度地避免了磁盘空间的浪费。而且 CHI 病毒在 NTFS 文件系统下是没有办法传播的。

由于 NTFS 格式分区不支持 MS‐DOS 系统,所以在 MS‐DOS 环境下无法使用 Format 命令对硬盘进行 NTFS 格式化,需要借助其他软件。

（4）NTFS、FAT32 和 FAT16 的区别（表 7‐3）

表 7‐3　NTFS、FAT32 和 FAT16 的区别

NTFS 文件格式	FAT32 文件格式	FAT16 文件格式
支持单个分区大于 2 GB	支持单个分区大于 2 GB	单个分区小于 2 GB
支持磁盘配额	不支持磁盘配额	不支持磁盘配额
支持文件压缩（系统）	不支持文件压缩（系统）	不支持文件压缩（系统）
支持 EFS 文件加密系统	不支持 EFS 文件加密系统	不支持 EFS 文件加密系统
产生的磁盘碎片较少	产生的磁盘碎片适中	产生的磁盘碎片较多
适合于大磁盘分区	适合于中小磁盘分区	适合于小于 2 GB 的磁盘分区
支持 Windows NT	支持 9x,不支持 NT4.0	不支持 Windows 2000,支持 NT,9x

（5）Linux 操作系统的分区格式

Linux 操作系统的磁盘分区格式与其他操作系统完全不同,共有两种。一种是 Linux Ext4,一种是 Linux Swap 交换分区。这两种分区格式的安全性与稳定性极佳,结合 Linux 操作系统后,死机的机会大大减少。但是,目前支持这一分区格式的操作系统只有 Linux。

2. 磁盘格式化

常常将每块硬盘（即硬盘实物）称为物理硬盘,而将在硬盘分区之后所建立的具有"C:" 或"D:"等各类"Drive/驱动器"称为逻辑硬盘。逻辑硬盘是系统为控制和管理物理硬盘而建立的操作对象,一块物理硬盘可以设置成一块逻辑硬盘,也可以设置成多块逻辑硬盘使用。

主分区,也称为主磁盘分区,和扩展分区、逻辑分区一样,是一种分区类型。主分区中不能再划分其他类型的分区,因此每个主分区都相当于一个逻辑磁盘（在这一点上主分区和逻辑分区很相似,但主分区是直接在硬盘上划分的,逻辑分区则必须建立于扩展分区中）。主分区是一个比较单纯的分区,通常位于硬盘的最前面一块区域中,构成逻辑 C 磁盘。其中的主引导程序是它的一部分,此段程序主要用于检测硬盘分区的正确性,并确定活动分区,负责把引导权移交给活动分区的 MS‐DOS 或其他操作系统。一个硬盘的主分区包含操作系统启动所必需的文件和数据的硬盘分区,要在硬盘上安装操作系统,则硬盘必须有一个主分区。

扩展分区,严格地讲它不是一个实际意义的分区,它仅仅是一个指向下一个分区的指针,这种指针结构将形成一个单向链表。这样在主引导扇区中除了主分区外,仅需要存储一个被称为扩展分区的分区数据,通过这个扩展分区的数据可以找到下一个分区（实际上也就

是下一个逻辑磁盘)的起始位置,以此起始位置类推可以找到所有的分区。无论系统中建立多少个逻辑磁盘,在主引导扇区中通过一个扩展分区的参数就可以逐个找到每一个逻辑磁盘。

在对硬盘的分区和格式化处理步骤中,建立分区和逻辑硬盘是对硬盘进行格式化处理的必然条件,用户可以根据物理硬盘容量和自己的需要建立主分区、扩展分区和逻辑盘符,再通过格式化处理来为硬盘分别建立引导区(BOOT)、文件分配表(FAT)和数据存储区(DATA),只有经过以上处理之后,硬盘才能在计算机中正常使用。

☞什么是引导区、文件分配表和数据存储区?

引导区就是系统盘(通常是 C 盘,位于整个硬盘的 0 磁道 0 柱面 1 扇区)上的一块区域,引导区内写了一些信息,指明应该到哪去找操作系统的引导文件。

文件分配表(FAT,file allocation table),指的是用来记录文件所在位置的表格。它对于硬盘的使用是非常重要的,假若丢失文件分配表,那么硬盘上的数据就无法定位而不能使用了。数据存储区就是硬盘内用来存放数据的区域

计算机对硬盘上所存储的所有信息都是以"文件"方式进行管理的,因此计算机为硬盘建立相应的文件分配表(英语缩写为 FAT)以管理存储在硬盘上的大量"文件"。根据操作系统不同,目前 MS‐DOS 6. x 和 Windows 9x 所使用的 FAT 分为 FAT16 和 FAT32 两种。其中,FAT16 是指文件分配表使用 16 位数字,此时计算机运行时系统可以为需要存储在硬盘上的每个文件的实际长度分配存储单元——"硬盘簇",由于 16 位分配表最多能管理 65 536(即 2^{16})个硬盘簇,也就是所规定的一个硬盘分区。由于每个硬盘簇的存储空间最大只有 32 KB,所以在使用 FAT16 管理硬盘时,每个分区的最大存储容量只有(65 536×32 KB)即 2 048 MB,也就是常说的 2 GB。

☞主分区和扩展分区有什么区别?

由于 FAT16 对硬盘分区的容量限制,所以当硬盘容量超过 2 GB 之后,用户只能将硬盘划分成多个 2 GB 的分区后才能正常使用,为此微软公司从 Windows 95 R2 版本开始使用 FAT32 标准,即使用 32 位的文件分配表来管理硬盘文件,这样系统就能为文件分配多达 4 294 967 296(即 2^{32})个硬盘簇,所以在硬盘簇同样为 32 KB 时每个分区容量最大可达 65 GB 以上。此外使用 FAT32 管理硬盘时,每个逻辑硬盘中的簇长度也比使用 FAT16 标准管理的同等容量逻辑硬盘小很多。由于文件存储在硬盘上占用的磁盘空间以簇为最小单位,所以某一文件即使只有几十个字节也必须占整个簇,因此逻辑硬盘的硬盘簇单位容量越小越能合理利用存储空间。所以 FAT32 更适于大硬盘。

在使用 MS‐DOS 6. x 或 Windows 9x 时,系统为磁盘等存储设备命名盘符时有一定的规律,如"A:"和"B:"为软驱专用,而"C:"～"Z:"则作为硬盘、光驱以及其他存储设备共用,但系统为所有的存储设备命名时将根据一定的规

律。例如为一块硬盘建立分区时，如果只建一个主分区，那么这块硬盘就只有一个盘符"C："；如果不但建有主分区而且还建有扩展分区，那么除了"C："外，还可能根据在扩展分区上所建立的逻辑硬盘数量另外具有"D：""E："等（增加的盘符依次向字母"Z"延伸）。

7.3.4 任务总结与知识回顾

- 对服务器中共享给用户的磁盘分区进行属性设置
- 为目标账户进行配额属性分配
- 设置磁盘配额空间的大小
- 对其他用户使用磁盘配额设置

磁盘文件系统格式：
- **FAT 16**：采用 16 位的文件分配表，能支持最大为 2 GB 的分区
- **FAT 32**：采用 32 位的文件分配表，能支持最大为 32 GB 的分区
- **NTFS**：安全性好，采用 NT 核心的纯 32 位 Windows 系统才能识别
- **Linux 系统的分区格式**：Linux Ext4 主分区和 Linux Swap 交换分区

磁盘格式化：
- 使用 fdisk 命令
- 使用磁盘管理工具
- 使用第三方分区格式化软件

7.3.5 考核建议

考核评价表见表 7-4。

表 7-4 考核评价表

指标名称	指 标 内 容	考核方式	分值
工作任务的理解	是否了解工作任务、要实现的目标及要实现的功能	提问	10
工作任务功能实现	1. 能清楚描述磁盘配额的功能 2. 能熟练为指定用户配置磁盘配额 3. 能清楚描述什么是磁盘分区格式 4. 成功对硬盘进行指定大小和格式的分区	抽查学生操作演示	30
理论知识的掌握	1. 磁盘文件系统格式，包括： • FAT16 • FAT32 • NTFS • Linux 系统的文件系统格式 2. 磁盘格式化的功能和方法： • fdisk 命令 • 磁盘管理工具 • 第三方软件	抽查提问	30
文档资料	认真完成并及时上交实训报告	检查	20
其 他	保持良好的课堂纪律 保持机房卫生	班干部协助检查	10
总 分			100

7.3.6 拓展提高

磁盘分区管理、NTFS 卷的磁盘配额跟踪以及控制磁盘空间的使用

1. 磁盘分区管理

这一部分的实验内容是在 Windows Server 2019 虚拟机上完成,进行实验之前需要:给系统添加几块大小为 60 GB 的硬盘,作为分区的磁盘使用;在选中的磁盘上单击鼠标右键,在弹出的菜单中选择"联机"选项,然后再次在该磁盘上单击鼠标右键,在弹出的菜单中选择"转换到动态磁盘"。完成了实验的前序工作后,磁盘的状态如图 7-24 所示。

图 7-24 完成前序工作时的磁盘状态

下面的实验将展示简单卷的创建过程。

① 选中"此电脑"并右击,选择菜单中"管理",打开"计算机管理"窗口,如图 7-25 所示。

图 7-25 管理工具界面

② 单击左侧目录树中"存储"菜单下的"磁盘管理",如图 7-26 所示。

③ 在右边的窗格中可以看到有一个主分区"C:"和一个可用空间,在可用空间上单击右键,在弹出的快捷菜单中选择第一项"新建简单卷",如图 7-27 所示。

④ 打开"新建简单卷向导"对话框,如图 7-28 所示,单击"下一步"按钮。

⑤ 在"新建简单卷向导"对话框中设置简单卷大小,如图 7-29 所示,单击"下一步"按钮。

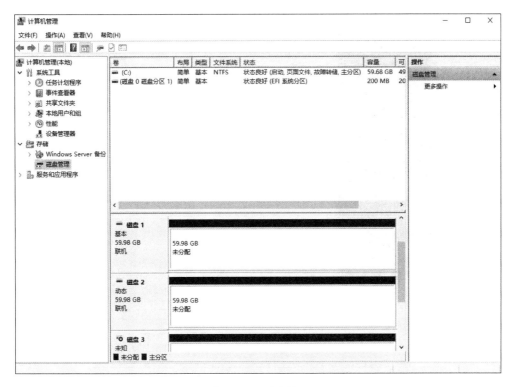

图 7 - 26 磁盘管理

图 7 - 27 新建简单卷

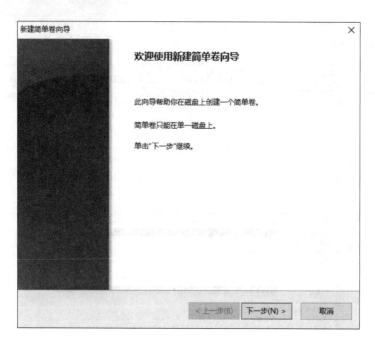

图 7 - 28　新建简单卷向导

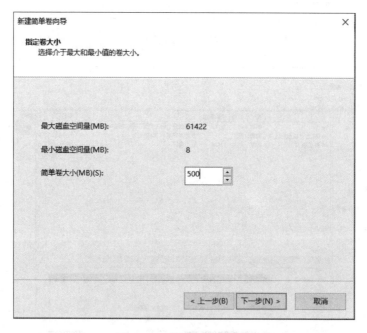

图 7 - 29　设置简单卷大小

　　⑥ 为新创建的简单卷分配驱动器号和路径,如图 7 - 30 所示,单击"下一步"按钮。

　　⑦ 在"新建简单卷向导"对话框中,选择"按下列设置格式化这个卷"单选按钮,"文件系统"选择 NTFS,选中"执行快速格式化"复选框,如图 7 - 31 所示,单击"下一步"按钮,进行快速格式化。

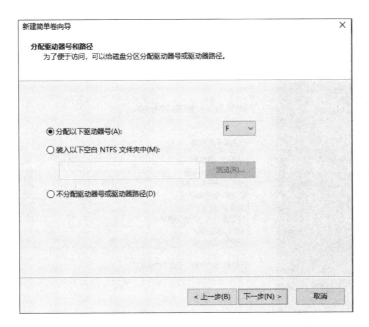

图 7 - 30　分配驱动器号和路径

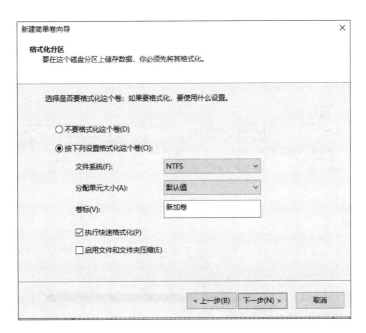

图 7 - 31　格式化分区

⑧ 在"新建简单卷向导"对话框中,详细显示刚才进行的设置,如逻辑卷大小、驱动器号和路径、文件系统等,如图 7 - 32 所示,确认信息正确后,单击"完成"按钮,完成磁盘分区的创建。

⑨ 在磁盘管理的窗口中,因格式化速度较快而可能无法观察到格式化状态显示,但可以看到新加卷图标颜色发生了变化,当看到新加卷底部显示"状态良好"时,格式化即完成,可以正常使用了。格式化完成的新加卷如图 7 - 33 所示。

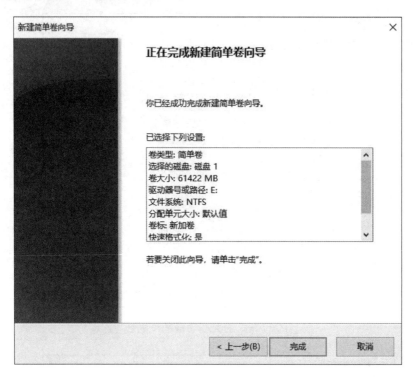

图 7‑32 正在完成新建简单卷向导

图 7‑33 格式化完成的新加卷

上面的实验只是展示了简单卷的创建过程,其他卷的创建过程和这个过程基本类似。

2. NTFS 卷的磁盘配额跟踪以及控制磁盘空间的使用

系统管理员可将 Windows 配置如下:

- 当用户超过了指定的磁盘空间限制(也就是允许用户使用的磁盘空间量)时,防止进一步使用磁盘空间并记录事件;

- 当用户超过了指定的磁盘空间警告级别(也就是用户接近其配额限制的点)时记录事件。

启动磁盘配额时,可以设置两个值:磁盘配额限制和磁盘配额警告级别。例如,可以把用户的磁盘配额限制设为 500 MB,并把磁盘配额警告级别设为 450 MB。在这种情况下,用户可在卷上存储不超过 500 MB 的文件。如果用户在卷上存储的文件超过 450 MB,则可把磁盘配额系统配置成记录系统事件。只有系统管理员组的成员才能管理卷上的配额。有关设置磁盘配额值的说明,可参阅分配默认配额值。

可以指定用户能超过其配额限制。如果不想拒绝用户对卷的访问但想跟踪每个用户的磁盘空间使用情况,启用配额而且不限制磁盘空间的使用是非常有用的。也可指定用户超过配额警告级别或超过配额限制时不记录事件。

启用卷的磁盘配额时,系统从那个值起自动跟踪新用户卷使用。

只要用 NTFS 文件系统将卷格式化,就可以在本地卷、网络卷及可移动驱动器上启动配额。另外,网络卷必须从卷的根目录中得到共享,可移动驱动器也必须是共享的。

由于按未压缩时的大小来跟踪压缩文件,因此不能使用文件压缩防止用户超过其配额限制。例如,如果 50 MB 的文件在压缩后为 40 MB,Windows 将按照最初 50 MB 的文件大小计算配额限制。

视频

数据备份和恢复操作步骤

任务 7.4 备份和恢复数据

7.4.1 任务介绍

在日常使用中,计算机操作系统和软件经常会面临病毒的攻击,也有些时候由于用户操作不当导致文件删除,因此,需要对操作系统进行备份,当数据遭受损坏时,方便恢复。本任务通过备份 Windows Server 2019 操作系统的数据,让学生掌握系统备份的方法。

☞为什么要进行系统备份?

7.4.2　实施步骤

在备份过程中我们会用到 Windows Server 系列操作系统中自带的 Windows Server Backup 功能。

Windows Server Backup 功能提供了一组向导和其他工具,大概从 Windows Server 2008 开始 Windows Server Backup 引入了新的备份和恢复技术,并取代了以前版本的 Windows 操作系统提供的以前的 Windows 备份(Ntbackup.exe)功能,是微软自带的备份和恢复功能,可以为已安装该功能的服务器执行基本备份和恢复任务。

Windows Server Backup 可以备份一个完整的服务器(所有卷)、所选卷、系统状态,或特定的文件或文件夹。我们可以使用裸机恢复功能恢复卷、文件夹、文件、某些应用程序和系统状态。而且,硬盘故障等灾害的情况下,可以执行裸机恢复。

要配置备份计划,用户必须是 Administrators 组的成员。要使用此命令执行所有其他任务,用户必须是 Backup Operators 或 Administrators 组的成员,或者必须被委派了适当的权限。

Windows Server Backup 系统默认是有的,但没有安装是无法操作备份的,必须要在功能里面添加该功能才能使用

1. Windows Server Backup 的安装

① 进入服务器的控制面板-管理工具,双击打开"服务器管理器"如图 7-34 所示。

图 7-34　服务器管理器

② 单击"添加角色和功能",如图 7 - 35 所示。

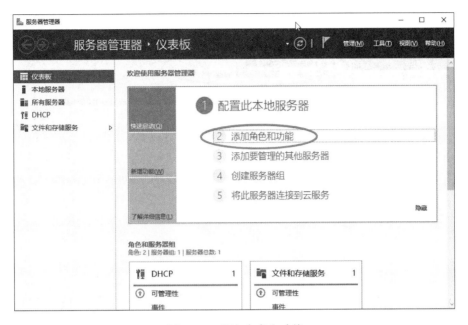

图 7 - 35　添加角色和功能

③ 打开"添加角色和功能向导",前面四个选项卡默认选择即可,一直单击"下一步",直到"功能"选项卡停止,如图 7 - 36、图 7 - 37、图 7 - 38、图 7 - 39 所示。

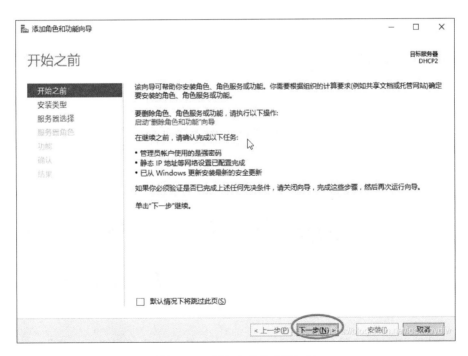

图 7 - 36　添加角色和功能向导

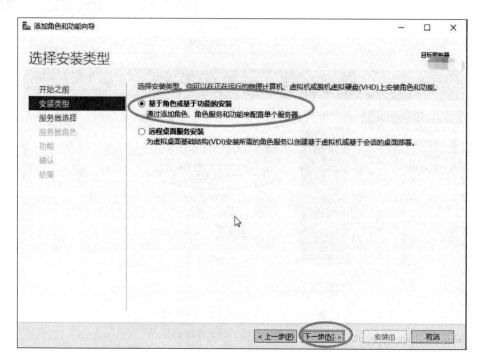

图 7 - 37　选择安装类型

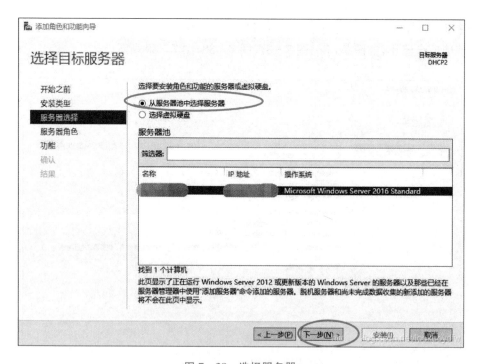

图 7 - 38　选择服务器

　　④ 在"功能"中,找到并勾选"Windows Server Backup",单击"下一步",如图 7 - 40
所示。

图 7 - 39　选择服务器角色

图 7 - 40　添加功能

　　⑤ 在"确认"中，勾选"如果需要，自动重新启动目标服务器"，弹出提示窗口单击"是"，最后单击"安装"，如图 7 - 41 所示。

Windows Server 2019 自带图形工具可以进行恢复组件的备份操作,也可以使用命令行工具进行备份操作。安装时可以根据具体需要选择添加。

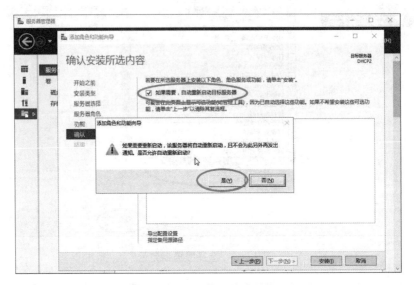

图 7-41 确认安装所选内容

⑥ 开始安装,安装完成单击"关闭",如图 7-42、图 7-43 所示。

图 7-42 安装界面

⑦ 进入控制面板-管理工具,可查看到 Windows Server Backup,此次安装完成,如图 7-44 所示。

图 7‑43　安装完成

图 7‑44　查看安装结果

2. 备份使用

① Windows Server Backup 安装服务器完成后，直接打开进入备份界面，最右侧菜单可以按需使用，如图 7‑45 所示。

② 第一项"备份计划"功能可根据时间计划来自动备份，可以选整个服务器或自定义卷、文件等进行备份，如图 7‑46 所示。

③ 计划可选择每日一次在某个时间运行，也可每日多次运行，如图 7‑47 所示。

图 7-45　备份界面

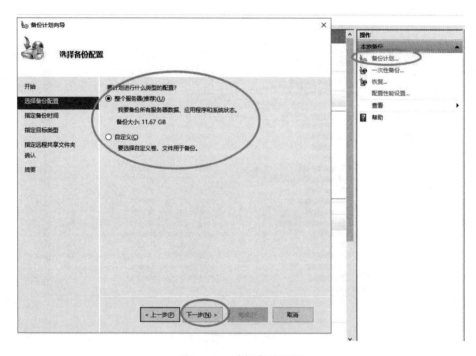

图 7-46　选择备份配置

 提示

　　备份文件存放位置既可以是本地磁盘,也可以是网络上其他计算机上的磁盘。

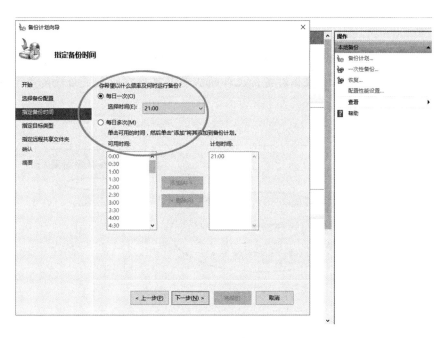

图7-47 指定备份时间

④ 单击"下一步"后进行指定目标类型,可以选择备份到专用于备份的硬盘、备份到卷、备份到共享网络文件夹等,勾选后单击下一步进行备份即可,如图7-48所示。

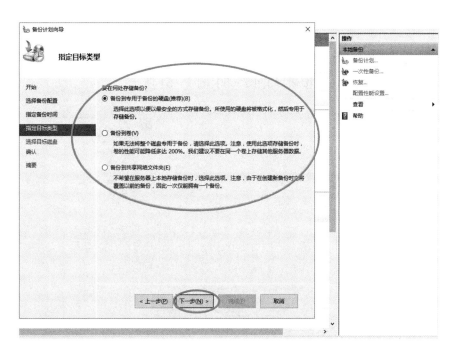

图7-48 指定目标类型

⑤ 备份界面的第二项"一次性备份"是比较常规的操作,如图7-49所示。

提 示

可以选择任意逻辑驱动器存放系统的备份文件,但是要注意备份的文件不能存放在系统磁盘 C:驱动器中,并且保存备份文件的驱动器可用空间大小必须要高于备份项目的大小。

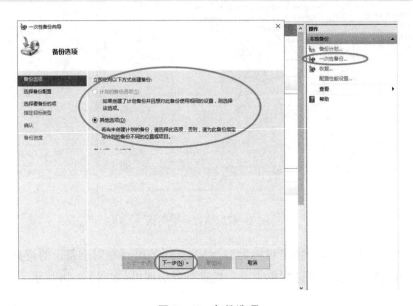

图 7-49 备份选项

⑥ 在"选择要备份的项"界面单击"添加项目"会弹出"选择项"对话框,自行勾选要备份的磁盘及系统服务,单击"确定"按钮,如图 7-50、图 7-51 所示。

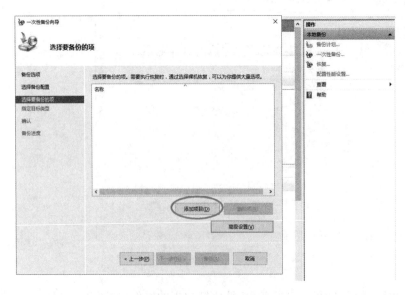

图 7-50 添加项目选项

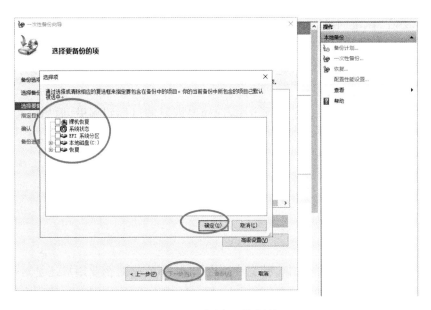

图 7‑51 "选择项"对话框

⑦ 在"指定目标类型"界面,选择备份到本地驱动器或远程共享文件夹(这个理解为局域网里面的共享路径),单击"下一步"自行备份即可,如图 7‑52 所示。

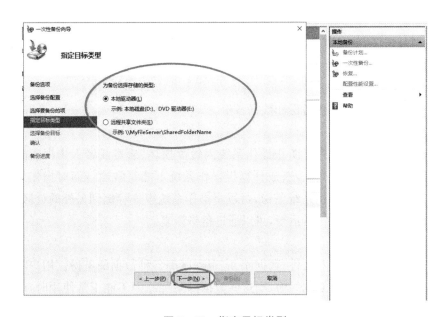

图 7‑52 指定目标类型

3. 恢复备份

① 在"开始"菜单中选择"Windows 系统"→"Windows 管理工具"→"Windows Server Backup"命令,弹出"Windows Server Backup"窗口。

② 选择右侧的"恢复"选项卡,从现有备份中恢复数据。

☞不同类型的数据还原方法是一样的吗?

③ 在"恢复向导"选项卡中,选择备份文件存放的服务器。

④ 在"选择备份日期"选项卡中,选择备份的时间点,单击"下一步"按钮。

⑤ 在"选择恢复类型"选项卡中,选择要恢复的内容(文件和文件夹、卷),单击"下一步"按钮。

⑥ 在"指定恢复选项"选项卡中,选择要恢复的目标到哪里(原始位置、另一个位置),单击"下一步"按钮进行恢复。

⑦ 恢复完成。

7.4.3 相关知识

1. 备份

(1) 备份的定义

计算机里面重要的数据、档案或历史记录,不论是对企业用户还是对个人用户,都是至关重要的,一时不慎丢失,都会造成不可估量的损失,轻则辛苦积累起来的心血付诸东流,严重的会影响企业的正常运作,给科研、生产造成巨大的损失。

为了保障生产、销售、开发的正常运行,企业用户应当采取先进、有效的措施,对数据进行备份、防患于未然。

备份指在计算机领域为了防止计算机数据及应用等因计算机故障而造成的丢失及损坏,从而独立出来单独存储的程序或文件副本。备份是对数据的复制,创建和保存它唯一目的是希望用它恢复被删除或损坏的数据。

备份=复制?

(2) 备份的分类

备份可以分为系统备份和数据备份。

● 系统备份

系统备份指的是为了防止操作系统因磁盘损坏、病毒或者人为误删除等原因造成的系统文件丢失,造成计算机操作系统不能正常运行而对操作系统软件进行的备份。使用系统备份,可以将操作系统事先存储到另外的分区,一旦出现操作系统不能正常运行,可以通过备份恢复。

● 数据备份

数据备份指的是对文件、数据库、应用程序等各种数据的备份。用户将这些数据在存储介质中复制一份,当这些数据因某种原因不能正常使用时,可以通过备份文件对数据进行恢复。

系统备份与数据备份的不同在于,它不仅备份系统中的数据,还备份系统中安装的应用程序、数据库系统、用户设置、系统参数等信息,以便迅速恢复整个系统。

(3) 备份方式

备份有多种方式,最常用的是完全备份、增量备份、差分备份等。

- 完全备份(full backup)

完全备份指将系统中所有的数据信息全部备份。这种方式数据备份完整,但备份的时间长、备份量大。

如果采用完全备份方式,数据恢复时只需要上次的完全备份磁带就可以恢复所有的数据。

- 增量备份(incremental backup)

增量备份指只备份上次备份以后修改过的数据信息。这种备份方式的数据备份量少、时间短,但恢复系统需要的时间长。

如果采用完全备份+增量备份方式,数据恢复时需要上次的完全备份磁带+上次完全备份后的所有增量备份磁带才能恢复所有的数据。

- 差分备份(differential backup)

差分备份指只备份上次完全备份以后修改过的数据信息。这种备份方式需要在完全备份之后的每一天都备份上次完全备份以后变化过的所有数据信息,因此,在下一次完全备份之前,日常备份工作所需的时间会一天比一天长。差分备份的数据量适中,恢复系统时间短。

☞如何根据实际需求选择合适的备份类型?

如果采用完全备份+差分备份方式,数据恢复时需要上次的完全备份磁带+最近的差分备份磁带就可以恢复所有的数据。

(4)备份的实现方法

- 定期磁带

远程磁带库、光盘库备份。即将数据传送到远程备份中心制作完整的备份磁带或光盘。

远程关键数据+磁带备份。采用磁带备份数据,生产机实时向备份机发送关键数据。

- 远程数据库

就是在与主数据库所在生产机相分离的备份机上建立主数据库的一个副本。

- 互动练习

备份和恢复
自测1

• 网络数据

这种方式是对生产系统的数据库数据和所需跟踪的重要目标文件的更新进行监控与跟踪，并将更新日志实时通过网络传送到备份系统，备份系统则根据日志对磁盘进行更新。

• 远程镜像

通过高速光纤通道线路和磁盘控制技术将镜像磁盘延伸到远离生产机的地方，镜像磁盘数据与主磁盘数据完全一致，更新方式为同步或异步。

数据备份必须要考虑到数据恢复的问题，包括采用双机热备、磁盘镜像或容错、备份磁带异地存放、关键部件冗余等多种灾难预防措施。这些措施能够在系统发生故障后进行系统恢复。但是这些措施一般只能处理计算机单点故障，对区域性、毁灭性灾难则束手无策，也不具备灾难恢复能力。

2. 灾难恢复

灾难恢复技术也称业务连续性技术，它能够在重要的计算机系统发生意外事故时保持业务持续运营。企事业信息系统是企事业正常运营的重要保证，因此，对企事业信息系统必须采用灾难恢复技术予以保护。一旦系统遭到攻击或因自然灾害导致数据的破坏或丢失，灾难恢复可以最大程度恢复系统，尽可能实现系统的零数据丢失，保证系统的可用性。

灾难恢复最重要的是建立异地存储备份中心，同时，在制定灾难恢复策略时应考虑以下几个因素：

• 保护完整的系统配置文档；
• 根据业务需要决定数据异地存储的频率；
• 保护关键业务的服务器。

旁注：灾难恢复=数据恢复？

互动练习
备份和恢复自测2

7.4.4 任务总结与知识回顾

7.4.5 考核建议

考核评价表见表 7-5。

表 7-5 考核评价表

指标名称	指　标　内　容	考核方式	分值
工作任务的理解	是否了解工作任务、要实现的目标及要实现的功能	提问	10
工作任务功能实现	1. 能熟练利用工具软件对操作系统进行备份 2. 能熟练利用工具软件对操作系统进行恢复	抽查学生操作演示	30
理论知识的掌握	1. 掌握备份的基本概念，包括： ● 备份的定义 ● 备份的分类 ● 备份的方式 ● 备份的实现方法 2. 灾难恢复的基本概念	提问	30
文档资料	认真完成并及时上交实训报告	检查	20
其　他	保持良好的课堂纪律 保持机房卫生	班干部协助检查	10
总　　分			100

7.4.6 拓展提高

数据恢复的相关知识

1. 数据恢复

数据恢复指用户由于计算机突然死机断电、误操作、计算机病毒、系统崩溃等软硬件故障造成数据看不见、无法读取、丢失的情况下，专业技术人员通过特殊的手段将这些数据恢复到以前的状态，让用户能够正常使用。

2. 数据恢复率

数据恢复率指数据恢复的成功率，不同的磁盘分区格式及不同的文件类型，数据恢复率不同。

（1）FAT32 分区的恢复率

FAT32 分区的数据删除或者格式化后，比较大的文件或者经常编辑修改的文件，恢复成功率要低一些，比如经常编辑修改的 XLS 或者 CDR 文件就很难完整恢复。那些文件复制进去后就不动的文件，恢复成功率比较高，比如 PDF、JPG 或者 MPG 等不经常修改的文件，恢复率还是比较高的。这是因为 FAT32 分区使用文件分配表来记录每个文件的簇链碎片信息，删除或者格式化后簇链碎片信息就被清空了，那些经常编辑修改的文件由于它们的文件长度动态增长，在文件系统中一般都不会连续存放，所以文件碎片信息就无法恢复，文件恢复也就不完整了。

(2) NTFS 分区的恢复率

NTFS 分区的恢复率比较高,一般删除或者格式化后绝大部分都可以完整恢复。某些文件有时候无法恢复,例如文件非常大或者文件编辑使用很长时间,这些文件会形成很多的碎片信息,在删除文件后,文件就无法知道文件长度,很难恢复了。例如一些使用很多年的数据库文件,删除后用数据恢复软件扫描到的文件长度是 0,无法恢复。定期做磁盘碎片整理可以减少这种情况的发生,但是直接做磁盘碎片整理也有风险。

(3) 重新分区、删除分区和分区表破坏的恢复率

重新分区、删除分区或者分区表破坏,一般后面的分区基本能完整恢复,越靠后的分区被破坏的可能性越低,所以重要数据最好放在比较靠后的分区里面,不要放在 C 盘、D 盘里。

(4) 删除文件的恢复率

经过回收站删除的文件,有时候会无法找到文件。NTFS 下从回收站中删除的文件,文件名会被系统自动修改成 De001. doc 之类的名称,原来的文件名被破坏,当数据丢失后,不能直接找到文件名。直接按 Shift + Delete 组合键删除则不会破坏文件名。

3. 数据恢复注意事项

(1) 不要做 dskchk 磁盘检查

一般文件系统出现错误后,系统开机进入启动画面时会自动提示是否需要做磁盘检查,默认 10 s 后开始进行 dskchk 磁盘检查操作,这个操作有时候可以修复一些小损坏的目录文件,但是很多时候会破坏了数据。因为复杂的目录结构是无法修复的。修复失败后,在根目录下会形成 FOUND.000 这样的目录,里面有大量的以. chk 为扩展名的文件。有时候这些文件改个名称就可以恢复,有时候则不行,特别是 FAT32 分区或者是 NTFS 分区中比较大的数据库文件等。

(2) 不要再次格式化分区

用户第一次格式化分区后分区类型改变,造成数据丢失,比如原来是 FAT32 分区格成 NTFS 分区,或者原来是 NTFS 的分区格式化成 FAT32 分区。数据丢失后,用一般的软件不能扫描出原来的目录格式,就再次把分区格式化回原来的类型,再来扫描数据。需要指出的是,第二次格式化回原来的分区类型就是严重的错误操作,很可能把本来可以恢复的一些大的文件给破坏了,造成永久无法恢复。

(3) 不要把数据直接恢复到源盘上

很多普通客户删除文件后,用一般的软件恢复出来的文件直接还原到原来的目录下,这样破坏原来数据的可能性非常大,所以严格禁止直接还原到源盘。

(4) 不要进行重建分区操作

分区表破坏或者分区被删除后,若直接使用分区表重建工具直接建立或者格式化分区,很容易破坏掉原先分区的文件分配表(FAT)或者文件记录表(MFT)等重要区域,造成恢复难度大大增加。专业的数据恢复人员在重建分区表之前都会先定位分区的具体位置(逻辑

扇区号),然后用扇区查看工具先检查分区的几个重要参数比如 DBR、FAT、FDT、MFT 等,确认后才修改分区表,而且修改完分区表后在启动系统过程中会禁止系统做 dskchk 破坏分区目录,保证数据不会被破坏。

(5) 阵列丢失后不要重做阵列

有些管理员在服务器崩溃后强行让阵列上线,即使掉线了的硬盘也强制上线,或者直接做 rebuilding,这些操作都是非常危险的,任何写入盘的操作都有可能破坏数据。

(6) 数据丢失后,要严禁往需要恢复的分区里面存新文件

数据恢复前,最好是关闭下载工具,不要上网,不必要的应用程序也关掉,再来扫描恢复数据。若要恢复的分区是系统分区,当数据文件删除丢失后,若这个计算机里面没有数据库之类的重要数据,建议直接把计算机断电,然后把硬盘挂到别的计算机来恢复,因为在关机或者开机状态下,操作系统会往系统盘里面写数据,可能会破坏数据。

4. 常见的数据恢复软件

常见的数据恢复软件有 EasyRecovery、R‑Studio、Recover My Files、金山数据恢复、超级硬盘数据恢复大师、DiskGenius 等。

习题

一、选择题

1. ( )命令可以用来测试网络的连通性,并可以根据 IP 地址知道对应服务器域名地址。

   A. ping   B. arp   C. ipconfig   D. route

2. ( )命令可以对路由信息进行查看和修改。

   A. ping   B. arp   C. route   D. ipconfig

3. ( )命令能用于查看 IP 地址和物理地址 MAC 对应关系。

   A. ping   B. arp   C. route   D. ipconfig

4. 如果想要查看网络连接的详细信息,应该使用( )命令。

   A. ping   B. arp   C. route   D. ipconfig

5. ( )情况下,数据无法恢复。

   A. 被格式化硬盘上的数据   B. 被 ghost 还原后硬盘的数据

   C. 被删除的图片和视频文件   D. 被删除的压缩文件

二、简答题

1. 请列举常见的计算机网络命令,并说出它们的功能。

2. 网络管理中使用磁盘配额有什么好处? 它是如何限制磁盘使用的?

3. 什么是数据备份? 数据备份有几种方式?

4. 请描述网络管理的五大功能。

三、操作题

1. 使用网络管理软件分别限制三台计算机的带宽、网络软件（qq、迅雷）的使用、上网时间，体会网络管理软件的应用。

2. 备份一台计算机的操作系统，生成镜像文件后将其恢复。

3. 试删除某个硬盘分区中的文件，并尝试使用工具软件将其恢复。

模块 8　维护计算机网络

计算机网络的维护管理是保障网络正常运行、发现和检测故障、隔离及排除故障的一项日常工作。网络维护的目的是通过某种方式对网络状态进行调整、优化,使网络能稳定、高效地运行。

▶▶▶ 项目目标

【知识目标】

(1) 掌握网络故障的概念;

(2) 掌握网络安全的基本知识;

(3) 掌握计算机病毒的概念;

(4) 掌握防火墙的功能。

【技能目标】

(1) 能够对计算机网络进行故障排查;

(2) 能够使用 Windows Server 2019 自带防火墙;

(3) 能够利用扫描器进行漏洞扫描;

(4) 能够利用杀毒软件进行杀毒。

▶▶▶ 职业素养宝典

"六尺巷"的故事

安徽省桐城市有一处历史名胜叫"六尺巷",流传着一段化解邻里矛盾的佳话。清朝康熙年间,大学士张英宰相府邸与吴氏宅相邻。吴氏盖房欲占与张家的隙地,双方发生纠纷,告到县衙。县官欲偏袒相府,但又难以定夺,连称凭相爷作主。相府家人遂驰书京都,张英阅罢,立即批诗寄回,诗曰:"一纸书来只为墙,让他三尺又何妨? 万里长城今犹在,不见当年秦始皇。"家人得诗,旋即拆让三尺,吴氏深为感动,也连让出三尺。于是,便形成了一条六尺宽的巷道。

启示:包容忍让、平等待人、胸襟宽广、友善谦让是中华传统美德,也为今人所推崇。

任务 8.1 **排除网络故障**

8.1.1　任务介绍

某小型公司有 5 个部门,并且每个部门的网络都采用星状结构。每个部门都有两台交换机,并且每台交换机都连接 12 台计算机。所有的交换机都连接在一起,可以使各个部门之间能够通过网络相互通信。作为公司网络管理员,连续接到 3 个电话说不能接入网络,而且这 3 个用户属于同一部门。试分析故障出现的原因并且解决故障,恢复网络畅通。

8.1.2　实施步骤

1. 记录故障

🔲也就是说,网络管理员应该有一个专门的故障记录文件?

与用户取得联系,并把他们标记在用户故障数据库中。跟踪用户计算机上发生的问题能帮助管理员收集故障信息、判断故障现象,为下一步的原因分析提供基础材料和数据。

2. 分析故障

询问用户是否对系统进行过变动。若用户的回复是他们没有变动过任何连接和设置,经查看发现该部门两台交换机中的一台正在工作。用户的计算机正好连接到另一台交换机上,初步估计问题可能会出现在第二台交换机上,因为发现问题的用户计算机都连接到它上面,而连接到第一台交换机上的用户都能正常工作。

> **提 示**
>
> 故障发生初期,与用户的沟通是非常重要的,可以有效减轻管理员的工作强度,有助于顺利快速找出故障原因。

进而检查第二台交换机上的指示灯,发现这台交换机上所有的端口指示灯全部都亮着,正常情况下,只有连接了网线的交换机端口指示灯才会点亮,如果所有的端口指示灯(包括未连接网线的)都亮着,说明这台交换机出现了故障,需要进一步分析原因。

3. 故障调试

把连接到第一台交换机上的一台计算机连接到被怀疑有问题的那台交换机上。这台计算机现在不能访问网络。进一步确定是第二台交换机出现了故障。重启或者更换这台交换机,并同时验证连接到这台新交换机上的计算机能够访问网络。

4. 解决问题

网络中出现故障时，首先要记录故障信息，若今后再有类似故障出现，即可从用户故障数据库查找解决方法；其次要是识别故障现象，对其进行详细描述，帮助分析故障原因；再次是缩小搜索范围，由于每个部门都有两台交换机，但出现问题的计算机都接在同一台交换机上，所以搜索范围立刻定位在这台交换机上；最后是故障排除，在排除了电源和网线问题后，就表明故障发生在交换机自身。

☞基本的解决故障的过程是怎样的？

交换机故障检测原则可以按照由易到难、由外而内、由软到硬、由远及近进行。在遇到故障分析较复杂时，必须先从简单操作或配置来着手排除。如果交换机存在故障，可以先从外部的各种指示灯上辨别，然后根据故障指示，再来检查内部的相应部件是否存在问题。比如 Power LED 亮绿灯表示电源供应正常，熄灭表示没有电源供应；Link LED 为黄色表示现在该连接工作在 10 Mb/s，绿色表示为 100 Mb/s，熄灭表示没有连接，闪烁表示端口被管理员手动关闭。根据指示灯状态，登录交换机以确定具体的故障所在，并进行相应的排障措施。同时，在检查时，总是先从系统配置或系统软件上着手进行排查。如果软件上不能解决问题，那就是硬件有问题了。总之，软件故障比硬件故障难查找。有效解决故障问题依赖于维护人员的经验。这就要求维护人员在平时的工作中养成记录日志的习惯。每当发生故障时，及时做好故障现象记录、故障分析过程、故障解决方案、故障归类总结等工作，不断积累自己的经验。

8.1.3 相关知识

1. 网络故障的概念

网络故障是指硬件故障、软件故障、病毒入侵等所造成的网络不能正常运转，不能为用户提供服务的现象。网络建成以后，为使其运转正常，网络维护就显得尤其重要。由于网络协议、网络设备和网络配置的复杂性，许多故障解决起来绝非像解决单机故障那么简单。网络故障的诊断和排除，既需要借助一系列的软件和硬件工具，也需要维护人员长期的知识和经验积累。

2. 网络故障的原因

虽然网络故障现象千奇百怪，故障原因多种多样，但总体讲主要是网络连通性、配置文件和选项以及网络协议问题。

网络连通性是故障发生后首先应当考虑的原因。连通性的问题通常是由网卡、跳线、信息插座、网线、交换机等设备和通信介质组成的。任何一个设备的损坏，都会导致网络连接的中断。连通性通常可采用软件和硬件工具进行测试验证。

所有的路由器、交换机、服务器、计算机都有配置选项,配置文件和配置选项设置不当,同样会导致网络故障。例如,交换机的 VLAN 设置不当,会导致 VLAN 间的通信故障;服务器的设置不当,会导致资源无法共享的故障;网卡配置不当,会导致无法连接的故障等。因此,在排除硬件故障之后,就需要重点检查配置文件和选项的故障。

常见的网络故障有哪些?

如果没有网络协议,网络设备和计算机之间就无法进行通信,因此,网络协议的配置在网络中处于举足轻重的地位,决定着网络是否能正常运行。网络协议既包括交换机和路由器执行的网络协议,也包括计算机和服务器执行的网络协议。其中任何一个协议配置不当,或没有正常工作,都有可能导致网络瘫痪,或导致某些服务被中止。

3. 网络故障的排除

在检查和定位网络故障时,必须认真地考虑可能出现故障的原因,以及应当从哪里入手进行追踪和排除,直至最后恢复网络的通畅。网络故障的排除过程可划分为以下几个步骤。

(1) 识别故障现象

网络管理员在进行故障排除之前,必须确切地知道发生了什么问题并能够及时识别,这是成功排除故障最重要的步骤。识别故障现象时,应该询问以下问题:

- 当被记录的故障现象发生时,正在运行什么进程?
- 这个进程以前是否运行过?
- 以前这个进程的运行是否成功?
- 这个进程最后一次成功运行是什么时候?
- 从那时起发生了哪些变化?

解决故障时,需要和用户交流吗?

(2) 对故障现象进行详细描述

当发生故障时,应该对故障现象做出详细的描述,记录所有的出错信息,并快速记录有关的故障现象。这样才能正确分析导致故障的原因。开始排除故障之前,应该执行以下步骤:

- 收集有关故障现象的信息。
- 对问题和故障现象进行详细的描述。
- 注意细节。
- 把所有的问题都记录下来。
- 不要匆忙下结论。

(3) 列举可能导致故障的原因

导致故障的原因可能有很多种,例如,网卡故障、网线故障、配置文件不正确等。在这个阶段不要马上就断定问题之所在,而是要尽可能多地记录下产生故障的原因。因为,有些问题可能是由多个原因所引起的。

（4）缩小搜索范围

网络管理员必须采用有效的软、硬件工具,对所列出的各种可能导致错误的原因进行测试和排除,找到真正引起故障的原因。这一步需要进行反复的测试,并使用所有可能的方法来测试。

（5）隔离错误

网络管理员经过反复的测试,终于明确什么原因导致问题的出现,接下来就一一解决问题。

（6）故障排除

在排除故障后,最好能记录和保存所有的问题,作为经验的积累,便于今后处理类似的故障,而且还会启发许多与此相关联的问题,进一步提高理论和技术水平。

4. 网络故障分析方法

网络故障分析可以从 OSI 参考模型开始,依次分析各层可能出现的故障原因。

物理层及其诊断:物理层是 OSI 分层结构体系中最基础的一层,它建立在通信媒体的基础上,实现系统和通信媒体的物理接口,为数据链路实体之间进行透明传输,为建立、保持和拆除计算机和网络之间的物理连接提供服务。物理层的故障主要表现在设备的物理连接方式是否恰当;连接电缆是否正确;网卡、CSU/DSU(信道/数据业务单元)等设备的配置及操作是否正确。

数据链路层及其诊断:数据链路层的主要任务是使网络层无须了解物理层的特征而获得可靠的传输。数据链路层为通过链路层的数据进行打包和解包、差错检测和一定的校正能力,并协调共享介质。在数据链路层交换数据之前,协议关注的是形成帧和同步设备。数据链路层的故障主要表现为过度冲突、噪声干扰、异常帧以及性能问题等。

网络层及其诊断:网络层提供建立、保持和释放网络层连接的手段,包括路由选择、流量控制、传输确认、中断、差错及故障恢复等。网络层故障通常表现为路由协议设置不正确、路由协议不匹配、网络设备参数设置不当或操作错误等问题。

传输层及其诊断:传输层向用户提供可靠的端到端的传输和流量控制,保证报文的正确传输。传输层的作用是向高层屏蔽下层数据通信的细节,即向用户透明地传送报文。传输层常见的故障主要是设备性能或通信拥塞问题。

上三层及其诊断:OSI 参考模型的上三层分别是会话层、表示层和应用层,其故障主要表现在网络应用程序错误、网络服务设置不当等问题。

☞你觉得网络故障分析应该从哪方面入手?

●┄►互动练习

网络故障分析
自测1

●┄►互动练习

网络故障分析
自测2

8.1.4 任务总结与知识回顾

故障的概念：网络故障是指硬件故障、软件故障、病毒入侵等所造成的网络不能正常运转，不能为用户提供服务的现象

- 记录故障
- 分析故障
- 故障调试
- 解决问题

故障的原因
- 网络连接性问题
- 配置文件和选项问题
- 网络协议问题

故障的排除过程
- 识别故障现象
- 对故障现象进行详细描述
- 列举可以导致故障的原因
- 缩小搜索范围
- 隔离错误
- 故障排除

故障的分析方法：从 OSI 参考模型开始，依次分析各层可能出现的故障原因

8.1.5 考核建议

考核评价表见表 8-1。

表 8-1 考核评价表

指标名称	指 标 内 容	考核方式	分值
工作任务的理解	是否了解工作任务、要实现的目标及要实现的功能	提问	10
工作任务功能实现	1. 能够与用户沟通查找故障问题 2. 能够逐层分析问题 3. 能够发现故障根源 4. 能够解决故障	抽查学生操作演示	30
理论知识的掌握	1. 故障的概念和原因 2. 故障的排除过程 3. 故障的分析方法 4. 故障的检测命令	提问	30
文档资料	认真完成并及时上交实训报告	检查	20
其 他	保持良好的课堂纪律 保持机房卫生	班干部协助检查	10
总 分			100

8.1.6 拓展提高

交换机与路由器的故障诊断

1. 交换机常见故障诊断

交换机是应用最为广泛的网络设备之一，在长期运行中难免会出现故障，当故障出现时

要迅速了解清楚交换机故障的类型,并有针对性地进行分析和排除故障。

(1) 电源故障

外部供电不稳定、电源线路老化、静电或雷击等原因,导致电源损坏或机内其他部件的损坏,以致交换机不能正常工作。如果交换机面板上的 Power 指示灯是绿色的,表示是正常的;如果该指示灯灭了,则表示交换机没有正常供电。

针对这类故障,首先做好外部电源的供应工作,通过引入独立的电力线提供独立的电源,并添加稳压器避免瞬间高压或低压现象。如果条件允许,可以添加 UPS(不间断电源)来保证交换机的正常供电。另外还要在机房内设置专业的避雷措施,来避免雷电对交换机的伤害。

(2) 端口故障

无论是光纤端口还是双绞线的 RJ-45 端口,在插拔接头时一定要小心。如果不小心把光纤插头弄脏,可能导致光纤端口污染而不能正常通信。很多人喜欢带电插拔接头,理论上是可以的,但是无意中增加了端口的故障发生率。在搬运时也可能导致端口物理损坏。如果购买的水晶头尺寸偏大,插入交换机时,也容易破坏端口。如果接在端口上的双绞线有一段暴露在室外,万一这根电缆被雷电击中,所连交换机端口也会被击坏,造成更加不可预料的损失。

一般情况下,端口故障是某一个或者几个端口损坏,所以在排除了端口所连计算机的故障后,可以通过更换所连端口,来判断其是否损坏。遇到此类故障,可以在电源关闭后,用酒精棉球清洗端口,如果端口确实被损坏,只能更换端口了。

(3) 模块故障

交换机是由很多模块组成:堆叠模块、管理模块(也叫控制模块)、扩展模块等。这些模块发生故障的概率很小,一旦出现问题就会遭受巨大的经济损失。如插拔插头时不小心、在搬运交换机时受到碰撞、电源不稳定等,都可能导致此类故障的发生。交换机的模块都比较容易辨认,有些可以通过模块上的指示灯来辨别故障。堆叠模块上有一个扁平的梯形端口(部分类似 USB 接口);管理模块上有一个 Console 端口,用于和网管计算机建立连接,方便管理如果扩展模块是光纤连接的话,会有一对光纤接口。

在排除此类故障时,首先确保交换机的电源是否正常供应,再检查各个模块是否插在正确的位置上,最后检查连接模块的线缆是否正常。在连接管理模块时,还要考虑它是否采用规定的连接速率、是否有奇偶校验、是否有数据流控制等。在连接扩展模块时,需要检查匹配通信使用全双工模式还是半双工模式。如果确认模块有故障,应当立即联系供应商进行更换。

(4) 背板故障

交换机的各个模块都是接插在背板上。电路板受潮短路或元器件因高温、雷击而受损,都会造成电路板不能正常工作。机器散热性能不好或环境温度太高导致机内温度升高,会致使元器件烧坏。在外部电源正常供电的情况下,如果交换机的各个内部模块都不能正常工作,可能是背板坏了,需要更换背板。

（5）线缆故障

连接电缆和配线架的跳线是用来连接模块、机架和设备用的，如果它们发生了短路、断路或虚接，会导致交换机系统或端口不能正常工作就会形成通信系统的故障。比如：线缆接头接插不紧，线缆制作时顺序排列错误或不规范，线缆连接时应该用交叉线却使用了直连线，光缆中的两根光纤交错连接，错误的线路连接导致网络环路等。

机房环境不佳极易导致各种硬件故障，所以在建设机房时，必须先做好防雷接地及供电电源、室内温度、室内湿度、防电磁干扰、防静电等环境建设，为网络设备的正常工作提供良好的环境。

（6）系统错误

交换机系统是硬件和软件的结合体。在交换机内部有一个可刷新的只读存储器，它保存的是这台交换机所必需的软件系统。和我们常见的 Windows、Linux 一样，可能因为当时设计存在一些漏洞，导致交换机满载、丢包、错包等情况的发生，所以交换机系统提供了诸如 Web、FTP 等方式来下载并更新系统。当然在升级系统时，也有可能发生错误。

对于此类问题，要养成经常浏览设备厂商网站的习惯，如果有新的系统推出或者新的补丁，及时更新。

（7）配置不当

由于每台交换机配置不一样，容易出现配置错误问题。比如 VLAN 划分不正确导致网络不通，端口被错误地关闭，交换机和网卡的模式配置不匹配等。

这类故障很难发现，需要一定的经验积累。如果不能确保用户的配置有问题，就先恢复出厂默认配置，再一步一步地进行配置。在配置之前，先阅读说明书，每台交换机都有详细的安装手册、用户手册，深入到每类模块都有详细的讲解。

（8）外部因素

由于病毒或者黑客攻击等情况的存在，有可能某台主机向所连接的端口发送大量不符合封装规则的数据包，造成交换机处理器过度繁忙，致使数据包来不及转发，进而导致缓冲区溢出产生丢包现象。还有一种情况就是广播风暴，它不仅会占用大量的网络带宽，还占用大量的 CPU 处理时间。网络如果长时间被大量广播数据包所占用，正常的点对点通信就无法正常进行，就会网速变慢或网络瘫痪。

总之，网络管理员在平时的工作中要养成记录日志的习惯。每当发生故障时，及时做好故障现象记录、故障分析过程、故障解决方案、故障归类总结等工作，以积累自己的经验，能够快速排除故障。

2. 路由器常见故障诊断

随着网络的发展，路由器已经是一个网络必不可缺的核心设备，网络中路由器发生故障的可能性也多了起来。路由器的故障是多种多样的，造成某种故障现象的原因也是多种多样的，一种情况是在正常运行中出现故障的，另外一种情况是当我们完成了配置后，但却得不到预期的效果。

（1）观察路由器的状态

弄清楚路由器发生故障时处于什么状态，才能进行下一步操作，最直接的方法就是观察路由器上各种指示灯的工作状态，对于不同品牌路由器，其指示灯所标识的含义其实差不多，具体的可以参考各自的说明书。

（2）分析出现故障的可能原因

根据经验初步判断发生故障可能的原因，可能是一种故障，也可能是多种故障叠加。经验积累是一个长期的过程。

（3）应用排除法找出故障原因

① 确认是单机还是网络故障。单机故障一般与设备以及附件的物理故障相关，比如电源的问题导致设备运行不正常，线缆的原因导致路由器接口不能正常检测到信号，软件处理存在缺陷也属于单机故障的范畴，假设处理过大的 NAT HASH 表或路由表，内存耗尽导致路由器瘫痪。

② 路由器是网络互联的核心设备必须与整个网络相关联，需要正确地安装路由器并连接外部线缆，对路由器进行简单配置包括拨号程序配置，终端主机指定网关和 DNS 的地址。在故障处理中，不论对于连通性的故障还是性能上的问题，都要全面系统地了解网络情况，进行综合性分析。

③ 路由器的安装和使用注意事项应该严格按照安装手册进行，安装前应检查安装场所的温湿度、洁净度、静电、干扰、防雷击等是否满足要求；安装后应检查电源的输入电压幅值、频率、中性点的连接及保护地、接地电阻等是否满足要求。

④ 检查线路连接问题，如线路阻抗不匹配、线序连接错误、中间传输设备故障，与其他设备配合有问题，接口配置问题，电源或接地不符合要求，在安装过程也要考虑模块接口电缆所支持的最大传输长度、最大速率等因素，在故障定位的过程中，可把不必要的相连设备先去掉，缩小故障定位的范围，从而有利于快速准确地定位故障。

⑤ 病毒攻击已经成为路由器排错和维护需要考虑的因素。病毒和非法报文通过路由器转发，会占用路由器的大量资源。如果路由器的 CPU 使用率过高，数据包丢包率高，可以断开本地局域网，通过抓包等手段来判断是否有病毒攻击的情况发生。

综上所述，路由器故障排查主要是靠平时经验积累，当你拥有一定经验后，就可以根据网络的运行情况，快速地找出故障的原因所在。

任务8.2 维护网络安全

8.2.1 任务介绍

公司网络频繁被黑客攻击，同时网络病毒泛滥，身为公司的网络管理员，既要面对外界的安全威胁，又要保证网络纯净，不受病毒危害。本任务通过安装防火墙、网络扫描工具、杀毒软件来解决这些问题。

8.2.2 实施步骤

1. 启用防火墙

☞防火墙有什么作用?

在 Windows 10 桌面上,右键单击"此电脑",选择"属性",在打开的窗口左上角单击"控制面板主页",在"控制面板"窗口单击"系统和安全",在打开的窗口单击"Windows 防火墙",在"Windows 防火墙"窗口单击左侧"启用或关闭Windows 防火墙",打开"自定义设置"窗口,如图 8 - 1 所示,选择"启用Windows 防火墙"即可。

图 8 - 1　Windows 防火墙

2. 安装网络扫描工具

☞还有没有其他的扫描工具?

X - Scan 是一个功能强大的扫描工具。采用多线程方式对指定 IP 地址段(或单机)进行安全漏洞检测,支持插件功能,提供了图形界面和命令行两种操作方式,扫描内容包括:远程操作系统类型及版本;标准端口状态及端口BANNER 信息;CGI 漏洞;IIS 漏洞;RPC 漏洞;SQL - SERVER、FTP -SERVER、SMTP - SERVER、POP3 - SERVER、NT - SERVER 弱口令用户;NT 服务器 NetBIOS 信息等。扫描结果保存在"/log/"目录中,index_ * .htm为扫描结果索引文件。

(1)安装 X - Scan v3.3

下载 X - Scan 之后,双击"xscan_gui.exe"文件,即可打开 X - Scan v3.3GUI,如图 8 - 2 所示。

(2)加载漏洞检测脚本

在"文件"菜单中单击"开始扫描"随即加载漏洞检测脚本,如图 8 - 3 所示。

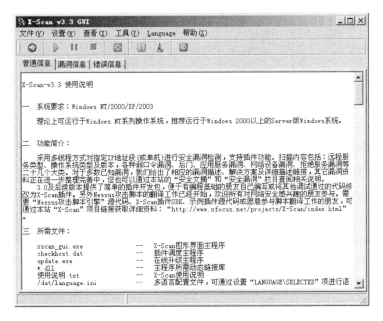

图 8‑2　X‑Scan 界面

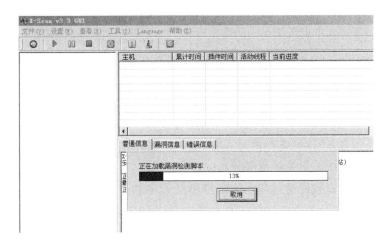

图 8‑3　加载漏洞检测脚本

(3) 设置扫描参数并扫描

在"设置"菜单中选择"扫描参数"命令,打开"扫描参数"对话框,设置扫描的各种参数。首先,在"指定 IP 范围"中设置扫描的 IP 地址范围,如"192.168.118.2～192.168.118.201"。

展开"全局设置",分别设置"扫描模块""并发扫描""扫描报告"和"其他设置",如图 8‑4 所示。可以有针对性地选择要扫描的模块,设置要扫描的最大并发主机数和最大的并发线程数,选择扫描后结果的报告文件类型。在"其他设置"中,"跳过没有响应的主机"表示 X‑Scan 自动跳过禁止 ping 或没有响应的主机,自动检测下一台主机。若是"无条件扫描",X‑Scan 会对目标进行详细检测,这样结果会比较详细也会更加准确,但扫描时间会更长。

☞扫描模块中
具体的一些设
置分别是什么
意思?

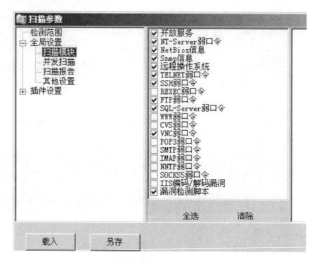

图 8-4 扫描参数

展开"插件设置"可设置要扫描的端口、SNMP 信息、NetBOIS 信息。若需同时检测很多主机的话,要根据实际情况选择特定的漏洞检测脚本。

设置完成后,单击"开始扫描"按钮即可开始对网络进行详细的检测。如果扫描过程中出现错误的话会出现在"错误信息"列出。扫描结束以后会自动弹出检测报告,包括漏洞的风险级别和详细的信息,以便对对方主机进行详细的分析。

3. 安装杀毒软件

互联网经常发生病毒感染事件,需要安装网络版杀毒软件。杀毒软件通常集成监控识别、病毒扫描和清除、自动升级、主动防御等功能,有的杀毒软件还带有云安全、数据恢复、防范黑客入侵、网络流量控制等功能,是计算机网络防御系统的重要组成部分。

杀毒软件通过在系统添加驱动程序的方式进驻系统,并且随操作系统启动,大部分的杀毒软件还具有防火墙功能。杀毒软件的实时监控方式因软件而异,有的杀毒软件是在内存里划分一部分空间,将计算机内存的数据与杀毒软件自身所带的病毒库的特征码相比较,以判断是否为病毒,另一些杀毒软件则在所划分到的内存空间里面,虚拟执行系统或用户提交的程序,根据其行为或结果作出判断。

现在市面上有各种杀毒软件可供选择,如 Symantec、Kaspersky Lab、瑞星杀毒软件、金山毒霸、360 安全卫士等。杀毒软件一般来说操作简单,但需要注意的是必须及时升级软件版本和病毒库。

8.2.3 相关知识

1. 网络安全简介

随着计算机技术的发展,互联网正在快速地改变着人们的生活。从政府到商业再到个人,互联网的应用无处不在,如政府部门信息系统、电子商务、网络证券、网上银行、网上购物等。Internet 所具有的开放性、国际性和自由性在增加应用自由度的同时,也带来了许多信息安全隐患,如何保护政府、企业和个人的信息不受他人的入侵,更好地增加互联网的安全性,是一个亟待解决的重大问题。

(1) 安全隐患

由于在互联网设计初期很少考虑到网络安全方面的问题,所以现实的互联网存在着许多安全隐患可被人利用。安全隐患主要有以下几种。

● 黑客入侵　这里的黑客(hacker),一般指一些恶意、非法地试图破解或破坏某个程序、系统及网络安全的人。黑客入侵其他人的计算机的目的一般是获取利益或证明自己的能力,他们利用自己在计算机方面的特殊才能对网络安全造成了极大的破坏。

● 计算机病毒的攻击　计算机病毒是对网络安全最严重的威胁。计算机病毒的种类很多,通过网络传播的速率非常快,普通家用计算机基本都被病毒入侵过。

● 陷阱和木马程序　通过替换系统的合法程序,或者在合法程序中插入恶意源代码以实现非授权进程,从而达到某种特定的目的。

● 来自内部人员的攻击　内部人员攻击主要是指在信息安全处理系统范围内或对信息安全直接访问权限的人对网络的攻击。

● 修改或删除关键信息　通过对原始内容进行一定的修改或删除,从而达到某种破坏网络安全的目的。

● 拒绝服务　当一个授权实体不能获得应有的对网络资源的访问或紧急操作被延迟时,就发生了拒绝服务。

● 人为地破坏网络设施　人为地从物理上对网络设施进行破坏,使网络不能正常运行。

● 个人信息泄露　恶意窃取公民个人隐私信息,个人遭受垃圾信息骚扰、网络诈骗和电信诈骗,个人财产损失和名誉无端受损。

(2) 网络攻击

在攻击网络之前,入侵者首先要寻找网络中存在的漏洞,漏洞主要存在于操作系统和计算机网络数据库管理系统中,找到漏洞后,入侵者就会发起攻击。这里的攻击是指一个网络可能受到破坏的所有行为。攻击的范围从服务器到网络互联设备,再到特定主机。攻击方式有使其无法实现应有的功能、完全破坏、完全控制等。网络攻击从攻击行为上可分为以下两类。

● 被动攻击:攻击者简单地监视所有信息流以获得某些秘密。这种攻击可以基于网络或者基于系统。这种攻击是最难被检测到的,对付这类攻击的重点是预防,主要手段是数据加密。

● 主动攻击:攻击者试图突破网络的安全防线。这种攻击涉及网络传输

你知道历史上一些有名的网络攻击案例吗?查查资料吧。

● 互动练习

网络攻击自测

数据的修改或创建错误数据信息,主要攻击形式有假冒、重放、欺骗、消息篡改、拒绝服务等。这类攻击无法预防,但容易检测,所以对付这类攻击的重点是检测,而不是预防,主要手段有防火墙、入侵检测系统等。

(3) 网络基本安全技术

针对目前网络的安全形势,实现网络安全的基本措施主要有防火墙、数字加密、数字签名、身份验证等,这些措施在一定程度上增强了网络的安全性。

● 防火墙　防火墙是设置在被保护的内部网络和有危险性的外部网络之间的一道屏障,系统管理员按照一定的规则控制数据包在内外网之间的进出。

● 数字加密　数据加密是通过对传输的信息进行一定的重新组合,而使只有通信双方才能识别原有信息的一种手段。

● 数字签名　数字签名可以被用来证明数据的真实发送者,而且,当数字签名用在存储的数据或程序时,可以用来验证其完整性。

● 身份验证　用多种方式来验证用户的合法性,如密码技术、指纹识别、智能 IC 卡、网银 U 盾等。

☞你自己的计算机上有没有防火墙? 看看如何启用?

2. 计算机病毒

计算机病毒是指编写或者在计算机程序中插入的破坏计算机功能或者数据,影响计算机使用并且能够自我复制的一组计算机指令或者程序代码。它能够通过某种途径潜伏在计算机存储介质(或程序)中,当达到某种条件时即被激活,具有对计算机资源进行破坏的作用。只要计算机接入互联网或插入移动存储设备,就有可能感染计算机病毒。

☞历史上有一些非常有名的病毒,造成了很大的损失,查查看,是哪些病毒?

(1) 计算机病毒的特点

● 寄生性　计算机病毒寄生在其他程序或指令中,当执行这个程序或指令时,病毒会起破坏作用,而在未启动这个程序或指令之前,它是不易被人发觉的。

● 传染性　计算机病毒不但本身具有破坏性,还具有传染性,一旦病毒被复制或产生变种,其速度之快令人难以预防。

● 隐蔽性　计算机病毒具有很强的隐蔽性,有的可以通过杀毒软件查出来,有的根本查不出来,有的则时隐时现、变化无常,这类病毒处理起来通常很困难。

● 潜伏性　病毒入侵后,一般不会立即发作,需要等待一段时间,只有在满足其特定条件时病毒才启动其表现模块,显示发作信息或对系统进行破坏。可以分为利用系统时钟提供的时间作为触发器和利用病毒体自带的计数器作为触发器两种。

● 破坏性　计算机中毒后,凡是利用软件手段能触及计算机资源的地方均可能遭到计算机病毒的破坏。其表现为占用 CPU 系统开销,从而造成进程堵塞;对数据或文件进行破坏;打乱屏幕的显示;无法正常启动系统等。

(2) 计算机病毒的分类

综合病毒本身的技术特点、攻击目标、传播方式等各个方面,一般情况下,可将病毒大致分为传统病毒、宏病毒、恶意脚本、木马程序、黑客程序、蠕虫程序、破坏性程序。

- 传统病毒　能够感染的程序。通过改变文件或者其他设置进行传播,通常包括感染可执行文件的文件型病毒和感染引导扇区的引导型病毒,如 CIH 病毒。

- 宏病毒(macro)　利用 Word、Excel 等宏脚本功能进行传播的病毒,如著名的美丽莎(macro. melissa)。

- 恶意脚本(script)　进行破坏的脚本程序,包括 HTML 脚本、批处理脚本、Visual Basic 和 JavaScript 脚本等,如欢乐时光(VBS. Happytime)。

- 木马(trojan)程序　当病毒程序被激活或启动后用户无法终止其运行。广义上说,所有的网络服务程序都是木马,判定是否是木马病毒的标准无法确定。通常的标准是在用户不知情的情况下安装,隐藏在后台,服务器端一般没有界面进行配置,如 QQ 盗号木马。

- 黑客(hack)程序　利用网络攻击其他计算机的网络工具,被运行或激活后就像其他正常程序一样提供界面。黑客程序用来攻击和破坏别人的计算机,对使用者自己的机器没有损害。

- 蠕虫(worm)程序　蠕虫病毒是一种可以利用操作系统的漏洞、电子邮件、P2P 软件等自动传播自身的病毒,如冲击波。

- 破坏性程序(harm)　病毒启动后,破坏用户的计算机系统,如删除文件、格式化硬盘等。常见的是 .bat 文件,也有一些是可执行文件,还有一部分和恶意网页结合使用。

3. 防火墙

防火墙是网络安全的保障,可以实现内部可信任网络与外部不可信任网络(互联网)之间,或内部网络不同区域之间的隔离与访问控制,阻止外部网络中的恶意程序访问内部网络资源,防止更改、复制、损坏用户的重要信息。

防火墙的主要目的是通过检查入、出一个网络的所有连接,来防止某个需要保护的网络遭受外部网络的干扰和破坏。从逻辑上讲,防火墙是一个分离器、限制器、分析器,可有效地检查内部网络和外部网络之间的任何活动;从物理上讲,防火墙是集成在网络特殊位置的一组硬件设备——路由器和三层交换机、计算机之间。防火墙可以是一个独立的硬件系统,也可以是一个软件系统。

☞ 你的 U 盘有没有中毒过? 用什么方法解决的?

☞ 大型网络的防火墙是什么样的?

• 互动练习

防火墙自测

8.2.4　任务总结与知识回顾

互动练习

互联网自测

```
          ┌ 安装防火墙
          │ 安装网络扫描工具
          └ 安装杀毒软件
```

```
                    ┌ 网络本身的安全隐患
      网络安全 ┤ 网络攻击
                    └ 网络安全技术基础
      计算机病毒 ┤ 计算机病毒的特点
                    └ 计算机病毒的种类
      防火墙：防火墙主要目的是通过检查入、出一个网络的所有连
              接，来防止某个需要保护的网络遭受外部网络的干扰
              和破坏
```

8.2.5　考核建议

考核评价表见表 8-2。

表 8-2　考核评价表

指标名称	指　标　内　容	考核方式	分值
工作任务的理解	是否了解工作任务、要实现的目标及要实现的功能	提问	10
工作任务功能实现	1. 能够启用防火墙 2. 能够安装 X-Scan，并扫描网络 3. 能够安装一种杀毒软件，进行病毒检测	抽查学生操作演示	30
理论知识的掌握	1. 网络安全的由来 2. 网络基本安全技术 3. 防火墙的概念	提问	30
文档资料	认真完成并及时上交实训报告	检查	20
其　他	保持良好的课堂纪律 保持机房卫生	班干部协助检查	10
总　　　　分			100

8.2.6　拓展提高

我国互联网网络安全状况及未来网络安全热点

1. 我国互联网网络安全状况

文本

中国互联网
网络安全报告

（1）我国网络安全法律法规体系日趋完善，网络安全威胁治理成效显著。

我国持续加强网络安全顶层设计，多项网络安全法律法规面向社会公众发布，我国网络安全法律法规体系日臻完善。国家互联网信息办公室等 12 个部门联合制定和发布《网络安全审查办法》，以确保关键信息基础设施供应链安全，维护国家安全。《网络安全法》《密码法》《数据安全法》《个人信息保护法》已制定实施，法律将为切实保护网络安全、数据安全和用户个人信息安全

提供强有力的法治保障。每年开展国家网络安全宣传周活动,不断加大网络安全知识宣传力度。2020 年,CNCERT(国家互联网应急中心)协调处置各类网络安全事件约 10.3 万起,同比减少 4.2%。

（2）APT(高级持续性威胁)组织利用社会热点、供应链攻击等方式持续对我国重要行业实施攻击。

境外"白象""海莲花""毒云藤"等 APT 攻击组织以"新冠肺炎疫情""基金项目申请"等相关社会热点及工作文件为诱饵,向我国重要单位邮箱账户投递钓鱼邮件,诱导受害人点击仿冒该单位邮件服务提供商或邮件服务系统的虚假页面链接,从而盗取受害人的邮箱账号密码。APT 组织多次对攻击目标采用供应链攻击,造成较为严重的网络安全风险。部分 APT 组织入侵我国重要机构后长期潜伏攻击,隐蔽性高,危害性极大。

（3）App 违法违规收集个人信息治理成效显著,个人信息非法售卖情况仍较为严重,联网数据库和微信小程序数据泄露风险较为突出。

为保障个人信息安全,国家互联网信息办公室会同工业和信息化部、公安部、市场监管总局持续开展 App 违法违规收集使用个人信息治理工作,App 违法违规收集个人信息治理取得积极成效。但监测发现涉及身份证号码、手机号码、家庭住址、学历、工作信息等敏感个人信息暴露在互联网上,公民个人信息未脱敏展示与非法售卖情况仍较为严重。CNCERT 2020 年累计监测并通报联网信息系统数据库存在安全漏洞、遭受入侵控制,以及个人信息遭盗取和非法售卖等重要数据安全事件 3 000 余起。微信小程序发展迅速,但也暴露出较为突出的安全隐患,特别是用户个人信息泄露风险较为严峻。

（4）漏洞信息共享与应急工作稳步深化,历史重大漏洞和网络安全产品自身漏洞利用风险仍然较大。

国家信息安全漏洞共享平台全年新增收录通用软硬件漏洞数量创历史新高,2020 年达 20 704 个,同比增长 27.9%,近五年来新增收录漏洞数量呈显著增长态势,年均增长率 17.6%。经抽样监测发现,利用安全漏洞针对境内主机进行扫描探测、代码执行等的远程攻击行为日均超过 2 176.4 万次。历史重大漏洞利用风险依然较为严重,漏洞修复工作尤为重要和紧迫。2020 年,网络安全产品类漏洞数量达 424 个,同比增长 110.9%,网络安全产品自身存在的安全漏洞需获得更多关注。

（5）恶意程序治理成效明显,勒索病毒技术手段不断升级,恶意程序传播与治理对抗性加剧。

我国持续开展计算机恶意程序常态化打击工作,近五年来我国感染计算机恶意程序的主机数量持续下降,并保持在较低感染水平,移动互联网恶意程序治理成效显现。但是,勒索病毒技术手段、勒索方式不断升级,逐渐从"广撒网"转向定向攻击,表现出更强的针对性,攻击目标主要是大型高价值机构。采用 P2P 传播方式的联网智能设备恶意程序异常活跃具有传播速度快、感染规模大、追溯源头难的特点。仿冒 App 综合运用定向投递、多次跳转、泛域名解析等多种手段规避检测,增加了治理难度。

（6）网页仿冒治理工作力度持续加大,但因社会热点容易被黑产利用开展网页仿冒诈骗,以社会热点为标题的仿冒页面骤增。

通过加强行业合作持续开展网页仿冒治理工作,2020年共协调国内外域名注册机构关闭仿冒页面1.7万余个。2019年以来,不法分子通过仿冒ETC和网上行政审批等相关页面,骗取个人隐私信息。2020年,以"ETC在线认证"为标题的仿冒页面数量呈井喷式增长,诱骗用户提交姓名、银行账号、身份证号、手机号、密码等个人隐私信息,致使大量用户遭受经济损失。

(7) 工业领域网络安全工作不断强化,但工业控制系统互联网侧安全风险仍较为严峻。

随着"等保2.0"标准正式实施,公安部制定出台《贯彻落实网络安全等级保护制度和关键信息基础设施保护制度的指导意见》,建立并实施关键信息基础设施安全保护制度,工业领域网络安全工作不断强化。但监测发现,我国境内直接暴露在互联网上的工控设备和系统存在高危漏洞隐患占比仍然较高,工业控制系统互联网侧安全风险仍较为严峻。在对能源、轨道交通等关键信息基础设施在线安全巡检中发现,20%的生产管理系统存在高危安全漏洞,工业控制系统已成为黑客攻击利用的重要对象。

2. 未来网络安全热点

(1) APT攻击活动仍将持续。

近几年,全球范围内多个APT组织都发起以新冠疫情主题为诱饵的APT攻击。攻击者通过"鱼叉"钓鱼邮件等方式对分布在全球的攻击目标实施窃密和控制。未来几年内,以窃取新冠肺炎疫苗相关信息为目标的APT攻击活动将持续,政府机构、关键信息基础设施运营者、疫苗生产厂商、卫生组织、医疗机构等将成为重点攻击目标。

(2) App违法违规收集使用个人信息情况将进一步改善。

在移动互联网时代,个人信息已成为高价值的数据资源,加强App个人信息保护势在必行。近年来,国家各部委启动了App违法违规收集使用个人信息治理工作,App违法违规收集使用个人信息问题有所改善。然而,我国App数量庞大,更新频繁,且新应用层出不穷,仍存在App过度超范围收集个人信息、个人信息滥用等情况,公民合法权益受到侵犯。随着《个人信息保护法》的出台,以及国家监管部门监督和治理力度不断加大,相关运营企业将更加重视个人信息保护工作,规范收集使用个人信息行为。

(3) 网络产品和服务的供应链安全问题面临挑战。

近年来,因停止提供基础产品组件或服务,或遭受网络攻击等方式而发生的网络产品和服务供应链安全问题时有发生。任何产品和服务的供应链只要在某个环节出现问题,都可能影响整个供应链的安全运行,破坏性巨大。面对愈加严峻的供应链安全形势,预计各行业领域政策标准将陆续出台,区块链等新技术也将为保障供应链安全提供可行的解决方案。

(4) 加强关键信息基础设施安全保护成为社会共识。

2020年4月,国家互联网信息办公室等12个部门联合发布《网络安全审查办法》,明确关键信息基础设施运营者采购网络产品和服务,影响或可能影响国家安全的,应当按照办法进行网络安全审查。近年来,针对关键信息基础设施的信息窃取、攻击破坏等恶意活动持续增加,相关安全问题也受到社会关注。例如,新冠肺炎疫情发生以来,涉及医疗卫生的关键信息基础设施成为攻击者的重点攻击对象。未来几年，关键信息基础设施安全保护的顶层设计、体系建设等将持续完善。

（5）远程协作安全风险问题或将更受重视。

2020年，全球出现多起涉及远程会议软件、VPN设备等的网络安全事件，远程协作中的网络安全问题得到高度重视，2020年全国信息安全标准化技术委员会出台《网络安全标准实践指南——远程办公安全防护》。攻击者或将针对远程协作环境下的薄弱环节，重点针对使用的工具、协议以及所依赖的信息基础设施开展攻击，远程协作安全风险问题将受到更多关注和重视，需要更体系化的安全解决方案。

（6）全社会数字化转型加快背景下将着力提升数据安全防护能力。

随着云计算、大数据、物联网、工业互联网、人工智能等新技术新应用的大规模发展，互联网上承载的数据和信息越来越丰富，这些数据资源已经成为国家重要战略资源和新生产要素，对经济发展、国家治理、社会管理、人民生活都产生重大影响。近年来针对数据的网络攻击以及数据滥用问题日趋严重，数据安全风险将更加突出。随着《数据安全法》的出台，数据安全管理将会进一步加强，数据安全治理水平也将得到有效提升。

● 文本

IaaS、PaaS、SaaS的区别

一、选择题

1. 在一个原先运行良好的网络中，有一台路由器突然不通，有一个以太网口状态灯不亮，最有可能的情况是（　　）。

   A. 端口已坏　　　　B. 协议不正确　　　　C. 有病毒　　　　D. 都正确

2. 关于计算机病毒，说法正确的是（　　）。

   （1）是一种生物病毒

   （2）能够通过人体进行传播

   （3）在任何条件下对计算机系统没有影响

   （4）在一定条件下可能影响程序的执行，破坏用户的数据和程序

   （5）计算机病毒是人为编制的一种程序

   （6）计算机病毒是一个标记

   （7）计算机病毒可以通过磁盘、网络等媒介传播、扩散

   （8）计算机病毒具有潜伏性、传染性和破坏性

   A. （1），（2），（3），（4）　　　　　　B. （4），（5），（7），（8）

   C. （2），（4），（5），（8）　　　　　　D. （1），（3），（6），（7）

二、简答题

1. 分析网络故障的方法是什么。

2. 如何诊断路由器故障？

3. 网络安全隐患存在哪些？

三、操作题

1. 安装 X‒Scan，并扫描网络。

2. 安装杀毒软件并查杀计算机病毒。

参考文献

［1］宋贤钧,张贵强.计算机网络技术［M］.北京：高等教育出版社.2014.

［2］宋贤钧,周立民.大学生职业素养训练［M］.5 版.北京：高等教育出版社,2021.

［3］徐红,曲文尧.计算机网络技术基础［M］.2 版.北京：高等教育出版社,2018.

［4］魏建英.网络故障诊断与排除［M］.2 版.北京：高等教育出版社,2018.

［5］谢希仁.计算机网络［M］.7 版.北京：电子工业出版社,2017.

［6］吴功宜,吴英.计算机网络教程［M］.6 版.北京：电子工业出版社,2018.

［7］华为技术有限公司.网络系统建设与运维（中级）［M］.北京：人民邮电出版社,2020.

［8］华为技术有限公司.数据通信与网络技术［M］.北京：人民邮电出版社,2021.

［9］国家计算机网络应急技术处理协调中心.中国互联网网络安全报告［M］.北京：人民邮电出版社,2021.

［10］中国互联网络信息中心（CNNIC）.第 48 次中国互联网络发展状况统计报告［R］.北京：2021.